普通高等教育"十三五"规划教材

过程装备安装与检修技术

苏兴冶　主编

中国石化出版社

内 容 提 要

　　本书根据过程装备安装、检修对学生工程实践能力的要求，重点介绍了石油化工装置典型设备安装、检修等方面的知识，包括典型化工用泵、离心式压缩机、活塞式压缩机、工业汽轮机、换热器及塔设备的安装与检修，并简要介绍了密封技术、状态监测与故障诊断、安装与检修的施工组织管理等相关知识。

　　本书紧密联系生产实际，内容丰富，简明实用，可作为高等院校过程装备与控制工程、油气储运工程、工程管理、工业设备安装工程技术、化工装备技术等专业的教材，也可供相关工程技术人员阅读参考。

图书在版编目(CIP)数据

过程装备安装与检修技术／苏兴冶主编. —北京：
中国石化出版社，2017.1(2022.1重印)
普通高等教育"十三五"规划教材
ISBN 978-7-5114-4327-4

Ⅰ.①过… Ⅱ.①苏… Ⅲ.①石油化工设备-设备安装-高等学校-教材②石油化工设备-设备检修-高等学校-教材 Ⅳ.①TE960.7

中国版本图书馆 CIP 数据核字(2016)第 272200 号

中国石化出版社出版发行
地址：北京市东城区安定门外大街 58 号
邮编：100011 电话：(010)57512500
发行部电话：(010)57512575
http://www.sinopec-press.com
E-mail:press@sinopec.com
北京柏力行彩印有限公司印刷
全国各地新华书店经销
*
787×1092 毫米 16 开本 13.25 印张 333 千字
2017 年 1 月第 1 版　2022 年 1 月第 3 次印刷
定价：32.00 元

前　言

　　随着新材料、新技术、新设备和信息技术的广泛应用，过程工业技术装备日趋自动化、智能化、大型化，设备的安全、稳定、长周期、满负荷运转对企业正常生产起着越来越重要的作用，因此对过程装备安装、维修的要求也越来越高，培养和造就高素质技术技能人才的社会需求更加迫切。伴随科学技术的发展，过程装备的安装、维修技术日益成熟，不仅可以保证机器设备的可靠运行，还可以提高设备的寿命周期，维持正常生产秩序，其应用已遍及很多行业，成为极具发展空间和潜力、有着广泛应用前景的专业技术。

　　实际生产中，从事过程装备安装、维修技术工作的人员要十分熟悉典型设备的结构特点、工作原理、安装、维修的技术标准、规范，要有较强的分析解决工程实际问题的能力，为此，我们组织对大型石油化工装置安装、检修具有丰富实践经验的工程技术人员参与编写了本教材。编写过程中既突出过程装备安装、维修的特点和新技术、新工艺、新标准，又兼顾石油化工装置设备安装、维护检修知识的覆盖面，因而使本书在生产过程中具有很强的实用性。

　　本书按照应用技术大学的要求，以应用技术人才培养为目标，比较系统地介绍了典型过程装备的结构特点、基本原理、安装、维修的基本要求。全书内容的编写以理论上够用、实践上实用为原则。

　　本书绪论、第 1、2 章由苏兴冶编写，第 3、7、8、11 章由闫晓波编写，第 4 章由王钰编写，第 5 章由刘爱玲编写，第 6 章由王志宇编写，第 9 章由孙博编写，第 10 章由关学铭编写，全书由苏兴冶统稿。

　　本书在编写过程中得到了刘柏军、李昳的大力支持和帮助，林浩、王萌、李文建等做了大量的文献检索、图表绘制和文字录入、编辑、排版、校对工作，在此向他们表示感谢。

　　由于编写时间仓促，作者水平有限，书中不足之处在所难免，敬请读者批评指正。

目　　录

绪　　论

石油化工行业是国家的支柱产业，石油化工生产系统是由一些列设备相连接共同构成的一个由人-机-过程-环境组成的非常复杂的系统。在此系统中，由于是连续性生产，而且其工艺介质通常为易燃、易爆、有毒的化学物质，随着现代装备日趋大型化、复杂化，设备发生故障的可能性也随之增加，所以系统中设备一旦发生故障，不仅会造成巨大的经济损失，而且可能导致重大的人员伤亡和环境污染事件。此外，石化企业属于资产密集型企业，设备的技术含量和自动化程度较高，因而对设备的安全性和可靠性要求也越来越高。为此，必须对设备的安装、维修实施有效的管理，以确保安全和稳定生产。

石油化工生产具有易燃、易爆、高温、高压、有毒及连续性等特点。这些特点对所使用的设备提出了较高的要求，即：易燃、易爆、有毒，就要求设备有良好的密封性；在高温、高压条件下工作，就要求设备的零部件有足够的强度、刚度和较高的运动精度及良好的润滑、冷却条件。这些要求不仅取决于先进的结构设计和精密的加工制造，还与高质量的安装、科学合理的检修和精心的维护保养密切相关。石油化工生产企业的安装、维修人员就是在承担着石油化工设备的安装、维修及保养工作。

0.1　石油化工装置特点及主要工艺设备类型

石油化工装置一般由工艺设备(动、静设备)、工艺管道(含阀门、管道连接件等)、控制系统、安全保护(防护)系统、安全报警系统等构成，所有这些工艺设备和系统的功能集合形成特定的生产工艺以完成输入原料产出特定产品的需求。

1. 石油化工装置特点

(1) 高温高压设备多　石油化工装置中具有众多的高温高压设备，对设备安装、维修质量提出了更高的要求。

(2) 易燃、易爆、有毒、有害物料与场所多　石油化工设备接触的物料，包括原料、产品以及中间过程处理的各种物料多是易燃、易爆、有毒、有害性质的物料，致使石油化工生产场所亦成为易燃、易爆场所。这种情况下，石油化工装置，无论是静设备还是动设备，必须在防护上选用防爆型或隔爆型，而且生产过程中的安全更为重要，这个特点，要求石油化工设备制造、安装、检修与维护必须精益求精，保证高质量高水平。

(3) 设备趋于大型化，增加了制造、安装、检修与维护的技术难度　随着现代石油化工工业的发展，设备趋向大型化，单台重量大，外形尺寸(直径、长、宽、高)超限；石油化工工业大型设备单台设备造价高，有些设备制造成本可达几千万元，煤制油工业中的煤液化反应器单台重 2200t，要求有很高的安装、检修技术水平，其过程中的质量控制程序更加严格化、科学化。

(4) 自动化控制水平高　石油化工工业的突飞猛进，不但使系统的自动化控制水平发展日新月异，而且装置体系的控制程序也是多点突破、联锁统一及智能化。

2. 石油化工装置主要工艺设备类型

1）分类

石油化工装置主要设备分为动设备和静设备。动设备是指石油化工生产装置中具有转动机构的工艺设备，按其完成化工单元操作的功能可分成流体输送机械、非均相分离机械、搅拌与混合机械、冷冻机械、结晶与干燥设备等。静设备是指反应器、塔器、热交换设备、分离设备、储存设备等没有转动机构的工艺设备。

2）主要设备的结构特点、性能特点和工作原理

（1）动设备

① 容积泵　又称正位移泵，是指通过若干封闭的充满液体的空间（如缸体），周期性地将能量施加于液体，使液体压力直接增加到所需值的泵，包括往复泵、转子泵等。

② 离心泵　其基本部件是高速旋转的叶轮和固定的蜗壳，具有若干个（通常为 4～12 个）后弯叶片的叶轮紧固于泵轴上，并随泵轴由电机驱动高速旋转。叶轮是直接对泵内液体做功的部件，为离心泵的供能装置。泵壳中央与吸入管路相连接，吸入管路的底部装有单向底阀。泵壳侧旁的排出口与装有调节阀门的排出管相连接。

③ 活塞式压缩机　其基本结构和工作原理与往复泵相近，主要部件有活塞、气缸、吸气阀和排气阀，依靠活塞的往复运动将气体吸入和排出。但是，由于活塞式压缩机的吸气阀和排气阀必须灵巧精致，为移除压缩机放出的热量以降低气体的温度，还应附设冷却装置。活塞式压缩机实际的工作过程也比往复泵更加复杂。

④ 离心式压缩机　其结构类似于多级离心泵，它主要由蜗形机壳和多叶片的叶轮组成，每级叶轮之间都有导轮，工作原理与离心泵基本相同。

（2）静设备

① 化学反应器　是指用于实现化学反应过程的设备。其结构和形式与化学反应过程的类型和性质有密切的关系。常用的化学反应器包括：搅拌式反应器、固定床反应器、沸腾床反应器、管式反应器、滚动式反应器、合成塔、焙烧炉等。

② 塔器　又称塔设备，是指类似塔形的直立式石油化工设备，其高度与直径比较大。根据其作用的不同可分为精馏塔、吸收塔、解吸塔、萃取塔、板式塔、填料塔、栅板塔、湍球塔等。

③ 换热设备　又称热交换器，是指借助不同温度流体间的热量交换而实现加热或冷却目的的设备。一般靠固体间壁（传热面）将各个流体隔开，也有使两种流体在容器内直接接触进行热量交换。根据作用原理可分为间壁式换热器、蓄热式换热器和混合式换热器；根据使用目的可分为加热器、冷却器、汽化器和冷凝器；根据换热面形式和结构可分为管式换热器、板式换热器和特种换热器。

④ 分离设备　其主要作用是按照要求对物料进行成分分离。其主要类型包括：反渗透分离设备、超滤分离设备、电渗析、薄膜分离设备、气体净制分离设备。

⑤ 储存设备　是指用来盛装生产和生活用的原料气体、液体、液化气体等的容器，如各种形式的储槽。按压力分为常压容器、中压容器、高压容器、超高压容器、真空容器、外压容器；按形状分为圆筒形容器、球形容器、椭圆形容器、锥形容器、组合容器、储存容器；按壁厚分为薄壁容器、厚壁容器、单层容器、多层容器、衬里容器、复合容器、夹套式容器；按使用温度可分为常温容器、低温容器、高温容器；按压力高低、介质的危害程度以及在生产过程中的作用等分为一类容器、二类容器、三类容器。

0.2　石油化工设备的安装施工

石油化工行业所使用的设备都是大型重工设备，设备的安装是在机械设备正式运行前的重要环节。这一过程不论是设备安装还是运输，都要耗费庞大的工程量。加强石油化工设备安装工程的质量控制，确保设备安全稳定的运行，才能促进石油化工行业的发展。随着科学技术不断更新和社会化生产水平的不断提高，工业生产装置日益趋于大型化、自动化和高速化、投资规模大、资金密集，对工程建设的要求也越来越高。而设备安装工程是工程建设中关键的、极为重要的一环，关系整个建设项目的进度、质量、效益和成败。工业设备安装工程的技术复杂，涉及面广，施工难度大，对合理组织施工、精心操作和安全等各个方面都有很高的要求。为此，加强工业生产装置安装施工的理论研究，对提高施工技术、组织管理水平和经济效益至关重要。

石油化工设备安装工程是根据国家规范和相关技术文件的要求，把运至施工现场的各类工业设备，利用一定的装备，采取相应的技术措施，使之达到验收规范的要求并发挥正常功能的一系列技术工序的组合。

这个组合中，主要包括下列工序：设备开箱检查与无损探伤，设备基础验收与处理，设备现场制作与安装，设备二次运输、起重与就位，设备形位公差检测与调整，设备固定与二次灌浆，设备拆卸、清洗与装配调整，设备试车，设备及管道防腐与保温，生产装置联动试车，交工与验收等。

无论被安装的设备复杂程度如何，其安装基本技术要求是一致的，可以简单概括为：定位准确、横平竖直、固定牢靠、严密无泄、性能达标。

1. 石油化工设备的安装特点

1）周期长，投入大

众所周知，石油化工设备绝大多数都体积庞大且十分沉重，因而其安装所需的工程量浩大，安装所需时间较长，需要大量的劳动力、工具与资金的支持。其涉及的专业领域也十分众多，需要各个方面的技术投入，从而需要建设单位、监理方、施工单位以及设备生产厂家和设计单位共同参与，综合性强。

2）风险较大

由于石油化工设备的特殊性以及安装周期长、各类投入大，其安装过程中很容易发生各种突发事件。尤其是体积庞大、质量沉重的设备在运输过程中易产生紧急状况，发现问题及时返修比较难，过长时间的处理会拖延整个建设项目的进度。现代石油化工生产的工艺流程长、生产过程复杂、对热能综合利用和环保的要求很高，设备类型繁多、材料品种规格复杂，设备单机容量大、转速高，并伴有高温高压(或者是真空)操作要求，且生产介质一般是易燃易爆、易腐有毒的，因此，对安装人员的要求比较高，既要有比较广博的专业知识，还要有很丰富的施工经验。

3）技术含量高

由于石油化工设备类型众多，其构造也各不相同，对高温、高压、腐蚀等抵抗能力也有所区别，因而其制造技术含量很高。石油化工设备的安装调试和操作程序也往往比普通机器要复杂很多，需要专业技术人员进行操作，并且其安装质量的好坏对设备能否安全运行和建设项目能否按时完成影响极大。特别是在大型石油化工生产装置中，设备是重、高、大、精，构造也复杂得多，对安装工艺和机具有特殊的要求。除此之外，石油化工设备的制造过程极易出现问题，尤其是一些细节方面的问题，如果这些问题没有得到及时解决，一旦石油化工设备在施工现场就位之后再出现问题的话，其处理起来将会相当复杂。

4) 工种交叉多

设备安装工程是在土建工程基本结束后，或者是在土建工程进行之中就要进行的，施工场地错综复杂，尤其是设备的起吊与搬运受到地面和空间各方面的制约。安装过程中需要的起重与搬运、安装与调试的施工机具和测试仪器很多，所需的技术工种(包括钳、铆、焊、起重、筑炉、管、探伤、测量工等)很多，涉及土建、电器等众多专业，每套石油化工生产装置的安装都少不了设备、工艺、防腐等专业相互协调，同时也需要设计、制造、施工、监理、建设单位共同参与，是一项多工种配合、立体交叉作业的综合性工程，所以施工组织很复杂。

2. 石油化工设备主要安装施工技术

1) 设备吊装技术

吊装安装施工技术对确保石油化工设备的成功安装十分重要，对此，首先要求技术人员在设备安装过程中应确保吊装设备质量符合具体安装需求，并利用标准化长度及强度的钢丝绳对设备进行调试，要对设备平衡状况进行观察，以此来提升整体设备安装水平。其次，设备吊装过程中相关技术人员应通过监测系统全面掌控吊装设备实际运行状况，并及时发现和处理运行过程中存在的风险问题。再次，在吊装设备下落过程中禁止无关人员靠近施工现场，同时在设备装车过程中全面掌控车辆承载力状况，从而避免设备吊装过程中的不安全事故发生，达到最佳的设备安装状态。

2) 设备安装技术

在石油化工设备安装过程中，相关技术人员要强化自身对放线基础工作的认知程度，严格按照施工图进行基准线划分，满足设备安装条件。此外，在对有垫铁的设备进行安装时应注重保障垫铁位置布局的合理性，并通过飞边、氧化层检测等提升整体设备安装质量。另外，在垫铁放置过程中应通过找平处理来满足设备安装条件，将安装误差控制到最小，以达到最佳的设备安装状态。

3) 基础验收技术

基础验收时应从以下几个方面入手：第一，将设备外形尺寸、预留孔洞位置列为检查重点，并将预压及沉降观测结果记录下来，避免设备安装时的下沉等问题影响到整体设备安装；第二，应参照仪器、能源、材料的顺序来开展相应的验收项目，并对润滑等细节进行检测，最终满足设备安装条件；第三，相关技术人员应严格按照先无负荷到负荷的试运行原则，进而保障设备的高效运行。

3. 我国设备安装施工中存在的问题

1) 安装施工前准备工作不到位

石油化工设备恶劣的工作环境对设备各个零部件的协调能力和稳定性提出了更高的要求。但目前很多企业在采购设备以及施工场地选择上存在随意性，如采购到质量不合格及不符合生产要求的设备，这说到底就是安装施工前企业准备工作不到位。不合理的机械设备在安装、运行过程中不仅可能产生各种各样的故障，影响生产的正常进行，甚至还会引发某些不可挽回的事故。

2) 安装质量监督体系不完善

一个工程的实施，要想顺利进行且减少问题的频繁出现，不能缺少监管部门的配合。石油化工设备，尤其是组装设备，组装耗时长，任意零部件质量出现问题，都会延长设备的正常运行，导致工作停滞不前。目前很多企业都缺乏比较完善的设备安装监督体系，对安装过程中的质量控制还达不到要求，没有明确监督的职责是什么，缺乏科学性和严谨性。

3）设备安装人员流动性大、技术水平低

由于石油化工设备安装的复杂性，使设备安装的一线人才十分紧缺。目前从事设备安装的相关人员综合素质偏低，对石油化工设备安装的基本原理及技术要求等不熟悉，存在一定的局限性，为后续生产管理埋下了隐患。

0.3 石油化工设备的维修与维护

所谓维修是指为保持与恢复设备完成规定功能的能力而采取的技术活动，其内容主要包括：维护保养、检查和修理三方面。

由于机械设备及其零部件在运行中会发生磨损、变形甚至导致破坏，操作失误或维护不当以及生产工艺条件发生变化等也会使设备发生故障，因此，只有及时检修，排除故障，才能保证生产的正常运行。尤其是通过预知检修、计划检修，能及时排除各种产生故障的隐患，减少出现故障的机会，使设备在整个生产周期内保持正常的连续运转。

目前过程装备的技术进步十分迅速，朝着大型化、连续化、自动化的方向发展。但是先进的设备与落后的维修能力的矛盾却日益严重地困扰着企业，成为企业进步的障碍。近年来，随着设备的技术进步，一方面企业设备操作人员不断减少，而维修人员保持不变或不断增加；另一方面，操作人员的技术含量逐渐下降，而维修的技术含量却逐年上升。因此要求企业采用更先进的设备维修管理模式，设备管理得好，可使其发挥最大的效益，促进企业的发展和科技的进步，而维修是为了恢复或改进提高设备的原有性能，可以增加利润，节约原材料，节约动力，保护环境，改进设备运行的安全性。

设备维修目标的优化可以概括为：

（1）目的　确保安全，提高装备系统的生产能力；

（2）成本　以最小的维修代价得到高的装备安全和功能可利用度；

（3）策略　预防为主，精确化维修；

（4）方式　面对人-机-过程-环境复杂系统，无缝集成；

（5）资源　维修信息成为重要资源，成为维修能力建设的核心；

（6）组织　灵活适应，快速反应；

（7）管理　准确，协同，科学决策，全局动态优化。

随着自动化程度的不断提高，以及流水线、流程化设备的出现，生产对维修的依赖性也不断增大，同时随着生产力的提高和生产范围的不断扩大和延伸，维修观念也有了更多的涵义。维修已经从单纯的排除设备故障，发展到了人们对其有了阶梯式的深入认识，即：

（1）维修是生产力的重要组成部分；

（2）维修能提高设备的完好率，延长设备的使用寿命，从而增加产品数量，提高产品质量；

（3）维修能改善设备的使用率，进而成为企业生存和发展的重要手段；

（4）维修是投资的一种选择方式，是对未来的投资。在一定周期内不仅可以收回维修投资成本，而且还能增值。如果说固定资产投资是一次性投资，那么维修就是一种重复性的投入。

因而，维修管理的成败就与企业的成败有着更加密切的关系，维修或设备管理无疑会发展成为高层次的职能管理。

18世纪资产阶级工业革命，改变了原有的生产方式，机械设备逐步加入到工业生产中，并且发挥越来越大的作用。随着设备复杂程度的增加，企业对设备维修能力的要求也逐步提高，设备维修逐渐成为一个独立的专业。在泰勒的科学管理思想被普遍接受的时候，设备维修管理作为企业管理的一个单独组成部分而独立出来。从总体上看，设备维修管理的发展历史主要体现在维修方式的演变上，可分为下面几个阶段：

第一阶段：事后维修阶段（BM：Breakdown Maintenance）（1950年前）

事后维修就是在设备发生故障之后才进行检查，这种制度仅适于造价较低、事故停机造成的直接损失不大的设备。在这一时期，设备管理最显著的特点是坏了再修、不坏不修，有维修工专门负责维修。

第二阶段：定期维修阶段（PM：Preventive Maintenance）（1950~1960年）

随着设备的日益复杂，修理所占用的时间已成为影响生产的一个重要因素。为了尽量减少设备修理对生产的影响，当时美国和前苏联等国提出了定期维修的概念。定期维修制又派生为两大体系。

一个是以前苏联为首的计划预防体系，它是以摩擦学与摩擦理论为基础。其特点是通过计划对设备进行周期性的维修，它的优点是可以减少非计划（故障）停机，将潜在故障消灭在萌芽状态。但是，由于计划固定，较少考虑设备的实际使用、负荷情况，容易产生维修过度或维修不足。我国的维修制度就是由前苏联引进的计划预修制。

另一个是以美国为首的定期维修体制，它是以摩擦学、诊断理论为依据。它是一种通过周期性的检查、分析来制定维修计划的管理方法，其优点是减少故障停机，检查后的计划可以减少维修的盲目性。但由于受检查手段和人员经验的制约，仍可能使计划不准确，造成维修过度或不足。

第三阶段：生产维修阶段（PM：Productive Maintenance）（1960~1970年）

随着科学技术的发展，尤其是宇宙开发工业的兴起，以美国为代表的西方国家推行生产维修管理体制。该管理体制由四部分组成：事后维修、定期维修、改善维修（Correetive Maintenance，简称CM）、维修预防（Maintenance Preventive，简称MP）。

这一体制突出了维修策略的灵活性，吸收了后勤工程学的内容，提出了维修预防、提高设备可靠性设计水平以及无维修设计的思想。

第四阶段：状态维修阶段（CBM：Condition Based Maintenance）（1970年至今）

状态维修亦称为状态检修。这种体制着眼于每台设备的具体技术状况，一反定期维修的思想而采取定期检测，对设备异常运转情况的发展密切追踪监测，仅在必要时才进行修理。状态维修起始于20世纪70年代初期，在连续生产过程的企业取得了显著效果，提高了设备利用率以及生产效率。在以状态维修为主要特征的第四阶段，还相继出现了以可靠性为中心的维修（Reliability Centered Maintenance，简称RCM）、可靠性维修（Reliability Based Maintenance，简称RBM）、全面计划质量维修（Total Planning Qualitative Maintenance，简称TPQM）、适应性维修（Adaptive Maintenance，简称AM）、以利用率为中心的维修（Availability Centered Maintenance，简称ACM）等多种维修体制。

以可靠性为中心的维修是目前国际上流行的用以确定设备预防性维修工作、优化维修制度的一种方法。其基本思路是：

对设备进行功能与故障分析，明确设备各故障的后果；用规范化的逻辑决断方法，确定各故障的预防性维修对策；通过现场故障数据统计、专家评估、定量化建模等手段，在保证设备安全和完好的前提下，以维修停机损失最小为目标对设备的维修策略进行优化。

RCM 是近年来在国际上日益受到重视并推广的先进设备维修模式，它是在一般视情维修的基础上，吸收了以可靠性为中心的维修分析法的优点，并充分考虑到经济性、可靠性原则与先进的设备诊断技术相结合的一种维修模式。它是建立在设备的设计特点、运行功能、故障模式和后果分析的基础上，以最大限度提高设备的使用可靠性为目的，应用可得到的安全性和可靠性数据，判别哪些系统和零部件处于临界状态，哪些需要修复、改进或重新设计，确定维修必要性和可行性，对维修要求进行评估，最终制订出实用、合理的维修计划。与其他传统维修思想最大的不同就是以可靠性、故障后果作为具有安全性、环境性故障或隐蔽性故障的设备确定维修方式的依据；以经济性和使用率作为具有使用性和非使用性后果的设备确定维修方式的依据。

RCM 技术 20 世纪 60 年代末起源于美国的航空界。首次应用 RCM 制定维修大纲的是波音 747 飞机。美国军方对 RCM 技术极为重视，进行了大量的理论与应用研究，到 20 世纪 80 年代中期，美国海、陆、空三军分别颁布了其应用 RCM 的标准。进入 80 年代后，RCM 技术在其他工业领域也得到了广泛应用。目前，RCM 技术已成为装备管理实践的基本原则。RCM 技术不仅适用于传统 RCM 规定的大型复杂系统或设备，也适用于其他有形资产。现在，RCM 的应用领域已经涵盖了航空、武器、核设施、铁路、石油化工、电力、大众房产、制造业等。

国内的核电站和部分炼油厂目前也正在积极探索 CRM 技术，尚处于起步阶段，尤其是在故障信息的处理和系统化管理方面更显不足，如大量的设备使用管理经验和故障信息等，还存留在设备使用者或管理者的记事本或脑子里，亟待建立更多的设备管理信息系统和决策专家系统。而在国内某些大型化的炼油厂，虽然一些关键的设备都已建立了在线或离线的状态监测系统，也普遍使用了 DCS，部分设备的数据采集也有了一定的量的积累，但在数据的分析处理方面则明显不足。

0.4 本课程的性质、任务和基本内容

本课程是过程装备与控制工程专业的骨干专业课程之一。其任务是，通过本课程的学习，使学生初步掌握化工设备安装、维修的基本理论、基本方法以及典型设备的安装、维修技术，同时着重培养学生分析和解决工程实际问题的能力。

本课程的基本内容包括：

（1）石油化工设备安装、维修基础知识。

（2）典型传动设备（如离心泵、往复式压缩机、离心式压缩机、汽轮机等）、静置设备（如塔器、换热器等）安装与修理的基本理论与基本知识。

（3）密封技术、状态监测与故障诊断技术及设备安装、维修工程的施工组织管理。

第1章 过程装备安装基础知识

现代石油化工生产的工艺流程长、生产过程复杂、设备类型繁多、设备单机容量大、转速高，并伴有高温、高压，且生产介质易燃易爆、易腐有毒，因此，需对设备的安装工作提出更高的要求。

1.1 设备的安装

设备的安装就是根据国家规范和相关技术文件的要求，把运至施工现场的各类设备，利用一定的装备，采取相应的技术措施，使之达到验收规范的要求并发挥正常功能的一系列技术工序的组合。

设备安装的一般程序：施工准备→设备开箱检查→基础测量放线→基础检查验收→垫铁设置→设备吊装就位→设备安装调整→设备固定与灌浆→零部件清洗与装配→润滑与设备加油→设备试运转→工程验收。

1.1.1 施工准备

1. 技术准备

仔细研究设备使用说明书、安装工程施工图、设备平面图、立面图、剖面图、工艺系统图、局部放大图以及设备安装规范和质量标准等；熟悉设备的原始数据、技术参数和使用性能；对安装人员进行必要的技术培训、技术训练，对技术难点进行咨询和辅导；对大中型、特殊的或复杂的安装工程应编制施工组织设计或施工方案。

2. 开箱检查

（1）在设备交付现场安装前，要进行开箱检查工作，开箱检查由施工单位、建设单位（或其代表）、供货单位共同参加。

（2）验收内容：根据设备装箱清单和随机技术文件，对设备及其零部件按名称、规格和型号逐一清点、登记，检查有无缺损件，表面有无损坏和锈蚀，其中重要的零部件还需按质量标准进行检验，形成开箱检验记录。

1.1.2 设备基础与检验

基础施工大致包括以下几个过程：挖基坑、打垫层、装设模板、绑扎钢筋、安装地脚螺栓或预留孔模板、浇灌混凝土、养护、拆除模板等。基础施工是由土建施工单位完成的，建设单位、监理单位和安装单位要对基础施工进行必要的技术监督和最后的基础验收。

1. 设备基础分类

设备基础按组成材料分为：

（1）素混凝土基础　由砂、石、水泥等材料组成的基础，适用于承受荷载较小、变形不大的设备基础。

（2）钢筋混凝土基础　由砂、石、水泥、钢筋等材料组成的基础，适用于承受荷载较大、变形较大的设备基础。

（3）砂垫层基础　在基底上直接填砂，并在砂基础外围设钢筋混凝土圈梁挡护填砂，适用于使用后允许产生沉降的结构，如大型储罐等。

2. 设备基础常见质量通病

设备基础的质量通病多种多样，影响机械设备安装的主要质量通病有：

（1）设备基础上平面标高超差。标高高于设计或规范要求会使设备二次灌浆层高度不够，标高低于设计或规范要求会使设备二次灌浆层高度过高，影响二次灌浆层的强度和质量。

（2）预埋地脚螺栓的位置、标高及露出基础的长度超差。预埋地脚螺栓中心线位置偏差过大，会使设备无法正确安装；标高及露出基础的长度超差会使地脚螺栓长度或螺纹长度偏差过大，则无法起到固定设备的作用。

（3）预留地脚螺栓孔深度超差（过浅），会使地脚螺栓无法正确埋设。

3. 设备基础外观质量要求

（1）设备基础外表面应无裂纹、空洞、掉角、露筋。

（2）设备基础表面和地脚螺栓预留孔中油污、碎石、泥土、积水等应清除干净。

（3）地脚螺栓预留孔内应无露筋、凹凸等缺陷，孔壁应垂直。

（4）放置垫铁的基础表面应平整，中心标板和标高基准点应埋设牢固、标记清晰、编号准确。

1.1.3　设置设备安装基准线和基准点

设备就位前应按施工图要求并依据有关建筑的轴线、边缘或标高线放出安装基准线。对于单体运转的设备，只需用墨线在基础上或地坪上画出标志即可；对于有机械联系的设备，由于互相之间的纵横位置和高度要求高，用墨线的方法可能不能满足要求，这就要埋设钢制的中心标板和标高基准点，再依据中心标板拉钢丝作为安装基准线。

1.1.4　地脚螺栓安装

1. 地脚螺栓的分类

设备与基础主要通过地脚螺栓连接，通过调整垫铁将设备找正找平，然后灌浆将设备固定在设备基础上。地脚螺栓按埋设形式可分为固定式地脚螺栓、活动式地脚螺栓、胀锚式地脚螺栓和黏接式地脚螺栓，常用的是固定式地脚螺栓和活动式地脚螺栓。固定式地脚螺栓按安装方式不同可分为预埋地脚螺栓、预留孔地脚螺栓和用环氧砂浆锚固地脚螺栓三种。

2. 地脚螺栓的验收要求

安装预留孔中的地脚螺栓应符合下列要求：

（1）地脚螺栓在预留孔中应垂直，无倾斜。

（2）地脚螺栓任一部分离孔壁的距离不宜小于15mm；地脚螺栓底端不应碰孔底。

（3）地脚螺栓安放前，应将预留孔中的杂物清理干净。

（4）地脚螺栓上的油污和氧化皮等应清除干净，螺纹部分应涂少量油脂。

（5）螺母与垫圈、垫圈与设备底座间的接触均应紧密。

（6）拧紧螺母后，螺栓应露出螺母，其露出的长度宜为螺栓直径的1/3~2/3。

（7）应在预留孔中的混凝土达到设计强度的75%以上时拧紧地脚螺栓，各螺栓的拧紧力应均匀。

1.1.5 垫铁安装

1. 垫铁作用

利用垫铁可调整设备的水平度，并能把设备的重量、工作载荷和拧紧地脚螺栓产生的预紧力均匀地传递给基础；可使设备的标高和水平度达到规定的要求，为基础的二次灌浆提供足够的操作空间。

2. 垫铁使用相关规定

（1）垫铁组的使用应符合下列规定：

① 承受载荷的垫铁组，应使用成对斜垫铁；

② 承受重负荷或有连续震动的设备，宜使用平垫铁；

③ 每一垫铁组的块数不宜超过5块；

④ 放置平垫铁时，厚的宜在下面，薄的宜放在中间；

⑤ 垫铁的厚度不宜小于2mm；

⑥ 除铸造垫铁外，各垫铁之间应用定位焊焊接牢固。

（2）每一垫铁组应放置整齐平稳，接触良好。设备调平后，每组垫铁均应压紧，并应用手锤逐组轻击听音检查。对高速运转的设备，当采用0.05mm塞尺检查垫铁之间及垫铁与底座面之间的间隙时，在垫铁同一断面处从两侧塞入的长度总和不得超过垫铁长度或宽度的1/3。

（3）设备调平后，垫铁端面应露出设备底面外缘；平垫铁宜露出10~30mm；斜垫铁宜露出10~50mm。垫铁组伸入设备底座底面的长度应超过设备地脚螺栓的中心。

（4）安装在金属结构上的设备调平后，其垫铁均应与金属结构用定位焊焊牢。

1.1.6 设备就位

在地脚螺栓和垫铁准备好后，设备就位。设备就位前，应将基础清扫干净，将设备底座与基础之间的灌浆层部位铲麻面，以保证灌浆层与基础的结合质量，将设备底座底面的油漆、油污及其他脏物清除干净，以保证灌浆层与设备底座的结合质量。

（1）设备安装就位，必须进行运输吊装：设备运输吊装属于一般的起重运输作业，应按照有关的起重运输安全操作规程进行。

（2）根据设备特点、作业条件和可利用的机械，选择安全可靠、经济可行的运输吊装方案，并按方案配置相应的机械、工器具和人员，特殊运输吊装作业场所、大型或超大型构件和设备运输吊装应编制专项施工方案。

（3）随着技术的进步，计算机控制和无线遥控液压同步提升技术在大型或超大型构件和设备安装工程中得到推广应用，如超大型化工厂的反应塔安装等。

1.1.7 设备安装调整

在设备安装中，设备的坐标位置调整（找正）、水平度的调整（找平）、高度的调整（找标高）以及紧固地脚螺栓是一个综合调整的过程，当对其中一个项目进行调整时，对其他项目可能会产生影响，全部项目调整合格需要多次反复才能完成。

1. 设备找正

设备找正是用移动设备的方法将其调整到设计规定的平面坐标位置上，即将其纵向中心线和横向中心线与基准线的偏差控制在设计或规范允许的范围内。

2. 设备找平

设备找平是指在安装中用调整垫铁高度的方法将其调整到设计规定的水平状态，水平度偏差控制在设计或规范规定的允许范围内。设备的水平度通常用水平仪测量。检测应选择在设备的精加工面上。有的设备在安装中其水平度的要求是以垂直度来保证的，如有立柱加工面或有垂直加工面的设备。

3. 设备找标高

设备找标高是指在安装中用调整垫铁高度的方法将其调整到设计规定的高度位置，高度偏差控制在设计或有关规范允许的范围内。

1.1.8 设备灌浆

设备底座与基础之间的灌浆（二次灌浆）在设备找正调平、地脚螺栓紧固、各检测项目合格后进行。可使用的灌浆料有很多，如普通混凝土、高强度混凝土、无收缩混凝土、微膨胀混凝土、环氧砂浆等，灌浆料通常由设计人员选用，设计人员未提出要求时，宜用无收缩混凝土或微膨胀混凝土。灌浆工艺应根据选用的灌浆料按设计文件或有关规范的规定执行。

1. 灌浆方法和灌浆料

（1）灌浆方法　设备灌浆分为一次灌浆和二次灌浆。一次灌浆是在设备粗找正后，对地脚螺栓孔进行的灌浆。二次灌浆是在设备精找正后，对设备底座和基础间进行的灌浆。

（2）灌浆料　灌浆料是以高强度材料作为骨料，以水泥作为结合剂，辅以高流态、微膨胀、防离析等物质配制而成。它在施工现场加入一定量的水，搅拌均匀后即可使用。灌浆料具有自流性好、快硬、早强、高强、无收缩、微膨胀、无毒、无害、不老化、对水质及周围环境无污染、自密性好、防锈等特点。在施工方面具有质量可靠、降低成本、缩短工期和使用方便等优点。可从根本上改变设备底座受力情况，使之均匀地承受设备的全部荷载，从而满足各种机械、电气设备（重型设备、高精度磨床）的安装要求，是无垫铁安装时代的理想灌浆材料。

2. 灌浆的验收要求

（1）灌浆材料可以选择细碎石混凝土、无收缩混凝土、微膨胀混凝土、环氧砂浆和其他灌浆料（如 CGM 高效无收缩灌浆料、RG 早强微胀二次灌浆料）等。其强度应比基础或地坪的强度高一级，灌浆时应捣实，并不应使地脚螺栓倾斜和影响设备的安装精度。

（2）当灌浆层与设备底座面接触要求较高时，宜采用无收缩混凝土或水泥砂浆。

1.1.9 设备清洗和装配

机械设备安装中，有的设备是以零部件的形式运至现场，在现场清洗装配；有的设备虽整体运至现场，但涂抹的是防锈油脂，或者虽涂注的是生产用油，但已过期变质或被污染，在现场应拆卸清洗，重新装配。

1. 设备拆卸、清洗和润滑

（1）设备拆卸　设备在清洗时，需要先行拆卸。拆卸前必须熟悉机件的构造，测量被拆卸的装配间隙及零件间的相对位置，然后根据不同的拆卸对象，选择不同的拆卸工具与拆卸方法。拆卸过程中，对可以不拆的或拆后可能降低质量的零部件，应尽量不拆卸，如密封连接、铆接等。

（2）设备清洗　设备清洗是安装工作中的一项重要内容。设备开箱检查、拆卸后，要清除所涂的防锈剂和内部残留的铁屑、锈蚀及运输、存放中堆积的灰尘等污物，清洗干净后才能进行装配。

（3）设备润滑　设备内外各部清洗干净后，才可进行加油润滑。润滑油必须经过化验，确定符合要求后才可以使用。加入设备前，润滑油必须过滤，所加油量应达到规定油标位置；所有润滑部分及油孔应加满润滑油。

2. 装配规定

（1）机械设备装配前应了解设备的结构、装配技术要求。对需要装配的零部件配合尺寸、相关精度、配合面、滑动面应进行复查和清洗洁净，并应按照标记及装配顺序进行装配。

（2）设备及零、部件表面有锈蚀时，应进行除锈处理，其除锈方法可按相关规范选用。

（3）清洗设备及装配件表面的防锈油脂，其清洗方式可按相关规定确定。

1.1.10　调整、试运行

1. 试运转前的准备工作

试运转前的准备工作应包括以下几项主要内容：

（1）熟悉设备说明书和有关技术文件资料，了解设备的构造和性能，掌握其操作程序、操作方法和安全守则。

（2）对大型设备和较复杂设备要编制试运转方案，应经有关技术主管批准和同意。

（3）试运转时使用的工具、材料（特别是润滑剂）、安全防护设施及防护用品都应准备齐全。

（4）设备应清洗干净，周围环境应打扫干净。

（5）控制系统、安全防护装置、制动机构等，经检查调试，应达到运行良好、灵敏可靠、电机转向与运动部件的运转方向符合技术文件规定。

（6）各运动部件手摇移动或人力盘车时应灵活，无阻滞，各操作手柄扳动自如、到位、准确、可靠。

2. 设备试运转内容和步骤

（1）电气（仪器）操纵控制系统及仪表的调整试验。

（2）润滑、液压、气（汽）动、冷却和加热系统的检查和调整试验。

（3）机械和各系统联合调整试验。

（4）空负荷试运转。空负荷试运转应在上述三项调整试验合格后进行。

（5）试运转的步骤为：先无负荷，后负荷；先单机，后系统；最后联动。

1.1.11　竣工验收

设备安装工程试运转合格，相关规范规定资料齐全，符合合同约定、设计要求、验收规范规定后，应及时办理工程交工验收手续。

1.2 设备安装精度的控制

1.2.1 机械设备安装的分类

1. 整体安装

对于体积和重量不大的设备,现有的运输条件可以将其整体运输到安装施工现场。安装时,直接将其安装到设计指定的位置,称为整体安装。该种安装的关键在于设备的定位位置精度和各设备相互位置精度的保证。随着设备模块化施工的发展,这类安装将越来越多。

2. 解体安装

对某些大型设备,由于运输条件的限制,无法将其整体运输到安装施工现场,出厂时只能将其分解成零、部件进行运输,在安装施工现场,重新按设计、制造要求进行装配和安装,称为解体安装。这类安装,不仅要保证设备的定位位置精度和各设备间相互位置精度,还必须再现制造、装配的精度。在安装现场,无论在何种环境条件下,也不管使用何种专用机具、量具,都无法达到制造厂的标准,要保证其安装精度是比较困难的。

1.2.2 设备安装精度

设备安装精度包括在安装过程中为保证整套装置正确所需的各独立设备之间的位置精度,单台设备通过合理的安装工艺和调整方法能够重现的设备制造精度,整台设备在运行中的运行精度三个方面。

1.2.3 影响设备安装精度的主要因素及检测项目

1. 主要因素

(1)基础的施工质量(精度):包括基础的外形几何尺寸、位置、不同平面的标高、上平面的平整度和与水平面的平行度偏差;基础的强度、刚度、沉降量、倾斜度及抗震性能等。

(2)垫铁、地脚螺栓的安装质量(精度):包括垫铁本身的质量、垫铁的接触质量、地脚螺栓与水平面的垂直度、二次灌浆质量、垫铁的压紧程度及地脚螺栓的紧固力矩等。

(3)设备测量基准的选择,直接关系到整台设备安装找正找平的最后质量。安装时测量基准通常选在设备底座、机身、壳体、机座、床身、台板、基础板等的加工面上。

(4)散装设备的装配精度:包括各运动部件之间的相对运动精度,配合表面之间的配合精度和接触质量,这些装配精度将直接影响设备的运行质量。

(5)测量装置的精度必须与被测量装置的精度要求相适应,否则达不到质量要求。

(6)设备内应力的影响:设备在制造和安装过程中所产生的内应力将使设备产生变形而影响设备的安装精度。因此,在设备制造和安装过程中应采取防止设备产生内应力的技术措施。

(7)温度的变化对设备基础和设备本身的影响很大(包括基础、设备和测量装置),尤其是大型、精密设备。

(8)操作者的技术水平及操作产生的误差:操作误差是不可避免的,问题的关键是将操作误差控制在允许的范围内。这里有操作者技术水平和责任心两个问题。

2. 检测项目

（1）主要形状误差　是指被测实际要素对其理想要素的变动量。主要形状误差有直线度、平面度、圆度、圆柱度等。

（2）位置误差　关联实际要素的位置对基准的变动全量称为位置误差。主要位置误差有平行度、垂直度、倾斜度、圆轴度、对称度等。

1.2.4　安装精度控制方法

提高安装精度的方法应从人、机、料、法、环等方面着手。尤其要强调人的作用，就是说应选派具有相应技术水平的人员去从事相应的工作，再加上有适当、先进的施工工艺，配备完好、适当的施工机械和适当精度的测量器具，在适宜的环境下操作，才能提高安装质量，保证安装精度。

（1）尽量排除和避免影响安装精度的诸因素。

（2）应根据设备的设计精度、结构特点，选择适当、合理的装配和调整方法。采用调整可补偿件的位置或选择装入一个或一组合适的固定补偿件的办法，来抵消过大的安装累计误差。

（3）选择合理的检测方法，包括检测仪和测量方法，其精度等级应与被检测设备的精度要求相适应。

（4）必要时选用修配法。修配法是指对补偿件进行补充加工，以抵消过大的安装累计误差。这种方法是在调整法解决不了时才使用。

（5）合理确定偏差及其方向。设备安装时允许有一定的偏差，如果安装精度在允许范围之内，则设备安装为合格。但有些偏差有方向性，这在设备技术文件中一般有规定。当设备技术文件中无规定时，可按下列原则进行：

① 有利于抵消设备附属件安装后重量的影响；

② 有利于抵消设备运转时产生的作用力的影响；

③ 有利于抵消零部件磨损的影响；

④ 有利于抵消摩擦面间油膜的影响。

设备精度偏差方向的确定是一项复杂的、技术性极强的工作，对于一种偏差方向，往往要考虑多种因素，应以主要因素来确定安装精度的偏差方向。

1.3　设备安装的新技术

随着科技进步，机械设备安装出现了许多安装新技术。

（1）激光对中技术和激光检测技术。

瑞士 DAMALINI 公司推出的"激光对中仪"和"激光几何测量系统"，可进行机械轴对中以及铅垂度、平行度、平面度、直线度等测量。其测量精确度高、操作简单，并有数据显示、储存和打印系统，已在电站工程施工中应用。

（2）大型构件和设备用计算机控制的液压同步提升技术和无线遥控液压同步技术。

大型构件和设备液压同步提升技术是一项非常有特色的建筑安装施工新技术，它是将构件和设备在地面拼装后，整体提升到预定高度安装就位。在提升过程中，不但可以控制构件的运动姿态和应力分布，还可以让构件在空中滞留和微动调节，实现倒装施工和空中拼接，完成人力和现有设备无法完成的任务，使大型构件和设备的安装过程既简便快捷，又安全可靠。在计算机控制的基础上，加上无线通信远程控制系统，还可实现遥控。例如，上海东方明珠电视塔钢天线、超大型龙门吊整体提升、石化厂火炬安装等工程。

（3）早强、高强二次灌浆技术。

最新研制的早强、高强混凝土二次灌浆材料，直接灌入设备基础，不用振捣、无收缩，24h 抗压强度可达 50MPa。设备安装二次灌浆一天，即可把紧地脚螺栓，施工简便快捷。

（4）设备模块化集成技术。

随着设备模块化施工的发展，这类设备安装将越来越多。

（5）机械、电控、液压、计算机一体化测控技术。

（6）管线综合布置技术。

随着工程领域 BIM 技术的应用，三维可视化技术能够实现管线综合排布在计算机中的模拟施工。

第2章　过程装备检修基础知识

2.1　概　　述

2.1.1　检修的定义

检修主要指为消除设备故障，恢复或提高设备的精度、额定功能与安全可靠性，借以保证设备和系统的正常生产能力而进行的修理活动；也包括为寻找故障原因或测定设备劣化程度、性能降低程度和安全可靠性而进行的必要检查。

2.1.2　检修的目标和原则

检修的目标：以经济合理的费用，消除设备缺陷，使其维持良好的性能。

要做好检修工作，必须遵循以下原则：

（1）以预防为主，维护保养与计划检修并重　设备维护保养得好，能延长修理周期，减少修理工作量。设备计划检修得好，维护保养也就容易。

（2）以生产为主，检修为生产服务　生产活动是企业的主要活动，维修必须树立为生产服务的观念。但企业不能为了生产而忽视维修工作。当设备确实需要修理时，生产部门必须密切与检修部门配合，在安排生产计划的同时，安排好检修计划。检修部门则须在保证检修质量的条件下，尽量缩短停机时间，使生产不受或少受影响。

（3）专业修理人员与操作人员相结合，以专业修理为主　专业检修人员了解设备的结构，掌握修理技术和手段，操作人员天天操作设备，了解设备的运行状况，因此维修工作必须实现专业修理人员与操作人员相结合，取长补短利于维修。

（4）勤俭节约，修旧利废　在保证设备维修质量和有利于技术进步的前提下，要开源节流，少花钱多办事，努力降低维修费用。例如，推行维修工作中的十二字经验(焊、补、喷、镀、铆、镶、配、改、校、涨、缩、黏)解决配件问题。

2.2　检修方式及分类

2.2.1　检修方式及选择

1. 检修方式

检修方式见表2-1。

表 2-1　检修方式

检修基本方式	定　义	特　点
事后维修（Breakdown Maintenance，简称 BM）	是设备在发生故障或性能下降到合格水平以下时所采取的非计划性维修方式	优点：能充分利用零件的寿命；修理次数可较少 缺点：修理停机时间长，丧失了较多的设备工作时间；故障发生是随机的，打乱了生产作业计划；常因生产急需而抢修，使修理质量差，费用高；修理准备工作仓促，导致经常"救火"，妨碍正常计划维修作业；故障的突发性，容易造成事故
预防维修（Preventive Maintenance，简称 PM）	是在设备发生故障停机之前所进行的维修	优点：大大减少计划外停工损失，对生产计划的冲击小；减少了临时性突击维修任务，使维修费用降低；防患于未然，减少了设备恶性事故的发生；提高了设备完好率和设备利用率，有利于保证产品的产量和质量
定期维修（Periodic Maintenance，简称 PM）	是在规定时间间隔或在固定累计产量的基础上，按照预定的计划所进行的周期性维修活动	避免了事后维修的缺点，但由于预计故障发生的时间难以确定，往往过早就进行修理，造成过剩维修
状态监测维修（Condition Based Maintenance，简称 CBM）	是以设备技术状态为基础的预防维修方式，是根据设备的日常检查、定期检查、状态监测和诊断提供的信息，经过统计分析、处理，来判断设备的劣化状态	既有事后维修与定期维修的优点，又避免了两者的缺点，是一种较理想的维修方式，但监测仪器价格昂贵
改善维修（Corrective Maintenance，简称 CM）	是结合修理改善设备技术状态的维修方式	能消除设备的先天性缺陷或频发故障
以可靠性为中心的维修（Reliability Centered Maintenance，简称 RCM）	是目前国际上通用的用以确定设（装）备预防性维修需求、优化维修制度的一种系统工程方法	对系统进行功能与故障分析，明确系统内各故障后果；用规范化的逻辑决断程序，确定各故障后果的预防性对策；通过现场故障数据统计、专家评估、定量化建模等手段在保证安全性和完好性的前提下，以最小的维修停机损失和最小的维修资源消耗为目标，优化系统的维修策略

2. 检修方式的选择

1）影响检修方式选择的因素

（1）设备（或部件）因素　设备因素主要指它的故障特性（如故障类型、故障模式、平均寿命等）和维修特性（如易更换性、平均修理时间等）两方面。

（2）经济因素　经济因素包括故障停机损失、定期更换费用、备品配件储存费用、修理材料及人工费用、监测费用等。

（3）安全因素　安全因素指故障后对人身安全、环保卫生等方面的影响程度。

（4）资源条件　资源条件包括可利用的人力、工器具、材料储备、技术服务支持以及场地限制等。

2）故障模式对检修方式选择的影响

故障模式主要有：

（1）随机型故障　故障发生的时间无规律，是不可预测的，如超载故障、误操作故障等。

（2）劣化型（或寿命型）故障　是指性能逐渐劣化而发生的故障。因此，故障发生与工作时间的长短有关，如轴承磨损等。

（3）可检测的故障 在故障发生前有一个可以观测的状态发展过程，因此通常可以实施状态监测，如气缸磨损、轴承磨损等。

（4）不可检测的故障 这种故障没有明显的状态发展过程，因此无法实施状态监测，也没有预防维修的措施，如电子仪器的某些故障等。

故障特性与维修方式选择的关系如图 2-1 所示。

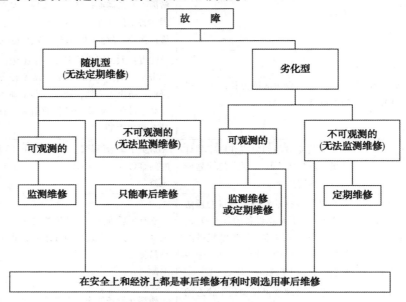

图 2-1 故障特性与维修方式选择的关系

3）检修方式的选择

（1）对劣化型故障的零部件来说，如更换容易，且维修费用低，或者有一定的故障周期，最适用定期维修或预防维修方式。

（2）对故障发生导致停机前有一个可以检测的状态发展过程的零部件来说，可采用监测维修（状态监测维修 CBM），目的是最大程度地延长设备使用周期，减少过剩维修。

（3）对不能或不必要进行预防维修或无维修设计、维修费用低廉且不会因损坏导致不良使用后果的零部件，可采用事后维修方式。

（4）对频繁发生故障的零部件，则需采用改善维修。

2.2.2 检修的分类

根据检修性质、内容、工作量的大小及检修停车范围，检修一般分为设备的小修、中修、项修和大修，见表 2-2。

表 2-2 检修项目表

项　　目	小　　修	中　　修	项　　修	大　　修
定义	是设备在使用期停车进行的局部检修，是计划修理工作量最小的一种修理	工作量介于大修和小修之间的一种修理	是根据设备实际技术状态，对设备精度、性能达不到工艺要求的某些项目，按实际需要进行针对性的修理	是计划修理工作中工作量最大的一种修理，或机器设备在长期使用后，为了恢复原有的精度、性能、生产效率和出力而进行的全面修理

项　　目	小　　修	中　　修	项　　修	大　　修
修理内容	针对日常点检和定期检查中发现的问题，部分拆卸零部件进行检查、整修、更换或修理少量的磨损件	包括小修全部内容，对机器设备的主要零部件进行局部修理，并更换那些经过鉴定不能继续使用到下次中修时间的比较重要的零部件	要进行部分解体、检查、修复或更换磨损机件，必要时对基准件进行局部修理	对设备进行全部或部分解体，更换和修复所有已经磨损、腐蚀、老化的主要零部件
参加人员	由维修工人负责，操作工人协同在生产岗位就地进行	由机修车间的专业修理工人与长期在生产车间的维修工人共同在现场进行	由机修车间的专业修理工人与长期在生产车间的维修工人共同在现场进行	由机修车间的专业修理工人与长期在生产车间的维修工人共同在现场进行

第3章 典型化工用泵的安装与检修

泵属于通用机械，在国民经济各部门中用来输送液体的泵种类繁多，现只对具有典型意义的离心泵、齿轮泵、螺杆泵进行介绍。

3.1 离 心 泵

3.1.1 常用离心泵的基本结构

1. 单级单吸悬臂式离心泵

单级单吸悬臂式离心泵主要用于输送清水及与清水相似的液体。它结构简单、轻便、流量均匀、运转平稳、容易维修保养，因而获得广泛应用。这种泵主要由泵体、泵盖、叶轮、泵轴和托架等组成，如图3-1所示。

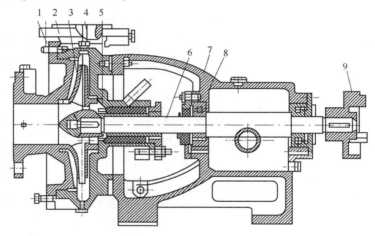

图 3-1 单级悬臂式离心泵

1—泵盖；2—泵体；3—叶轮；4—密封环；5—轴套；6—泵轴；7—托架；8—轴承；9—联轴器

2. 单级双吸离心泵

单级双吸离心泵按泵轴的安装位置不同分为卧式和立式两种。这种泵实际上相当于两个单级叶轮背靠背地装在同一根轴上并联工作，所以流量比较大。由于叶轮采用双吸式叶轮，叶轮两侧轴向力相互抵消，所以不必专门设置轴向力平衡装置。如图3-2所示为水平剖分式单级双吸离心泵，泵体为水平剖分的螺旋形蜗壳。泵进、出口分别布置在下半个泵壳的的两侧，转子为两端支承，叶轮置于轴中部，泵体和叶轮两侧均装有密封环，泵两端都有轴封装置。

由于泵体水平剖分，所以检修方便，检修时只需打开泵盖，即可把整个转子取出，不需要拆卸与泵连接的管线。

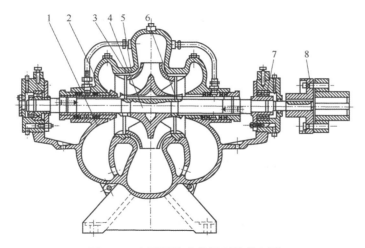

图 3-2　水平剖分式单级双吸离心泵

1—泵体；2—泵盖；3—叶轮；4—轴；5—密封环；6—轴套；7—轴承；8—联轴器

3. 多级泵

1）分段式多级离心泵

分段式多级离心泵是一种垂直剖分多级泵，它由一个前段、一个后段和若干个中段组成，并用螺栓连接为一体，如图 3-3 所示。

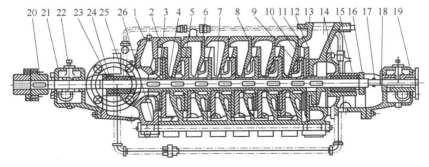

图 3-3　分段式多级离心泵

1—进水段；2—中段；3—叶轮；4—轴；5—导轮；6—密封环；7—叶轮挡套；8—导叶套；
9—平衡盘；10—平衡套；11—平衡环；12—出水段导轮；13—出水段；14—后盖；15—轴套乙；
16—轴套锁紧螺母；17—挡水圈；18—平衡盘指针；19—轴承乙部件；20—联轴器；21—轴承甲部件；
22—油环；23—轴套甲；24—填料压盖；25—填料环；26—泵体拉紧螺栓

泵轴的两端用轴承支承，泵轴中间装有若干个叶轮，叶轮与叶轮之间用轴套定位，每个叶轮的外缘都装有与其相对应的导轮，在前段和中段的内臂与叶轮易碰的地方装有密封环。叶轮一般是单吸的，吸入口都朝向一边，按单吸叶轮入口方向将叶轮依次串联在轴上。为了平衡轴向力，在未级叶轮后面装有平衡盘，并用平衡管与前段相连通。其转子在工作时可以左右窜动，靠平衡盘自动将转子维持在平衡位置上。轴封装置对称布置在泵的前段和后段轴伸出部分。

2）中开式多级离心泵

中开式多级离心泵一般采用蜗壳形泵体，泵壳在主轴中心线的平面上分开，这种泵按主轴安装位置不同分为水平中开式和竖直中开式两种，如图 3-4 所示为水平中开式两级离心泵，它每个叶轮都有相应的蜗壳形吸入室和压出室，这样就相当于把几个单级蜗壳泵组装在同一根轴上串联工作。由于吸入口和排出口直接铸在泵体上，所以检修时不需要拆卸出、入口管线，只要把上泵壳取下，即可取出转子。叶轮通常采用偶数呈对称排列，以消除不平衡轴向力，因此不需要另设轴向力平衡装置。

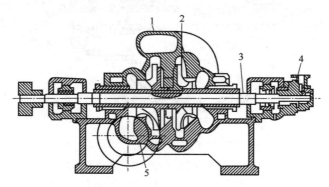

图 3-4 水平中开式两级离心泵

1—泵盖；2—叶轮；3—泵轴；4—轴头油泵；5—泵体

这种泵与同性能的分段式离心泵相比，它的体积大，铸造和加工技术要求较高。由于它流量大、扬程高，所以主要用于城市供水、蒸汽锅炉给水、矿山排水和输油管线等。其流量一般为 $450 \sim 1500 m^3/h$，扬程为 $100 \sim 500m$，最高出口压力可达 18MPa。

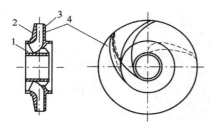

图 3-5 离心泵叶轮构造

1—轮毂；2—前盖板；3—后盖板；4—叶片

3.1.2 离心泵的部件

1. 叶轮

叶轮是离心泵唯一直接对液体做功的部件，它直接将驱动机输入的机械能传给液体并转变为液体静压能和动能。叶轮一般由轮毂、叶片、前盖板、后盖板等组成，如图 3-5 所示。

按结构形式叶轮可分为闭式、开式、半开式三种，如图 3-6 所示。

1) 闭式叶轮

叶轮的两侧均有盖板，闭式叶轮又分单吸式和双吸式两种，如图 3-7 所示为双吸式叶轮。闭式叶轮效率较高，适用于输送清洁液体，其中双吸式叶轮特别适合输送流量大的场合，采用双吸式叶轮的泵其抗汽蚀性能都比较好。

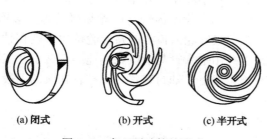

(a) 闭式   (b) 开式   (c) 半开式

图 3-6 离心泵叶轮的形式

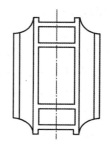

图 3-7 双吸叶轮

2）开式叶轮

叶轮两侧均没有盖板，这种叶轮效率低，适用于输送污水、含泥砂及纤维的液体。

3）半开式叶轮

叶轮只有后盖板，这种叶轮的效率比开式叶轮高，比闭式叶轮低，适用于输送黏稠及含有固体颗粒的液体。离心泵叶片多为后弯式，其叶片数一般为6~12片，常见的为6~8片。对输送含有杂质的开式叶轮，其叶片数一般为2~4片。叶片的厚度为3~6mm。

2. 轴与轴套

离心泵转轴是一个传递动力的零件，它主要是把叶轮、轴套、平衡盘和半联轴器等部件连成转子。轴套装在轴上，可防止泵轴磨损和腐蚀，延长泵轴的使用寿命。

3. 蜗壳

蜗壳又称为泵壳，它是指叶轮出口到下一级叶轮入口或到泵的出口管之间的、截面积逐渐增大的螺旋形流道。它使液体从叶轮流出后其流速平稳地降低，同时使大部分动能转变为静压能。因其出口为扩散管状，所以还能把从叶轮流出来的液体收集起来送往排出管。

当蜗壳具有能量转换作用时，蜗壳内液体的压力是沿途增大的，这就会对叶轮产生一个径向的不平衡力。为了消除此不平衡的径向力，对高扬程的泵常采用双蜗壳室，如图3-8所示，使用两段蜗壳以互相抵消对叶轮所产生的径向力。

4. 导轮

导轮又称导叶轮，它是一个固定不动的圆盘，位于叶轮的外缘、泵壳的内侧，正面有包在叶轮外缘的正向导叶，背面有将液体引向下一级叶轮入口的反向导叶，其结构如图3-9所示。液体从叶轮甩出后，平缓地进入导轮，沿正向导叶继续向外流动，速度逐渐下降，静压能不断提高。液体经导轮背面反向导叶时被引向下一级叶轮。导轮有径向式、流道式和扭曲式三种，其中扭曲式已逐渐被淘汰。

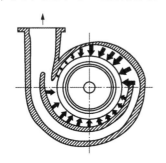

图3-8 双蜗壳室

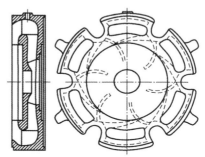

图3-9 导轮

导轮上的导叶数一般为4~8片，导叶的入口角一般为8°~16°，叶轮与导叶间的径向单侧间隙约为1mm。若间隙太大，效率变低；间隙太小，则会引起振动和噪声。

导轮与蜗壳相比，其外形尺寸小，采用导轮的分段式多级离心泵的泵壳容易制造，能量转换的效率也较高，但安装检修不如蜗壳式方便。

另外，当泵实际工况与设计工况偏离时，液体流出叶轮时运动轨迹与导轮叶片形状不一致，使液体对导叶的入口边产生冲击，使泵的效率下降。所以，采用导轮装置的离心泵，扬程和效率曲线均比蜗壳泵的陡。

5. 密封环

从叶轮流出的高压液体经旋转的叶轮与泵壳之间的间隙又回到叶轮的吸入口，称为内泄漏。为了减少内泄漏，该间隙应小些。因此，一般都在该部位的泵壳和叶轮前盖入口处，安装一对密封环(又称为承磨环、口环、卡圈等)，以保证叶轮与泵壳之间的最小间隙，减小内泄漏。当泵运行一段时间后，密封环被磨损造成间隙过大时，可拆去已磨损的密封环，换上一对新的。

密封环按其轴截面的形状可分为平环式、角环式、锯齿式和迷宫式等，如图 3-10 所示。平环式和角环式由于结构简单、加工和拆装方便，在一般离心泵中应用广泛；锯齿式或迷宫式的密封效果好，一般用在高压离心泵中。

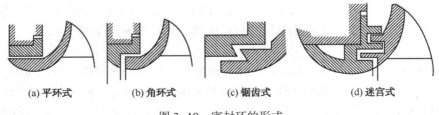

(a)平环式　　　　(b)角环式　　　　(c)锯齿式　　　　(d)迷宫式

图 3-10　密封环的形式

6. 轴向力平衡装置

1) 轴向力的形成及危害

离心泵叶轮(双吸式叶轮除外)工作时，液体以低压 p_1 进入叶轮，而以高压 p_2 流出叶轮，且叶轮前后盖板形状的不对称，使得叶轮两侧所受到的液体压力不相等，从而产生了轴向推力。叶轮两侧的液体压力分布如图 3-11 所示。

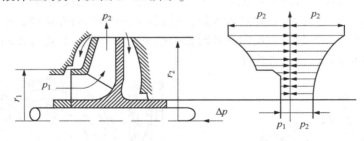

图 3-11　离心泵轴向力示意图

由于叶轮两侧受力不均匀，使得离心泵在运转时，形成一个沿轴向并指向叶轮入口，同时作用在转子上的力，这个力使泵的整个转子向叶轮吸入口端窜动，引起泵的振动、轴承发热，甚至损坏机件，使泵不能正常工作。尤其是多级泵，轴向力的影响更为严重。

2) 轴向力的平衡

当离心泵叶轮产生较大的轴向力，并且全都作用于轴承上时，轴承难以承受。为此，必须采取平衡措施消除或减小轴向力，保证离心泵安全运行。

(1) 单级离心泵轴向力平衡方法

① 叶轮上开平衡孔　其目的是使叶轮两侧的压力相等，从而使轴向力平衡，如图 3-12(a)所示，在叶轮轮盘上靠近轮毂的地方对称地钻几个小孔(称为平衡孔)，并在泵壳与轮毂上半径为 r_1 处设置密封环，使叶轮两侧液体压力差大大减小，起到减小轴向力的作用。这种方法简单、可靠，但有一部分液体回流到叶轮吸入口，降低了泵的效率。这种方法在单级单吸离心泵中应用较多。

② 采用双吸叶轮　它是利用叶轮本身结构特点，达到自身平衡，如图 3-12(b)所示，

24

由于双吸叶轮两侧对称，所以理论上不会产生轴向力，但由于制造质量及叶轮两侧液体流动的差异，不可能使轴向力完全平衡。

图 3-12　单级离心泵轴向力平衡方法

③ 叶轮上设置径向筋板　在叶轮轮盘外侧设置径向筋板以平衡轴向力，如图 3-12(c) 所示，设置径向筋板后，叶轮高压侧液体被径向筋板带动，以接近叶轮旋转速度的速度旋转，在离心力的作用下，使此空腔内液体压力降低，从而使叶轮两侧轴向力达到平衡。其缺点是有附加功率损耗。一般在小泵中采用 4 条径向筋板，大泵采用 6 条径向筋板。

④ 设置止推轴承　在用以上方法不能完全消除轴向力时，要采用安装止推轴承的方法来承受剩余轴向力。

（2）多级离心泵轴向力平衡方法

① 泵体上装平衡管　如图 3-13 所示，在叶轮轮盘外侧靠近轮毂的高压端与离心泵的吸入端用管连接起来，使叶轮两侧的压力基本平衡，从而消除轴向力。此方法的优缺点与平衡孔法相似。有些离心泵中同时设置平衡管与平衡孔，能得到较好的平衡效果。

② 叶轮对称排列　将两个叶轮如图 3-14 所示背对背或面对面地装在一根轴上，使每两个相反叶轮在工作时所产生的轴向力互相抵消。

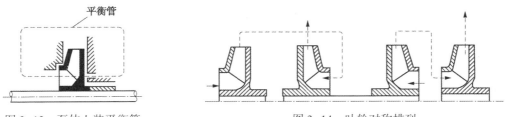

图 3-13　泵体上装平衡管　　　　　　　　图 3-14　叶轮对称排列

③ 采用平衡鼓装置　在分段式多级离心泵最后一级叶轮的后面，装设一个随轴一起旋转的平衡鼓，如图 3-15 所示。

④ 采用平衡盘装置　如图 3-16 所示，在分段式多级离心泵最后一级叶轮后面，装设一个随轴一起旋转的平衡盘和在泵壳上嵌装一个可更换的平衡座。

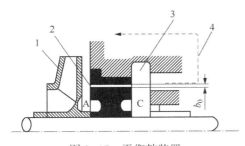

图 3-15　平衡鼓装置
1—末级叶轮；2—平衡轮；3—低压室；4—平衡管

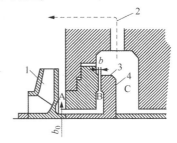

图 3-16　平衡盘装置
1—末级叶轮；2—平衡管；3—平衡座；4—平衡盘

⑤采用平衡鼓与平衡盘联合装置 该装置的特点就是利用平衡鼓将50%~80%的轴向力平衡掉，剩余轴向力再由平衡盘来平衡。

3.1.3 离心泵的安装

离心泵的结构类型多种多样，但其安装与检修的方法有许多相同之处。只要掌握了典型离心泵的安装与检修的基本知识和通用的操作方法，就可以起到举一反三的作用。离心泵在安装和检修过程中执行的质量标准原则上以制造厂技术要求为准。如果说明书没有要求，建设单位也没有明确指出应执行的标准，离心泵安装部分可参照国家标准，检修部分可参照《离心泵维护检修规程》(SHS 01013—2004)。

1. 安装前的准备工作

1) 技术资料的准备

(1) 施工前应准备好泵的技术文件，同时要编制好施工方案；

(2) 施工前应学习领会图纸、施工方案等技术资料。

2) 基础验收

离心泵安装之前，需要由主管部门组织土建施工单位和设备安装单位有关人员对基础的施工质量量进行全面检查。主要包括以下内容：

(1) 对基础进行外观检查，不得有裂缝、蜂窝、空洞、露筋等缺陷。如发现缺陷应予以处理。

(2) 按土建基础图及泵的技术文件对基础的几何尺寸及位置进行复测检查。没有特殊要求的基础，可按《机械设备安装工程施工及验收通用规范》(GB 50231—2009)标准进行验收，其允许偏差见表3-1的规定。

表3-1　设备基础尺寸和位置的允许偏差

项　　目	允许偏差/mm	项　　目	允许偏差/mm
坐标位置(纵、横轴线)	±20	地脚螺栓孔中心位置	±10
不同平面的标高	−20	地脚螺栓孔深度	±20
平面外形尺寸	±20	地脚螺栓孔壁沿铅垂度每米	10

(3) 办理工序交接手续。

3) 开箱验收

在建设单位有关人员参加下，按装箱清单对泵进行开箱验收。检查技术资料、专用工具是否齐全，设备有无缺损件、表面有无损坏和锈蚀，并作好开箱检验记录。

4) 地脚螺栓的准备

地脚螺栓分短地脚螺栓和长地脚螺栓两种，短地脚螺栓适用于中、小型机器，常用的短地脚螺栓其头部制作成带钩或分叉形状，有时为了防止地脚螺栓旋转，可在钩中穿上横杆，其结构形式如图3-17所示。长地脚螺栓适用于大型机器或振动比较强烈的机器。

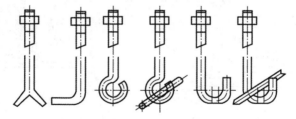

图3-17　短地脚螺栓

地脚螺栓通常由机器制造厂随机配套供给。在开箱时按图纸和装箱清单检查其数量、规格及质量，是否符合要求。螺栓不得有裂纹、夹皮、严重伤痕、锈蚀、松扣等缺陷。

5）垫铁的准备

离心泵安装中常用的垫铁是平垫铁和斜垫铁组合，每组垫铁一般为一平二斜。垫铁形状如图 3-18 所示，其规格见表 3-2。

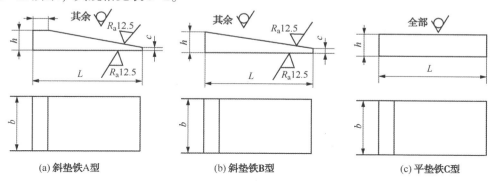

图 3-18　斜垫铁和平垫铁

表 3-2　斜垫铁和平垫铁的规格和尺寸
mm

斜垫软									平垫软 C 型		
A 型					B 型						
代号	L	b	c		代号	L	b	c 最小	代号	L	b
			最小	最大							
斜 1A	100	50	3	4	斜 1B	90	50	3	平 1	90	50
斜 2A	140	70	4	8	斜 2B	120	70	4	平 2	120	70
斜 3A	180	90	6	12	斜 3B	160	90	6	平 3	160	90
斜 4A	220	110	8	16	斜 4B	200	110	8	平 4	200	110
斜 5A	300	150	10	20	斜 5B	280	150	10	平 5	280	150
斜 6A	400	200	12	24	斜 6B	380	200	12	平 6	380	200

注：（1）厚度 h 可根据实际需要和材料的材质和规格确定。斜垫铁的斜度宜为 1/10~1/20；对振动较大或精密设备的垫铁斜度可为 1/40。
　　（2）采用斜垫铁时，斜垫铁的代号宜与同代号的平垫铁配合使用。
　　（3）斜垫铁应成对使用，成对的斜垫铁应采用同一斜度。

垫铁的选用由基础的承压能力来决定。因此，可按机器的质量及垫铁的数量计算出每组垫铁的最小面积。每组垫铁的最小面积，可按下述经验公式近似计算：

$$A \geqslant C \times (Q_1 + Q_2)/R \times 10^4$$

式中　A——每组垫铁的最小面积，即布置于地脚螺栓两侧的每组垫铁承压面积，mm^2；
　　　C——安全系数，宜取 1.5~3；
　　　Q_1——泵的质量加在该垫铁组上的负荷，N；
　　　Q_2——地脚螺栓拧紧后分布在该垫铁组上的压力，可选取螺栓的许可抗拉力，N；
　　　R——基础混凝土或地坪混凝土的单位面积抗压强度，可采用混凝土设计强度，MPa。

$$Q_1 = G/n_1$$

式中　G——泵重量，N；
　　　n_1——垫铁组数。

$$Q_2 = F/n_2$$

式中 F——根地脚螺栓拧紧后所产生的轴向力，N，见表3-3；

n_2——根地脚螺栓两侧的垫铁组数（一般为2组）。

A 值计算出后，可在表3-2中选用比计算 A 值大的垫铁，当垫铁承载能力有余而长度不够时，可选用较大规格的垫铁。

表3-3 地脚螺栓的拧紧力矩及轴向拉力参考值

螺栓螺纹直径/mm	力矩/N·m	轴向拉力/N	螺栓螺纹直径/mm	力矩/N·m	轴向拉力/N
12	25~30	9000	36	800~820	85000
16	60~70	15000	42	1200~1300	115000
20	120~140	25000	48	1900~1950	160000
24	20~240	35000	50	3000~3100	250000
27	340~350	48000	64	4400~4600	300000
30	45~470	55000			

2. 离心泵就位与找正

离心泵的就位与找正，就是将泵安放到基础上，根据基础的中心线调整泵体的纵、横中心线位置，使之符合要求。在离心泵的安装过程中，对于一般中小型离心泵，其与电机共用一个机座，安装时均是采用整体安装法，即在上述准备工作完成以后，将泵及电机和机座一起整体平稳地吊到基础上，然后进行找正、调平。对于大型离心泵，一般是先把机座吊装就位并调整好中心位置及水平度后，再将泵、电机吊装到机座上调整水平度、联轴器轴端距等。

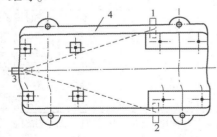

图3-19 三点调平法
1，2，3—临时垫铁组；4—泵座

1）就位

在基础适当位置上放置三组临时垫铁或三个小千斤顶。为了方便放置永久垫铁组，每组临时垫铁配置宜为两块平垫铁和两块斜垫铁。一般情况下，电机端质量比泵端质量大，因此，垫铁布置最好在电机端放置两组，泵端放置一组，如图3-19所示。

将泵及电机和机座一起整体平稳地吊到基础的三组临时垫铁上，并将地脚螺栓穿入泵的地脚螺栓孔中。然后上好螺帽并调好其高度，一般螺纹应留出长度宜为螺栓直径的1/3~2/3。为了保证地脚螺栓能处于垂直状态，且能处于螺栓孔中心，重要的泵应采用定位套套在地脚螺栓上，以利于将来机泵找正中心。

2）找正

泵的找正，就是根据基础所标出的中心线，用线锤进行测量，使离心泵的纵、横中心线与基础中心线一致，确保安装管线或与其他设备连接时不会发生困难。

泵的纵向中心线是以泵轴中心线作定位基准的。在对纵向中心线找正时，可采用吊锤线的方法。在泵轴两端中心吊垂线，使它与基础上的中心线重合。横向中心线常以进出口管法兰的中心线作定位基准，用拉线的方法找正。以厂房壁或基础上标定的点或线作安装基准，拉一条直线，与通过进出口管线法兰的中心线重合。也可用已安装调整完毕的机泵中心作测量基准来进行校正，使泵体横向中心位置达到技术要求。确保泵体在与管线或其他机器设备连接时不出现大的偏差。

对于相邻且同型号的两台或多台泵的安装方位及标高数值必须选定同一个基准，这可使设备排列整齐、美观。在泵中心线位置找完并符合表 3-4 的要求后，要同时确保地脚螺栓任一部分离螺栓孔孔壁的距离不小于 15mm。

泵体标高和纵、横中心线的位置偏差应符合表 3-4 的规定。

表 3-4 设备的平面位置和标高对安装基准线的允许偏差

项　目	允许偏差/mm	
	平面位置	标　高
与其他设备无机械联系的	±10	+20　−10
与其他设备有机械联系的	±2	±1

3. 离心泵标高调整及初找水平度

1）标高调整

测量处与标高基准点（俗称零点）的相对高差（正值或负值）称该处的标高。标高分绝对标高和相对标高。以海平面为基准零点，与海平面的高度差值，称为绝对标高；把某标高基准点当为零点，与该基准点的高度差值称为相对标高值。工程中主要用相对标高，习惯上称标高。

离心泵标高的调整是为了便于泵体与管线的连接，一般情况下，其标高以泵轴心线为测量点，以泵基础上标定的基础标高作为测量基准，用液位连通器测量，如图 3-20 所示。对于要求较严的泵，其标高调整是用水准仪测量。离心泵标高允许偏差应符合表 3-4 的规定。偏差过大可通过临时垫铁来调整。

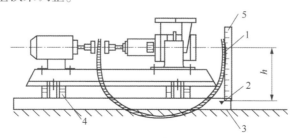

图 3-20 用 U 形橡皮管水准器找标高
1—橡皮管；2—基础标高；3—基础；4—垫铁组；5—钢尺

2）初找水平度

离心泵初找水平度可在找标高后进行，也可同时进行，它是通过调整临时垫铁的高低来调整其水平度。离心泵的水平度调整应用精度为 0.02mm/m 的水平仪或精度为 0.05mm/m 的水平仪，放在泵的进出口法兰面上或泵轴上进行测量。水平剖分式的泵，则可将水平仪放在水平中分面上或泵轴和进出口法兰面上进行测量。

离心泵水平度允许偏差：对于整体安装的泵，纵向水平偏差不应大于 0.1/1000，横向水平偏差不应大于 0.2/1000；对于解体安装的泵，纵向和横向水平偏差均不大于 0.05/1000。

4. 离心泵地脚螺栓灌浆及永久垫铁放置

1）地脚螺栓灌浆

离心泵中心线位置、标高和初找水平度调整完毕后，初找工作结束，可对基础进行第一次灌浆，即用混凝土或灌浆料将地脚螺栓浇灌在预留孔中。浇灌时应一边浇灌一边捣实，防

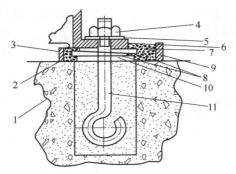

图 3-21　螺栓、垫铁和灌浆

1—地坪或基础；2—设备底座底面；3—内模板；
4—螺母；5—垫圈；6—灌浆层斜面；7—灌浆层；
8—成对斜铁；9—外模板；
10—平垫铁；11—地脚螺栓

止出现蜂窝。如果用混凝土浇灌，混凝土的标号应比基础高一级。混凝土中的碎石应该小一些，便于放置永久垫铁。混凝土应盖上预留孔两倍以上面积，如图 3-21 所示。

2）永久垫铁放置

离心泵永久垫铁的放置：应在每个地脚螺栓旁至少有一组垫铁，在不影响灌浆的情况下，应尽量使垫铁靠近地脚螺栓。每组垫铁宜减少垫铁的块数，且不应超过 5 块，不宜采用薄垫铁。放置平垫铁时厚的放在下面，薄的放在中间且不宜小于 2mm。垫铁组伸入泵底座底面的长度应超过泵地脚螺栓的中心。相邻两垫铁组间的距离应在 500~1000mm 之内。

永久垫铁的放置有标准垫法、十字垫法、井字垫法、单侧垫法、三角垫法和辅助垫法，如图 3-22 所示。当地脚螺栓间距离小于 300mm 时，可采用十字垫法、单侧垫法和三角垫法，在地脚螺栓的同一侧放置一组垫铁。

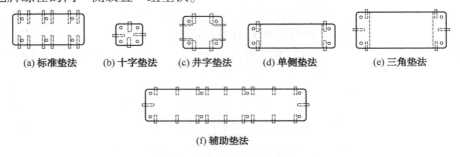

(a) 标准垫法　(b) 十字垫法　(c) 井字垫法　(d) 单侧垫法　(e) 三角垫法

(f) 辅助垫法

图 3-22　垫铁放置方法

地脚螺栓灌浆完毕，待砂浆表面看不见水但还软且又能把垫铁承担起来时，将垫铁及泵底面洗擦干净后，用永久平垫铁将混凝土表面的碎石压下，并按要求位置放好，然后再将斜垫铁放到永久平垫铁上面。注意，最上面斜垫铁厚边在外边以便调整。垫铁放置后，用 0.05mm 塞尺检查垫铁之间及垫铁与泵底座面之间的接触情况，在垫铁同一断面处从两侧塞入的长度总和不得超过垫铁长度或宽度的 1/3。

地脚螺栓灌浆后几天内应定期对混凝土进行养生。

5. 离心泵精找水平度

地脚螺栓灌浆后混凝土强度达到 75% 以上时，便可对泵进行精找水平度。在找水平度之前应拆卸临时垫铁及地脚螺栓的定位套。精找水平度和初找水平度的方法一样，根本区别就是精找水平度用永久垫铁来调整，在调整过程中地脚螺栓要在上有一定预紧力的情况下进行测量调整。

精找水平度后，每组垫铁均应压紧，并应用手锤逐组轻击听音检查，声音应清脆。同时应检查垫铁端面露出泵底座面外缘情况，平垫铁应露出 10~30mm，斜垫铁应露出 10~50mm，然后将所有永久垫铁用点焊方法焊牢。以上工作完成后交给土建进行二次灌浆，二次灌浆层不应小于 25mm。

6. 离心泵联轴器精确对中

待泵水平度精找完毕后可对泵进行联轴器对中，联轴器对中偏差值应符合泵使用说明书要求或相关规范的规定。

1）离心泵联轴器精确对中的方法——两表法

联轴器精确对中粗测时可用钢尺或塞尺，精测时采用两块百分表。常见的安装方法如图 3-23 所示。

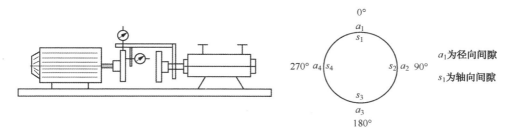

图 3-23　联轴器对中两表法示意图

一般情况下机泵的水平度已找好，故以泵的对轮为基准，测定与调整电机的对轮来保证电机与泵轴的对中找正。

测量时首先要保证校验百分表应准确、灵活，跳杆测点应光滑平整；然后要保证百分表固定应牢实，并应保证跳杆与被测表面的垂直度。

对热油泵找正时，应考虑到轴承支撑处在热胀后转子位置可能会抬高。对电机-高温泵的机组，电机轴应比泵轴稍高；对于汽轮机-高温泵机组，应具体分析，一般是冷端稍高些，稍高数值应通过计算或厂家给定。对于上述机组也可采用热找正法，即预热机组后再找正或者泵停车后迅速找正。

测量时先测出百分表在 0° 时的径向跳动 a_1 和轴向跳动 s_1，然后分别测 90°、180°、270° 的跳动和轴向跳动，并作图记录，如图 3-23 所示。圆外记录径向跳动值，圆内记录轴向跳动值。测量回到原点（0°）时，必须与原读数一致，否则必须找出原因并排除，一般多因轴的窜动与地脚螺钉松动造成。最后还必须计算所测得的数据符合下式才算测量正确。为方便测量和计算，通常在测量时将 0° 时的径向跳动 a_1 和轴向跳动 s_1 调整为 0。

$$a_1 + a_3 = a_2 + a_4$$
$$s_1 + s_3 = s_2 + s_4$$

2）调整时的计算

机泵调整一般分为两个阶段进行：

（1）第一阶段

调整两轴垂直方向的平行和同心。此阶段需要通过计算对电机地脚加减垫片来完成。

第一阶段调整分两步进行：第一步调整轴向间隙使两轴平行，然后再调整径向间隙使两轴同心。

第一步：调整轴向间隙的计算。

如图 3-24 所示，D 为对轮直径，L_1 为电机轴前脚与对轮间距，L_2 为电机轴向两支脚间距，$b = (s_3 - s_1)$。

将支脚 2 加厚度为 X 的垫片，使两轴平行。X 的计算利用带剖面的两个直角三角形相似

31

原理计算：

$$X/L_2 = b/D$$
$$X = b \times L_2/D$$

当支脚 2 加厚度为 X 的垫片后，要注意到电机轴是以支脚 1 为支点发生扭转的，此时两轴虽然平行了，但是电机的对轮中心却降低了 Y 值（见图 3-25）。

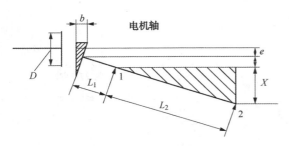

图 3-24　联轴器对中计算图（一）

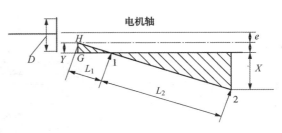

图 3-25　联轴器对中计算图（二）

Y 值按三角形相似原理计算：

$$Y/L_1 = X/L_2$$
$$Y = X \times L_1/L_2$$

第二步：调整径向间隙的计算。

原有径向偏差值为：　　　　　　　$e = (a_3 - a_1)/2$

由于在调整轴向间隙时，电机轴的中心下降了 Y 值，所以为使两轴同心，电机前后支脚应同时加上厚度为 $(Y+e)$ 的垫片。

总地归纳起来，为了使两轴既平行又同心，电机前后支脚应加垫片的总厚度为：

电机前脚加垫厚度 $= Y+e$

电机后脚加垫厚度 $= X+Y+e$

整理后得出：

电机前脚加垫厚度 $= b \times L_1/D + e$

电机后脚加垫厚度 $= b \times (L_1+L_2)/D + e$

（2）第二阶段

调整两轴水平方向的平行和同心。第二阶段的计算与第一阶段的理论计算相同，此阶段需要通过调整电机的左右来完成，不需要对电机地脚加减垫片。

在联轴器对中工作结束后把泵交给有关单位进行管线安装，待管线安装完毕后应对对中进行复检，主要是检验在配管过程中管线法兰和泵进出口法兰的对接情况，如果对中值偏差太大，应督促配管单位对管线进行处理，直到符合要求为止。还有一点需要特别注意，对于大型泵的安装，在精找水平度的同时还要监测联轴器对中情况，使对中值符合规范要求，才可进行二次灌浆。

确认以上工作完成后，泵的安装与调整工作到此基本结束。

7. 竣工验收

泵试运转合格后，可办理工程验收手续。验收时，应备齐设备出厂合格证书、随机技术文件和按 SH 3503—2007 标准完成的设备安装过程中的实测记录交工资料。

32

3.1.4 离心泵的检修

1. 离心泵的拆卸

1）离心泵拆卸的基本要求

在拆卸过程中为了防止损坏泵的零件和提高效率，确保检修质量，拆卸离心泵时应做到以下基本要求：

（1）了解泵结构，熟悉其工作原理　在拆卸泵前要查阅本泵的使用说明书、图纸，先了解结构及工作原理，避免盲目拆卸。

（2）做好标记　当零部件对装配位置及角度有要求时，在拆卸前要做好标记，以便将来装配时顺利进行。标记要打在非工作面上，一般相邻部件标记方法如图 3-26 所示。

正确　　　　　　　正确　　　　　　　错误

图 3-26　泵做标记方法

（3）作好记录　在拆卸过程中，对各零部件的配合间隙必须做到边测量边检查，同时作好记录。

（4）拆卸顺序合理　一般离心泵拆卸的顺序是先拆泵的附属设备，后拆泵本体零部件；先拆外部，后拆内部。

（5）文明施工　拆卸时应选用合适的工具，严禁乱铲、乱敲、乱打等不文明的施工方法。特别是对配合表面或有相对滑动的部位要保护好。对拆卸下来的零部件应及时清洗并应按顺序及所属部位分类别放在木架、耐油橡胶皮或零件盘内。为了避免零部件碰伤或损失，并便于将来装配，严禁将零部件杂乱堆积。

2）离心泵拆卸前准备

（1）掌握泵的运转情况，并备齐必要的图纸和资料。

（2）对检修过程作出风险评价，并填写好风险评价表。

（3）备齐检修工具、量具、起重机具、配件及材料。

（4）切断电源及设备与系统的联系，放净泵内介质，达到设备安全与检修条件。

3）离心泵的拆卸方法和顺序

为提高效率、减少检修时间、保证检修质量，必须注意拆卸顺序和方法。下面以目前常见的几种泵为例，介绍其拆卸顺序。

（1）悬臂式离心油泵的拆卸顺序如下：

①拆卸联轴器中间短节，设定联轴器的定位标记；

②检查联轴器同心度和轴向间隙，并作好记录；

③拆卸附属管线；

④拆卸泵盖螺栓；

⑤移出泵体；

⑥拆卸叶轮、隔板；

⑦拆卸密封压盖和泵盖；

⑧ 拆卸密封组件；

⑨ 拆卸两端轴承压盖，抽出泵轴；

⑩ 拆卸两端轴承。

（2）水平剖分式离心泵的拆卸顺序如下：

① 拆卸联轴器中间短节，设定联轴器的定位标记；

② 检查联轴器同心度和轴向间隙，并作好记录；

③ 拆卸附属管线；

④ 用专用工具拆卸泵半联轴器；

⑤ 松开机械密封压盖螺栓或填料密封压盖螺栓；

⑥ 拆卸泵体连接螺栓；

⑦ 吊出泵体上盖；

⑧ 卸掉前、后轴承箱及轴承；

⑨ 吊出泵转子；

⑩ 拆卸机械密封、轴套、叶轮。

（3）分段式多级离心泵的拆卸顺序如下：

① 拆卸联轴器中间短节，设定联轴器的定位标记；

② 检查联轴器同心度和轴向间隙，并作好记录；

③ 拆卸附属管线；

④ 用专用工具拆卸泵半联轴器；

⑤ 拆松前、后密封螺栓，拆卸前、后轴承座及轴承；

⑥ 测量泵的单向窜量；

⑦ 拆卸前、后密封；

⑧ 拆出平衡盘，再用与平衡盘长度相等的专用轴套代替平衡盘装到原来平衡盘位置上，再上紧后轴套，测量泵的总窜量，测量完毕后将轴套及专用轴套取出；

⑨ 拆卸泵体上的拉紧大螺栓后，将出水段、末级叶轮拆出；

⑩ 按顺序自后往前逐级拆出中段、叶轮并测出各级叶轮的窜量。但测量时必须上螺栓及转子，这样测出的窜量才准确。

2. 离心泵典型零部件的检修

1）泵轴的检修

一般先用煤油将泵轴清洗干净，用砂布打光，检查表面是否有沟痕和磨损，然后用千分尺检查主轴颈圆柱度，用百分表检查直线度，必要时用超声波或磁性探伤或着色检查看是否有裂纹。下面介绍轴直线度的检查。

对于弯曲的轴，将泵轴夹持在车床上测量最方便，精度也比较高。也可以采用滚动轴承支架或V形铁支承测量，但测量时必须保证轴本身的水平度和有轴向定位，以防止窜动。直线度具体测量方法如下：

（1）确定轴向测量部位。一般取安装旋转零件等重要部位，如取半联轴器、轴承、叶轮等部位为测量点。

（2）将轴各测量部位截面划分为四等份或更多偶数份。

（3）在测量截面上装上百分表，其测量头要垂直于轴线。

（4）将轴按同一方向缓慢地转动一周，依次测出各点读数并作记录。

（5）根据各测量截面的偏差值作综合分析。用180°对称两方位的径向跳动差值的一半，面出相应的轴弯曲图。

（6）分析最大弯曲部位与方位。

应当注意，每个截面测出的各方位径向圆跳动值的数值，仅表示该截面在某方位上的圆度偏差值，不能理解成是轴的弯曲状况。只有通过把多个截面在同一方位的圆度的偏差值画出的轴弯曲曲线图，才能分析出轴弯曲的程度、部位及方位。

例如：某轴同一方位（比如3~7个方位）各截面圆度偏差值测量结果的记录如图3-27所示。利用坐标纸画出直角坐标系，纵坐标用某一放大比例表示弯曲值，横坐标用某一缩小比例表示轴全长和各测量截面距离，根据记录数值可算出对应截面处的弯曲值，并在对应的纵坐标上面出相应的弯曲图，如图3-27所示。

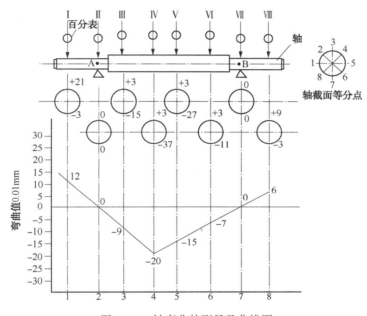

图3-27 轴弯曲的测量及曲线图

用同样方法可找出1~5、2~6、4~8等各方位的最大弯曲点和弯曲程度，弯曲度中最大者才是轴真正的最大弯曲度。

假如最大弯曲度不是刚好位于所测量的某一方位上，比如说位于1~5和2~6方位之间，那么只要把轴截面等分得多些就可以精确地求出最大弯曲度。

2）叶轮的检修

（1）叶轮口环磨损的处理 叶轮口环磨损可以上车床对磨损部位进行车削，消除磨损痕迹，并配制相应的承磨环毛坯，根据车削后的叶轮口环直径加工承磨环配上，以保持原有的间隙。这样做可减少成本，因叶轮备件比承磨环备件贵得多。

（2）叶轮腐蚀或汽蚀损坏的处理 当离心泵叶轮被腐蚀或汽蚀时，除了补焊修复外，还可用环氧胶黏剂修补。

（3）叶轮与轴配合松动的处理 叶轮与轴的配合过松会影响叶轮的同轴度，使泵运行时产生振动。当叶轮与轴配合过松时，可以在叶轮内孔镀铬后再磨削，或在叶轮内孔局部补焊后上车床车削。

（4）叶轮键槽与键配合松动的处理　当叶轮键槽与键配合过松时，在不影响强度的情况下，根据磨损情况适当加大键槽宽度，重新配键。在结构和受力允许时，也可在叶轮原键槽相隔90°或120°处重开键槽，并重新配键。

对于修复的叶轮或更换新叶轮，都要做静平衡试验，必要时进行动平衡试验。

3）轴套、平衡盘的检修

（1）轴套损坏的处理　轴套是一个易损件，在轴套表面产生点蚀或磨损后，一般都是采用更换的办法。

（2）平衡盘的检修　多级离心泵平衡盘装置在装配和运转中常出现的问题是平衡盘与平衡环接触表面磨损，出现这种情况会使泵在运行过程中造成液体大量内泄漏，最终导致平衡盘失效，起不到平衡转子轴向力的作用，因此要对这种情况进行检查和处理。

检查平衡盘与平衡环两接触面接触情况时，先在平衡盘和平衡环两接触面的一个面上涂上薄薄一层红丹，然后进行对研，根据红丹接触面积大小，判断两接合面接触是否达到要求。一般两者之间接触面积应达75%以上。若是轻微磨损，可在两接触面之间涂细研磨砂进行对研。如果磨损严重，则要上车床进行修复或更换。

4）转子径向和端面圆跳动的测量及处理

多级离心泵转子是由许多零件套装在轴上，并用锁紧螺母固定的。由此可知，转子各零件接触端面的误差（各端面不垂直的影响）都集中反映在转子上。如果转子各部位径向跳动值过大，则泵在运转中会比较容易产生摩擦。因此，多级离心泵在总装配前转子部件要进行小装。对小装后的转子要进行径向和端面圆跳动检查以消除超差因素，避免因误差积聚而到总装时造成超差现象。

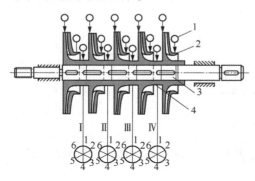

图 3-28　测量转子径向跳动示意图
1—百分数；2—叶轮；3—轴；4—轴套

每一种旋转泵的转子，其各部位的径向圆跳动和端面圆跳动值是不相同的，但测量方法基本相同。

（1）转子径向圆跳动值的测量

① 先将转子放在两个 V 形铁上，把转子上每个测量部位的圆周分成几等份，例如分为六等份，如图 3-28 所示。

② 在测量部位上装上百分表，其测量头要垂直于轴线。

③ 按同一方向慢慢转动转子，每转过一等份记录一个读数。转子转动一周后，每个测点都得

到六个读数，把这些读数记录在表格中，如表 3-5 为某多级离心泵轴套部件各测点径向跳动记录。

表 3-5　离心泵转子轴套部位各测点径向跳动记录表　　　　mm

转动位置\测点	1 0°	2 60°	3 120°	4 180°	5 240°	6 300°	跳动量
Ⅰ	0.21	0.23	0.22	0.24	0.20	0.19	0.05
Ⅱ	0.32	0.30	0.31	0.33	0.31	0.30	0.03
Ⅲ	0.30	0.28	0.29	0.33	0.35	0.32	0.07
Ⅳ	0.34	0.33	0.33	0.35	0.34	0.35	0.02

④ 根据记录计算各测点最大跳动值，将同一测点最大读数减去最小读数的差值就是该测点部位的径向跳动值。

（2）转子端面圆跳动值的检查

叶轮装到轴上测量其端面跳动值，主要是确保叶轮端面与轴中心线的垂直度符合要求。测量部位如图3-29所示。用一个百分表垂直指在叶轮的侧面，把表针调整到零位。盘动叶轮旋转一周，百分表的最大读数与最小读数的差值就是叶轮的端面跳动值。特别要注意，转子转动一周后百分表应复位到零位，否则说明轴有轴向窜动或表头松动，应设法消除。平衡盘端面圆跳动值测量同样是这样操作。

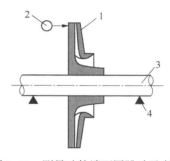

图3-29　测量叶轮端面圆跳动示意图
1—叶轮；2—百分表；3—轴；4—支点

（3）转子径向跳动和端面跳动超差

由于转子径向跳动和端面跳动超差会引起转子与定子发生偏磨或轴振动。因此，在检修中应按表3-6的规定来处理离心泵的径向圆跳动和端面圆跳动。

表3-6　多级离心泵径向和端面圆跳动允许值　　　　　　　　　mm

测量部位直径	径向圆跳动		端面圆跳动	
	叶轮密封环	轴套、平衡盘	叶轮端面	平衡盘
≤50	0.06	0.03	0.20	0.04
>50~120	0.08	0.04		
>120~260	0.10	0.05		
>260	0.12	0.06		

影响转子径向圆跳动和端面圆跳动超差的原因很多。例如轴本身已弯曲，或转子各零件之间接触面与轴中心线不垂直，压紧轴套后使轴产生新的弯曲，也可能是零件加工精度不够或旋转零件与轴配合过松引起径向圆跳动和端面圆跳动超差。

由轴弯曲引起跳动超差的，则应先将轴矫直再组装检查。

由各零件之间接触面与轴中心线不垂直引起跳动超差的，应对转子各组件的接触端面进行研磨修理。其操作方法如下：车一根假轴，轴颈与实际轴颈一样（假如轴与零件配合为过盈配合，可改成间隙配合来测量）；按顺序把第一个叶轮装上假轴，在叶轮轮毂端面与轴肩涂上研磨膏进行研磨；研磨完毕用涂色法检查接触情况，直到合格为止；然后再装上相邻的隔套或第二个叶轮与第一个叶轮轮毂的另一侧端面相研磨；依次把转子各零件的接触端面进行配研，直到合格后，按安装顺序打上标记。

由加工误差引起零件两接触端面不平行的，可用游标卡尺或外径千分尺测量确定。偏差过大可将零件夹在车床上，用心轴定位，在同一找正情况下车另一侧端面，加工使其达到要求。

5）离心泵壳体止口间隙检查

分段式多级离心泵的两个泵壳之间及单级泵托架和泵体之间都是止口配合的，如果止口间隙过大，会影响泵的转子和定子的同心度，因此必须进行检查修复。检查两泵壳止口间隙的方法是将相邻两个泵壳叠起，在上面泵壳的上部放置一个磁性百分表座，夹上一个百分表，表头的触点与下泵壳的外圆接触，如图3-30所示。随后按图中箭头方向将上泵壳往复

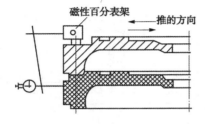
图 3-30 泵壳止口同心度的检查

推动，百分表上的读数差就是止口之间的间隙。在相隔90°的位置再测一次。一般止口间隙在 0.04~0.08mm 之间，如间隙大于 0.10~0.12mm 就需要进行修理。单级泵的检查方法相同。

3. 离心泵的装配

离心泵各零部件经检查及处理合格后，应按技术要求组装，同时必须遵循一定方法进行，否则会影响装配质量。

1）离心泵装配的基本要求

离心泵的组装顺序与拆卸顺序相反，在组装时要注意以下几点：

（1）组装前清洗干净各零部件，组装时各部件配合面要加一些润滑油润滑。

（2）组装各部件时必须按拆卸时所打标记定位回装。

（3）上紧螺栓时要注意顺序，应对称并均匀把紧，一般分多次上紧，这样才能保证连接螺栓上得紧而且均匀。

（4）组装过程要做到边组装边检查、测量，同时作好记录。

2）离心泵滚动轴承的装配

滚动轴承对离心泵正常运转起着十分重要的作用，如果在装配时质量达不到要求，会使轴承承载能力下降，产生噪声及发热，加快轴承磨损，严重时会造成停车。所以一定要重视轴承的安装质量。

（1）滚动轴承装配前的准备工作

① 轴承的清洗　装配前应先把轴承上的防锈油或润滑脂清除干净。对用防锈油封存的轴承，可用煤油清洗；对用厚油或防锈油脂如工业凡士林防锈的轴承，可先用机油加热（油温不得超过100℃），把轴承浸入油内，待防锈油脂溶化，取出冷却后再用煤油清洗；最后用清洁的棉布将轴承擦拭干净，但不能使用棉纱。

用煤油清洗时，应一手捏住轴承内圈，另一手慢慢转动外圈，直到轴承的滚动体、滚道、保持架上的油污完全清除。在清洗时应注意，开始应缓慢转动，往复摇晃，不能用过大力度旋转，否则轴承的滚道和滚动体易被附着的污物损伤。

② 轴承的检查　轴承清洗完后，在装配前还应进行以下几方面的检查：

a. 对轴承内外座圈、滚动体、滚道和保持架外观进行检查，其表面应无腐蚀、坑疤与斑点等缺陷。最后将轴承拿在手里，捏住内圈，水平转动外圈，旋转应灵活、无阻滞和杂音。

b. 径向间隙的检查。径向间隙检查有两种方法：一种方法是用轴承间隙 1.5~2 倍的铅丝穿过轴承，转动内圈，使滚动体和轴承座圈相互挤压铅丝后，将铅丝拿出用千分尺测量其厚度，所测厚度即为该轴承的径向间隙；另一种方法是将轴承装在轴颈上，内圈固定，用磁性百分表架夹上一个百分表，表头的触点与轴承外圈表面接触，然后转动外圈，每转90°上下推动两次，百分表上下两值之差即为该轴承的径向间隙 e，如图 3-31 所示。

c. 轴承与轴、轴承箱内壁的配合检查。装配前必须用千分尺对轴、轴承箱内壁配合部位进行测量，对于承受轴向和径向载荷的滚动轴承与轴的配合为 H7/js6；对于仅承受径向载荷的滚动轴承与轴的配合为 H7/k6；

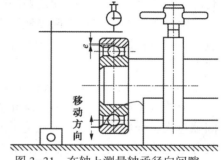
图 3-31　在轴上测量轴承径向间隙

而滚动轴承外圈与轴承箱内壁的配合为 Js7/h6。

（2）滚动轴承装配

滚动轴承装配一般分冷装法和热装法两种。

① 冷装法　当轴承轴颈或轴承座孔的配合过盈量较小时，可采用锤击法。其操作方法是：装配前对各部数据检查完毕且合格后，在轴颈上涂上润滑油，将清洗干净的轴承平稳、垂直地套在轴颈上，然后用紫铜棒在轴承内圈端面对称地轻轻敲打，使轴承就位。

当轴承内圈与轴颈为紧配合、轴承外圈与轴承座孔为较松配合时，应先将轴承装在轴颈上，然后将轴连同轴承一起装入轴承座孔内。往轴颈上装配轴承时的受力部位应选在轴承的内圈端面，如图 3-32 所示。

当轴承的外圈与轴承座孔为较紧配合、内圈与轴颈为较松配合时，应先将轴承装入轴承座孔中，然后把轴装入轴承内孔。往轴承座孔中压入轴承时，轴承的受力部位应选择在轴承外圈端面上，如图 3-33 所示。

当轴承内圈与轴颈、外圈与轴承座孔都是紧配合时，在轴承往轴颈上安装时，受力部位应选在轴承内圈端面上；而往轴承座孔中安装时，受力部位应选在轴承外圈端面上。图 3-34 为轴承内、外圈同时压装的方法。

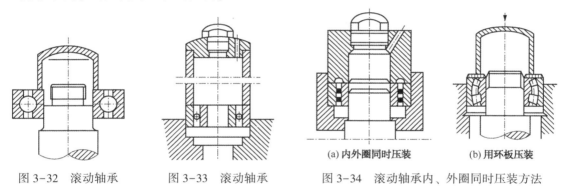

图 3-32　滚动轴承　　　图 3-33　滚动轴承　　　图 3-34　滚动轴承内、外圈同时压装方法
内圈压装方法　　　　　外圈压装方法

② 热装法　当滚动轴承内孔与轴颈的配合过盈量较大时，应用热装配法。

把清洗干净的轴承放进设有网格的润滑油中加热，将油加热 15~20min，当轴承被加热到 80~100℃ 时，把轴承迅速取出，立即用干净棉布擦去附在轴承表面的油迹和附着物，再推入或锤入到轴肩位置，装配时应边装入边微微转动轴承，防止轴承倾斜卡死。装到位后应顶住轴承直到冷却为止。

当轴承外圈与壳体上的轴承孔配合较紧时，应把壳体加热，然后才将轴承装入。

如果有电热轴承加热器，在清洗完毕并用清洁的棉布将轴承擦拭干净后，可用轴承加热器直接加热轴承装配，同样其加热温度不得超过 100℃。

（3）滚动轴承间隙的调整

滚动轴承间隙调整只适用于推力轴承，非推力轴承不需调整，而离心泵定位轴承常采用单列向心推力球轴承，它可通过内外圈的轴向移动来调整轴向和径向间隙。这种轴承的轴向间隙和径向间隙之间成正比关系，只要调整好轴向间隙，就可获得所需的径向间隙。这种轴承一般是成对使用的，因此只需要调整一只轴承的轴向间隙即可。一般通过调整轴承压盖与机体轴承孔的侧端面之间垫片的厚度来实现。调整间隙常用深度尺测量和压铅丝测量，这两种方法都比较简便准确。深度尺测量操作如图3-35（a）所示，把轴承装配到位后，用深度尺测量出 a 值和 b 值（相隔90°对称测量4点，取平均值）。当 $a-b$ 得值为正值时，表明两端面有间隙，当结果为负值时，表明两端面有过盈量。压铅法测量操作如图3-35（b）所示，把轴承装配到位后，在压盖端面和轴承外圈处用润滑脂各黏上4条合适的铅丝对称摆放，装回压盖，对称均匀地把紧螺栓后，拆开压盖，取出铅丝量取各铅丝厚度（取平均值）。当轴承外圈铅丝厚度减去压盖端面铅丝厚度为正值时，表明两端面有间隙，当结果为负值时，表明两端面有过盈量。

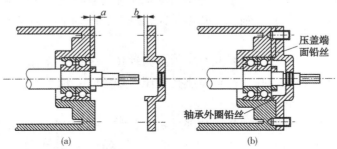

图3-35　垫片调整法

根据测量结果进行加减压盖端面和轴承座端面之间的垫片，使轴向间隙在 0.02～0.06mm 之间。

3）离心泵联轴器的装配

离心泵半联轴器与轴的配合一般为 H7/js6，其连接方式分为有键连接和无键连接两种。轮毂孔也分为圆柱形孔和圆锥形孔两种。联轴器的装配一般采用冷装法和热装法，至于采用什么方法应根据配合过盈量大小而定。

在冷装法中最常用的是动力压入，其操作是在半联轴器轮毂的端面垫放木块、铅块或其他软金属材料作缓冲工件，用锤敲击，逐渐把轮毂压入轴颈。这种方法容易使脆性材料制成的联轴器的轮毂局部受损伤，同时容易损坏配合表面。它常用在过盈量小的低速、小型、有键连接的联轴器的装配中。

热装法也有多种，常用的有润滑油加热法和火焰加热法。润滑油加热比较均匀，而且容易控制加热温度，所以比较容易操作，对于缺乏实践经验者说，完全可大胆使用，但此种方法比较麻烦，准备时间长；火焰加热比较省事且比较快，但加热温度难以控制，需要有一定的经验才能使用。半联轴器实际加热温度的高低，可根据轮毂孔与轴颈的配合过盈值及向轴颈上套装时的间隙要求进行计算求出。

不管采用哪种方法，在装配前都应先对半联轴器进行清洗、去毛刺、除锈和测量半联轴器与轴的配合尺寸；对于常用的弹性圈柱销联轴器的安装，在装配时其弹性圈与柱销应为过盈配合，并有一定的紧力。弹性圈与联轴器销孔的直径间隙为 0.6～1.2mm，联轴器两端面轴向间隙为 2～6mm。

4）离心泵叶轮、平衡盘的装配

离心泵叶轮、平衡盘与轴的配合都是采用 H7/js6，它们的装配同样可采用冷装法和热装法，在装配前都应先对其进行清洗、去毛刺、除锈和测量叶轮与轴、平衡盘与轴的配合尺寸。对分段式多级离心泵还应进行转子小组装，并测量叶轮、平衡盘等部位的径向和端面圆跳动值，上述情况都符合要求后才可进行装配。当采用热装法进行装配时，叶轮加热可用润滑油加热，也可用蒸汽加热。

5）离心泵密封的装配

离心泵密封的装配可参考第 9 章的密封装配要求。

6）典型离心泵的装配

离心泵的种类很多，具体装配方法也各有不同，下面仅介绍具有代表性的三种离心泵的装配。

（1）单级悬臂离心泵的装配

单级悬臂式离心泵在总组装前，应进行小组装。检查各部跳动值是否达到规范要求。图 3-36 所示为单级悬臂式离心泵小组装图。

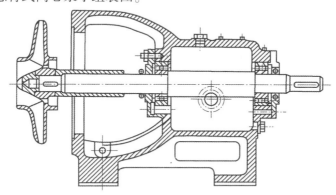

图 3-36　单级悬臂式离心泵小组装图

① 检查轴套外圆的径向跳动　为了防止轴套外圆跳动值过大而导致密封泄漏，装配时要对轴套外圆径向跳动值进行检查。操作方法是用百分表固定在磁力表座上，使表触头垂直指向轴套外圆，盘动泵轴旋转一周，表中最大读数减去最小读数就是轴套外圆径向跳动量。轴套外圆径向圆跳动值应符合表 3-7 的规定。

表 3-7　单级悬臂式离心泵径向和端面圆跳动允许值　　　　mm

测量部位直径	径向圆跳动		叶轮端面圆跳动
	叶轮密封环	轴套	
≤50	0.05	0.04	0.20
>50~120	0.06	0.05	
>120~260	0.07	0.06	
>260	0.08	0.07	

② 检查叶轮密封环外圆的径向跳动　检查叶轮密封环外圆的径向跳动值，主要是为了防止叶轮密封环和泵体密封环发生摩擦。密封环径向和端面圆跳动检查方法与检查轴套外圆基本一样，其跳动值应符合表 3-7 的规定。

③ 检查轴承轴向间隙　联轴器端轴承端盖与轴承外座圈的轴向间隙主要是防止轴受热伸长，间隙大小应在 0.02~0.06mm 范围内。其检查和调整方法可用深度尺测量法或用压铅法（其操作见滚动轴承间隙的调整）。

单级悬臂式离心泵在组装后，叶轮流道中心线与泵体流道中心线要重合，偏差值不大于 0.5mm，如果不符合要求，通过加减叶轮轮毂与轴肩端面之间的垫片厚度，或通过车削改变轴套长度达到要求。叶轮入口端面与泵体的轴向间隙，可通过加减泵盖与泵体之间密封垫片的厚度来达到要求。

（2）单级双吸水平剖分式离心泵的装配

其装配顺序与拆卸方向相反。装配时要注意以下事项：

① 叶轮口环轴向间隙的测量和调整 双吸式离心泵叶轮口环与叶轮进口的轴向间隙，左右两边数值要相同，叶轮流道中心线与泵体流道中心线要重合，否则泵在运行时除了产生动静摩擦外，泵的性能也会变坏。因此，当转子吊装就位后，应用塞尺测量叶轮两侧进口端面与口环之间的轴向间隙。当两侧轴向间隙不相同时，可改变两端轴承内圈和轴肩之间的轴承挡圈厚度，使转子在泵壳中沿轴向左右移动，达到调整目的。

② 定位轴承轴向间隙的测量和调整 这种泵的定位轴承多设在联轴器端，轴向间隙为0.02~0.06mm，间隙大小可通过加减轴承压盖止口和轴承外圈之间的垫片厚度来达到要求。另一端设一只轴承为非定位轴承，轴承压盖止口和轴承外圈之间留有6mm左右的轴向间隙，避免各部分热膨胀时把泵轴顶弯。

（3）分段式多级离心泵的组装与调整

① 各段泵壳的组装 分段式多级泵各段泵壳在装配前应消除止口毛刺。装配时各段之间的结合面密封应根据泵制造厂使用说明书的要求进行密封。如果说明书没有要求的，为防止渗漏，可在结合面上涂上密封胶。涂密封胶时，不用整个密封面都涂上，只要沿密封面涂上一圈不断路的窄带形密封胶即可。为防止改变整台泵的轴向尺寸，密封胶层不能太厚。

② 窜量的测量和调整 离心泵的窜量是指转子与定子之间的轴向间隙。离心泵的窜量有总窜量和单窜量之分。在没有装平衡盘时测得的窜量为总窜量，在装平衡盘后测得的窜量为单窜量。泵在总装时不仅要检查转子的总窜量大小，同时还要确保转子轴向对中，也就是使叶轮出口流道中心线与导叶流道中心线重合。不同结构的离心泵其窜量的测量方法和允许值的大小各不一样。下面介绍泵轴两端由滑动轴承支承，转子带有平衡盘的多级离心泵在组装时窜量的测量和调整。

a. 装前段、前轴套、第一级叶轮及中间段；上紧大螺栓固定进水段及中间段；将转子推向一端极限位置，用钢板尺在泵一端找好测量基准，记下转轴某一位置的长度；再将转子推向另一端极限位置，这时在尺的刻度上可读出某一位置的移动量，移动量数值即为所测的窜量，也可用百分表在进口端的轴端测量转子两个极限位置移动量。

b. 用同样方法每装配一段测量窜量一次，并作好记录。

c. 装完最后一级叶轮及后段，并上紧大螺栓，测量窜量，这就是泵的总窜量。

d. 装完平衡盘后，同样推动转子测窜量，所测窜量为泵的单窜量。

离心泵窜量过小容易引起叶轮与泵壳磨损，相反则降低泵的效率。不同结构的泵其窜量允许值一般不相同。对于热油泵，考虑到热伸长后转子向前移动，所以入口端的窜量要比出口端的窜量大0.5~1mm。

离心泵每段总窜量太小可以车短口环的长度，总窜量太大可以补焊或更换口环。

离心泵单窜量的调整可以通过车短平衡盘轮毂或在平衡盘轮毂前加减垫片来调整出口端窜量。

③ 分段式多级离心泵转子与泵壳同轴度的测量 调整多级离心泵的转子和泵壳之间各处的径向间隙应相等，如果转子在泵壳内上下左右间隙不相等，会造成转子轴心线与泵壳轴心线在垂直和水平方向不同心，转子旋转后会发生动静摩擦，严重时甚至盘不动车，所以必须对其同轴度进行调整。同轴度的调整，是通过对泵两端瓦座的三只调整螺钉的调节来达到要求。其操作方法如下：

a. 先卸开泵两端的上、下轴瓦，使转子自由落下处于泵壳的最底部，这时转子与泵壳下部的间隙为零。

b. 在泵前、后轴瓦部位装上百分表，表头垂直指在轴的最上部，把表调回零，然后轻轻地同时抬起转子的两端，直到抬不动为止，记录百分表读数，这时百分表上的读数是在没有装下瓦时的读数。

c. 将泵两端下瓦装上，重新将百分表表头指在原来的位置上，还是轻轻地同时抬起转子的两端，直到抬不动为止，检查百分表的读数，如果读数为在没有装下瓦时的读数的一半，则说明转子与泵壳同轴度在上下方向的调整工作完成，如果不是一半，可通过调整轴瓦两端的三只调节螺钉来达到要求；左右方向的调整，可根据轴到两边瓦座口的距离来判断，其调整方法参照上下方向的调整方法。

上下同心与左右同心要同时进行调节，比较困难。因为当调节完其中一项后再调节第二项时，前者已调节好的数据可能遭到破坏，所以两者要反复调节，直至转子与泵壳同心为止。

因泵在运行时轴瓦内润滑油会形成油楔将转子向上托起，所以在调节上下方向同心时，往往有意识地将转子中心定在偏离泵壳中心下方的 0.03~0.05mm 处。

3.1.5　离心泵的试运转及故障处理

离心泵安装或检修完毕，要进行试运转。按要求试运合格后，若没有发现任何问题，便进行移交。若发现有故障，安装或检修人员必须查明原因进行排除，直到试运转合格为止。

1. 离心泵的试运转

1）试运前的准备工作

（1）检查检修记录，确认数据正确，准备好试运转的各种记录表格；

（2）把泵周围卫生打扫干净；

（3）检查地脚螺栓有无松动，电机接地线是否良好，入口管线及附属部件、仪表是否完整无缺；

（4）检查联轴器连接是否良好，对轮罩是否上好；

（5）轴承部位加入合格的润滑油，油位在 1/2~2/3 油标处；

（6）检查冷却系统是否畅通；

（7）检查封油系统投用是否正常，封油压力应高于泵入口压力 0.05~0.15MPa；

（8）盘车应无卡涩现象和异常响声；

（9）对于高温泵要进行充分的预热，低温泵需进行预冷；

（10）联系电工检查电机，并送上电。

2）试运转

（1）启动：

① 关闭泵出口阀，关好泵进出口连通阀。开启入口阀，使液体充满泵体，打开放空阀，将空气赶净后关闭。

② 检查轴封渗漏是否符合要求。

③ 盘车无问题后，启动电机。

④ 当泵出口压力和电机电流正常后，逐渐打开泵出口阀，并严密监视电机电流，将电流控制在红线内，以防电机超负荷，烧毁电机。

⑤ 检查出口压力指示是否正常，润滑情况是否良好。

⑥ 检查轴封渗漏是否符合要求，密封介质泄漏不得超过下列要求：对于机械密封，轻质油 10 滴/min，重质油 5 滴/min；对于填料密封，轻质油 20 滴/min，重质油 10 滴/min。

⑦ 检查冷却系统运转是否正常。

⑧ 检查泵的振动值和轴承温度是否在允许范围内。振动值应符合 ISO 2372 和 ISO 3495 标准。轴承温度应符合下列要求：对于强制润滑系统，轴承油的温升不应超过 28℃，轴承金属的温度应小于 93℃；对于油环润滑或飞溅润滑系统，油池的温升不超过 39℃。

⑨ 随时注意泵的出口流量及压力，并根据其变化判断过滤网的堵塞情况，当堵塞较严重时立即停泵处理。

⑩ 认真妥善处理试运中出现的问题，并作好详细记录，同时配合其他岗位做好试运善后工作。

（2）停车：

① 关闭出口阀；

② 停止电动机。

3）验收

（1）连续运转 24h 后（新安装泵在额定工况点连续试运转时间不小于 2h），各项技术指标均达到设计要求或能满足生产需要；

（2）达到完好标准；

（3）检修记录齐全、准确，按规定办理验收手续。

2. 离心泵的故障处理

离心泵在运转过程中常会出现振动、轴承温度高、轴封泄漏等故障，出现这些故障应查明原因，处理后才能继续投入运转。离心泵常见故障现象、原因及处理方法见表 3-8。

表 3-8 离心泵常见故障原因及处理方法

序　号	故障现象	故障原因	处理方法
1	流量扬程降低	泵内或吸入管内存有气体 泵内或管路有杂物堵塞 泵的旋转方向不对 叶轮流道不对中 叶轮装反 叶轮损坏 介质黏度增大	重新灌泵，排除气体 拆检清理 检查电机接线 检查、修正流道对中 拆检调正 拆检更换叶轮 调整工艺
2	电流升高	转子定子碰擦	解体修理
3	振动增大	泵转子或驱动机转子不平衡 泵轴与原动机轴对中不良 轴承磨损严重，间隙过大 地脚螺栓松动或基础不牢固 泵抽空 转子零件松动或损坏 支架不牢引起管线振动 泵内部摩擦	转子重新平衡 重新校正 修理或更换 紧固螺栓或加固基础 进行工艺调整 紧固松动部件或更换 管线支架加固 拆泵检查消除摩擦

序　号	故障现象	故障原因	处理方法
4	密封泄漏严重	泵与原动机对中不良 轴弯曲 轴承或密封环磨损过多形成转子偏心 密封损坏或安装不当 密封冲洗液压力不当 操作波动大或抽真空 密封补偿环卡涩 填料过松	重新校正 矫正轴或更换 更换并校正轴线 检查更换 调整密封冲洗液压力比密封腔前压力大0.005~0.15MPa 稳定操作、更换密封 调整或更换密封 重新调整
5	轴承温度过高	轴承间隙过小 转动部分平衡破坏 润滑油过少或变质 轴承损坏或松动 轴承冷却效果不好 带油环失效	调整轴瓦间隙 检查消除 按规定添加或更换润滑油 修理更换或紧固 疏通管路或增大冷却水量 调整或更换
6	泵体异响	泵内抽空 泵内发生汽蚀现象 泵内有异物 叶轮口环偏磨 泵体内部件松动 轴中心线偏斜	调整操作 调整操作 解体清除异物 解体检查消除轴弯曲；解体检查消除口环偏心 解体检查紧固松动件 调正前后轴承中心线

3.2　齿　轮　泵

由两个齿轮相互啮合在一起形成的泵，称为齿轮泵，齿轮泵属于容积泵的一种。

3.2.1　齿轮泵的工作原理及结构

齿轮泵是依靠齿轮啮合空间的容积变化来输送液体的，如图 3-37 所示。两个形状及大小相同的齿轮相互啮合地置于泵壳内，一个为主动齿轮，它伸出泵体与原动机轴相连接，另一个为从动齿轮。在齿轮泵工作时，主动齿轮随电机一起旋转并带动从动齿轮跟着旋转。当吸入室一侧的啮合齿逐渐分开时，吸入室容积增大，形成低压，便将吸入管中的液体吸入泵内。进入泵体内的液体分成两路，在齿轮与泵壳间的空隙中分别被主、从动齿轮推送到排出室。由于排出室一侧的轮齿不断啮合，使排出室容积缩小，这样就将液体压送到排出管中。主动齿轮和从动齿轮不断旋转，泵就能连续吸入和排出液体。为了防止泵在出口阀关闭或管路堵塞时造成泵的损坏，在齿轮泵的出口侧设有弹簧式安全阀。当泵内压力超过规定值时，安全阀自动开启，高压液体泄回吸入侧。

按齿轮啮合方式可分为外啮合齿轮泵和内啮合齿轮泵两种。外啮合齿轮泵如图 3-37（a）所示，它有直齿、斜齿、人字齿等几种齿轮，其中应用最广泛的是渐开线齿形，外啮合齿轮泵的齿轮数目为 2~5，以两齿轮最常用。内啮合齿轮泵如图 3-37（b）所示，它的两个齿轮形状不同，齿数也不一样，其中一个为环状齿轮，可在泵体内浮动，主动齿轮在中间与泵体成偏心位置，主动齿轮比环状齿轮齿数少一个齿，同时主动齿轮工作时带动环状齿轮一起转动，利用两齿空间的变化来输送液体，内啮合齿轮泵只有两齿轮一种。

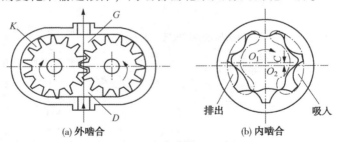

图 3-37 齿轮泵分类

3.2.2 齿轮泵的检修

1. 拆卸顺序

齿轮泵的拆卸过程按先后顺序可分为以下几个步骤：联轴器—后端盖—前端盖、填料密封或机械密封—齿轮、齿轮轴、轴承。

2. 零部件配合间隙的检查及组装调整

齿轮泵在解体过程中或零部件拆卸下来经清洗干净后，应按泵使用维护说明书要求进行检查、测量、组装。无要求情况下，对输送温度低于60℃油品的齿轮泵可按《齿轮泵维护检修规程》(SHS 01017—2004)的标准进行检查、测量、组装。其检修主要包括以下几方面内容：

（1）壳体的检查　壳体两端面粗糙度为 $R_a 3.2$；两孔轴心线平行度和对两端垂直度公差值不低于 IT6 级；壳体内孔圆柱度公差值为 0.02~0.03mm/100mm。

（2）齿轮的检查　齿轮与轴的配合为 H7/m6；齿轮两端面与轴孔中心线或齿轮两端面与轴中心线垂直度公差值为 0.02mm/100mm；两齿轮宽度一致，单个齿轮宽度误差不得超过0.05mm/100mm，两齿轮轴线平行度公差值为 0.02mm/100mm；齿轮啮合顶间隙、侧间隙可用压铅法测量，其操作方法可参考变速机齿轮啮合顶间隙、侧间隙的测量方法。齿轮啮合顶间隙为 $(0.2~0.3)m$ (m 为模数)；侧间隙应符合表 3-9 的规定。

表 3-9　齿轮啮合侧间隙标准　　　　　　　　　　　　　　　　　　　mm

中心距	≤50	51~80	81~120	120~200
啮合侧间隙	0.085	0.105	0.13	0.17

齿轮啮合接触应符合规范，其检查方法如下：先清洗干净两传动齿轮、轴承、泵壳体等部件后用干布抹干两齿轮啮合面，在小齿轮的啮合面上涂上一层薄薄的红丹油，回装两齿轮及端盖，按工作转动方向慢慢转动齿轮泵数圈后，拆卸泵端盖取出两齿轮轴，检查接触斑点。齿轮啮合接触斑点应均匀，其接触面积沿齿长不小于70%，沿齿高不少于50%。

（3）齿轮与壳体及齿轮与泵盖间隙调整　齿顶与壳体壁及齿轮端面与端盖之间的间隙应符合规范。间隙过大其液体内泄漏变大；间隙过小则齿轮在转动时，齿轮的齿顶与泵体壳壁、齿轮端面和泵盖端面可能发生磨损。因此，检修时必须检查这两方面的间隙。

齿轮与壳体的径向间隙可用塞尺进行检查，其间隙值为 0.15~0.25mm，但必须大于轴颈在轴瓦的径向间隙。

齿轮端面与端盖轴向间隙可用压铅丝法进行检查，其操作过程如下：先拆开端盖清洗各零部件，各部件表面无油污、杂物后，把齿轮装入泵体内，在泵盖端面和齿轮端面分别对称摆放 4 条合适的铅丝，装回泵压盖，对称均匀地把紧螺栓后，拆开压盖，取出铅丝量取各铅丝厚度。如果齿轮端面铅丝厚度减去泵盖端面铅丝厚度为正值，则表明两端面有间隙；结果为负值，则表明两端面有过盈量。根据测量结果对端盖垫片厚度进行加垫或减垫，使端面间隙在 0.10~0.15mm 之间。

（4）轴与轴承检查及装配　在一般情况下，齿轮泵轴颈不得有伤痕，粗糙度要达 $R_a1.6$，轴颈圆柱度公差值为 0.01mm；齿轮泵在使用一段时间后，轴颈最大磨损不得大于 $0.01D$（D 为轴颈直径）。

齿轮泵轴承有滚动轴承和滑动轴承两种，而滑动轴承多为铜套形式。采用滚动轴承的齿轮泵其轴承内圈与轴的配合为 H7/js6；滚针轴承无内圈时，轴与滚针的配合为 H7/h6；滚针轴承外圈与端盖的配合为 K7/h6。采用滑动轴承的齿轮泵其轴承内孔与外圆的同轴度公差值为 0.01mm；滑动轴承外圆与端盖配合为 R7/h6；滑动轴承与轴颈的配合间隙（经验值）应符合表 3-10 的规定。

表 3-10　轴颈与滑动轴承配合间隙

转速/（r/min）	1500 以下	1500~3000	3000 以上
间隙/min	1.2/1000D	1.5/1000D	2/1000D

注：D 为轴颈直径，mm。

齿轮泵轴承磨损超规范后应进行更换，滚动轴承组装方法与离心泵滚动轴承组装方法相同。用铜套作轴承的齿轮泵，在更换铜套时，首先应检查铜套和端盖的配合情况。在符合要求后，将铜套外圆涂上润滑油，用压力机将其压入泵端盖体内，最后应在轴承与端盖接口处钻孔攻丝用螺钉将其固定，以防铜套转动或轴向窜动，如图 3-38 所示。

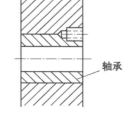

图 3-38　轴套固定

铜套装配后必须再检查轴颈与铜套的配合间隙，若配合间隙太小，则应以轴颈为准，刮研铜套，直到符合要求为止。相反，若间隙太大则要重新更换铜套。

（5）轴向密封检查及组装　齿轮泵的轴向密封不论采用机械密封还是填料密封，其组装方法都可参照离心泵机械密封和填料密封的组装方法。

（6）齿轮泵溢流阀的检修　齿轮泵溢流阀设置在泵出口侧，其作用是保证泵出口压力符合设计要求，当泵内压力超过规定值时，溢流阀自动开启，高压测介质流回入口，保证出口压力稳定。如果溢流阀失效会造成介质通过溢流阀而流回泵入口，致使泵出口压力及流量达不到要求，这时必须进行检修。溢流阀的检修，主要是确保阀芯和阀座的接触良好，可通过对阀芯和阀座研磨来达到要求。弹簧失效同样可使泵出口压力及流量达不到要求，弹簧的弹力不足可用调节螺母来调节，如果调节螺母调尽后还是无法解决，则应更换新弹簧。

3.2.3　齿轮泵的试运转及故障处理

1. 齿轮泵的试运转

1）试运前的准备工作

（1）检查检修记录，确认数据正确，准备好试运转的各种记录表格；

（2）盘车无卡涩现象和异常响声；

（3）检查液面，应符合泵的吸入高度要求；

（4）压力表、溢流阀应灵活好用；

（5）向泵内注入输送介质；

（6）确认泵出口阀已打开；

（7）联系电工检查电机电阻，并送上电；

（8）点动电机确认旋转方向正确。

2）试运转

（1）打开泵出口阀，开启入口阀，使液体充满泵体，打开放空阀，将空气赶净后关闭；

（2）盘车轻松、无卡涩现象后，启动电机；

（3）检查出口压力指示是否正常；

（4）检查轴封渗漏是否符合要求，密封介质泄漏和离心泵轴封泄漏标准相同；

（5）检查泵的振动值和轴承温度是否在允许范围内，其振动值和轴承温度允许值可参照离心泵的标准。

3）注意事项

（1）在开泵前一定要确认泵出口阀已打开；

（2）停泵时不得先关闭出口阀。

4）验收

（1）连续运转 24h 后，各项技术指标均达到设计要求或能满足生产需要；

（2）达到完好标准；

（3）检修记录齐全、准确，按规定办理验收手续。

2. 齿轮泵的故障处理

齿轮泵常见故障现象、原因及处理方法见表 3-11。

表 3-11　齿轮泵常见故障原因及处理方法

序　号	故障现象	故障原因	处理方法
1	泵不吸油	吸入管路堵塞或漏气 吸入高度超过允许吸入真空高度 电动机反转 介质黏度过大	检修吸入管路 降低吸入高度 改变电动机转向 将介质加温
2	压力波动大	吸入管路漏气 溢流阀没有调好或工作压力过大，使溢流阀时开时闭	检查吸入管路 调整溢流阀或降低工作压力
3	流量不足	吸入高度不够 泵体或入口管线漏气 入口管线或过滤器堵塞 介质黏度大 齿轮径向间隙或齿侧间隙过大 齿轮轴向间隙过大 溢流阀弹簧太松或阀瓣与阀座接触不严 电动机转速不够	增高液面 更换垫片、紧固螺栓，修复管路 清理管线或过滤器 降低介质黏度 更换泵壳或齿轮 调整间隙 调整弹簧，研磨阀瓣与座 修理或更换电动机

序号	故障现象	故障原因	处理方法
4	轴功率急剧增大	排出管路堵塞 齿轮与泵内严重摩擦 介质黏度太大	停泵清洗管路 检修或更换有关零件 将介质升温
5	振动增大	泵与电机不同心 齿轮与泵不同心或间隙大 泵内有气体 安装高度过大,泵内产生汽蚀	调整同心度 检修调整 检查吸入管路,排除漏气 降低安装高度或降低转速
6	泵发热	吸入介质温度升高 轴承间隙过大或过小 齿轮的径向、轴向、齿侧间隙过小 出口阀开度过小造成压力过高	降低介质温度 调整间隙或更换轴承 调整间隙或更换齿轮 开大出口阀门,降低压力
7	异常响声和振动增大	装配位置不对 密封压盖未压平 动环和静环密封面碰伤 动环和静环密封圈损坏	重新按要求安装 调整密封压盖 研磨密封面或更换新件 更换密封圈

3.3 螺 杆 泵

螺杆泵属于容积泵的一种,根据螺杆数目可分为单螺杆泵、双螺杆泵、三螺杆泵和五螺杆泵等几种,它们的工作原理基本相似,区别在于螺杆数目、螺杆的几何形状和输送介质有所不同。

3.3.1 螺杆泵的工作原理及结构

螺杆泵是依靠相互啮合的螺杆与泵壳间形成的封闭空间容积的变化来完成吸、排液体的。图3-39为三螺杆泵的结构图,它由主动螺杆和两根从动螺杆组成,主动螺杆与驱动机连接,两从动螺杆对称布置于主动螺杆两侧。三根螺杆相互啮合地组装在泵套之内就形成若干个彼此相隔的密封腔,把泵吸入口与排出口隔开。当螺杆旋转工作时,吸入腔容积产生变化,将输送介质吸入腔内,通过各密封腔带着介质连续、匀均地沿轴向移动到排出口。

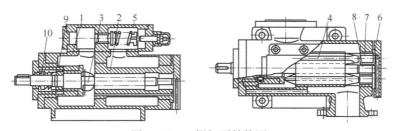

图 3-39 三螺杆泵结构图

1—泵体;2—泵套;3—主动螺杆;4—从动螺杆;5—安全阀套;

6—止推垫;7—从杆衬套;8—主杆衬套;9—滚动轴承;10—机械密封

(1)壳体部分 由泵体、泵套、密封压盖、泵盖组成一个封闭体,承受泵的压力。

(2)转子部分 由一根主动螺杆和两根从动螺杆组成。由于泵出口端压力较高,使螺杆产生轴向力。该力把螺杆推向吸入端，并使螺杆端部磨损。为了消除轴向力，通常在泵套上钻深孔，将排出端的高压液体引到主、从动螺杆端部平衡活塞背面来平衡螺杆上的轴向力。作用在螺杆上的径向力是由液体压力产生的，从动螺杆对称配置于主动螺杆两侧，使主动螺杆的径向力得到平衡。对于从动螺杆上的径向力，通常不设置液力平衡装置，只是在考虑泵的结构设计时，根据泵的进、出口压力值和被输送液体的特性，确定一个合适的螺杆工作长度即可。

（3）轴承部分　螺杆伸出端装有滚动轴承，主动螺杆上未被平衡掉的剩余轴向力由它来承担，从动螺杆的剩余轴向力由止推垫来承担。

（4）轴封部分　螺杆泵轴封通常采用机械密封，高压液体通过密封腔然后回到低压腔，形成回流，以保持机械密封腔内有一定压力，并带走机械密封动环与静环的摩擦热量。螺杆泵轴封有时也采用填料、皮碗等密封结构。

（5）安全阀部分　为了防止当排出管路发生故障时，泵的工作压力突然升高而使泵或电机损坏，故在泵上带有安全阀。当出口压力超过规定的工作压力时，安全阀自动打开，使排出口与吸入口相通，形成泵内介质自循环，即全回流。全回流时间不宜过长，否则泵容易发热损坏。安全阀只能作为一种保护机构进行短时间工作，而不能作为流量调节阀使用。安全阀主要由阀体、阀前盖和阀后盖组成一体。阀座与座瓣在弹簧作用下密封，将高压腔和低压腔分开，调节杆用来调节弹簧压缩量从而改变全回流压力。调节杆位置调好后用螺母锁紧，并用防护帽封好。

3.3.2　螺杆泵的特点

与其他泵相比，螺杆泵具有以下优点：

（1）压力和流量稳定，脉动极小。介质在泵内作连续而均匀的直线流动，无搅拌现象。

（2）有自吸能力，不需要底阀或抽真空的附属设备。

（3）工作平稳，噪声低。

（4）效率高，寿命长。

（5）结构简单、紧凑，体积小，拆装方便。

螺杆泵的缺点：螺杆齿型复杂，加工精度要求高。

3.3.3　螺杆泵的检修

1. 螺杆

（1）螺杆表面不得有伤痕、毛刺，螺旋型面粗糙度为 $R_a1.6$，齿顶表面粗糙度为 $R_a1.6$，螺旋外圆表面粗糙度为 $R_a1.6$。螺杆表面毛刺应用油石磨掉，直到把螺杆打磨光滑，否则会严重磨损缸套壁。

（2）螺杆轴线直线度为 0.05mm。

（3）螺杆的螺纹部分被封闭在泵套的孔内，其齿顶与泵套之间存在着一定的间隙，一般在冷态时为 0.11~0.48mm，以保证泵的工作性能和可靠运转，可用塞尺法进行检查。

（4）螺杆啮合时齿顶与齿根间隙冷态时为 0.11~0.48mm，法向间隙为 0.10~0.29mm，且处于相邻两齿中间位置。

2. 泵体

泵体内表面粗糙度为 $R_a3.2$，泵体、端盖和轴承的配合面及密封面应无明显伤痕，粗糙度为 $R_a3.2$。

3. 轴承

（1）滚动轴承与轴的配合采用 H7/k6。

（2）滚动轴承与轴承箱的配合采用 H7/h6。

（3）滚动轴承外圈与轴承压盖的轴向间隙为 0.02~0.06mm。

（4）滑动轴承衬套与轴的配合间隙（经验值）见表 3-10。

（5）滑动轴承衬套与轴承座孔的配合为 R7/h6。

4. 密封

参照第 9 章 9.2.5 节内容。

5. 同步齿轮

对于有同步齿轮的螺杆泵，其同步齿轮应符合下列要求：

（1）主动齿轮与轴的配合为 H7/h6，从动齿轮与锥行轮毂的配合为 H7/h6，锥形轮毂与轴的配合为 H7/h6。

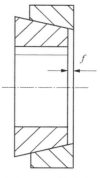

（2）锥形轮毂质量应符合技术要求，内表面粗糙度为 $R_a0.8$，如有裂纹或一组锥形轮毂严重磨损，f 值小于 0.5mm 时应更换，如图 3-40 所示。

（3）齿轮不得有毛刺、裂纹、断裂等缺陷。齿轮的接触面积，沿齿高不小于 40%，沿齿宽不小于 55%，并均匀地分布在节圆线周围，齿轮啮合侧间隙为 0.08~0.10mm。

图 3-40　同步齿

3.3.4　螺杆泵的试运转及故障处理

1. 螺杆泵的试运转

1）试运前的准备工作

（1）检查检修记录，确认数据正确，准备好试运转的各种记录表；

（2）把泵周围卫生打扫干净；

（3）封油、冷却水管不堵、不漏；

（4）盘车无卡涩现象和异常响声；

（5）向泵内注入输送介质；

（6）打开进出口阀，至少应有 30% 开度；

（7）联系电工检查电机电阻，并送上电。

2）试运转

（1）打开泵出口阀，开启入口阀，使液体充满泵体；

（2）盘车无问题后扭动启动开关，给电启动；

（3）检查出口压力指示是否正常；

（4）检查轴封渗漏是否符合要求，离心泵轴封泄漏标准和密封介质泄漏相同；

（5）检查泵的振动值和轴承温度是否在允许范围内，其振动值和轴承温度允许值可参照离心泵的标准。

3）注意事项

（1）在开泵前一定要确认泵出口阀已打开；

（2）停泵时不得先关闭出口阀；

（3）安全阀回流不超过 3min。

2. 螺杆泵的故障处理

螺杆泵常见的故障现象、原因及排除方法如表 3-12 所示。

表 3-12　螺杆泵常见故障原因及处理方法

序　号	故障现象	故障原因	处理方法
1	泵不吸油	吸入管路堵塞或漏气 吸入高度超过允许吸入真空高度 电动机反转 介质黏度过大	检修吸入管路 降低吸入高度 改变电动机转向 将介质加温
2	压力波动大	吸入管路漏气 溢流阀没有调好或工作压力过大，使溢流阀时开时闭	检查吸入管路 调整溢流阀或降低工作压力
3	流量不足	吸入压头不够 泵体或入口管线漏气 入口管线或过滤器堵塞 螺杆间隙过大 泵出口溢流阀回流 转速达不到额定值	增高液面 进行堵漏，消除漏气现象 清理系统杂物 调整或更换螺杆，使间隙符合要求 调整和检查溢流阀 检查电机，调整转速
4	轴功率急剧增大	排出管路堵塞 螺杆与衬套内严重摩擦 介质黏度太大	停泵清洗管路 检查或更换有关零件 将介质升温
5	泵振动大	联轴器对中不良 轴承磨损或损坏 泵内进入杂物 同步齿轮磨损或错位 螺杆与泵体碰磨 地脚螺栓松动或管线共振影响	重新找正 更换轴承，并调整间隙 消除杂物 调整、修理或更换同步齿轮 解体检修 紧固地脚螺栓或加固管件支撑
6	盘车不动	泵内有杂物卡住 螺杆弯曲或螺杆定位不良 同步齿轮调整不当 轴承磨损或损坏 螺杆径向轴承间隙过小 螺杆轴承座不同心而产生偏磨 泵内压力大	解体清理杂物 调直螺杆或进行螺杆定位调整 重新调整 更换或调整轴承 调整间隙 解体，检修 打开出口阀
7	泵发热	泵内严重摩擦 机械密封回油孔堵塞 油温过高	检查调整螺杆和衬套间隙 疏通回油孔 适当降低油温
8	机械密封泄漏	密封安装不良 密封零件损坏 轴颈密封处磨损或有缺陷 联轴器对中不良 轴承损坏 封油压力太低	按要求重新装配 更换已损坏的零件 修复或更换 重新对中 更换轴承 调整封油压力

第4章 离心式压缩机的安装与检修

4.1 离心式压缩机的结构

离心式压缩机由于输送的介质、压力和输气量的不同，而有许多种规格、形式和结构，但其组成的基本元件大致相同，主要是由转子、定子和辅助设备等部件组成，如图4-1所示。转子包括转轴，固定在轴上的叶轮、轴套、平衡盘、推力盘及联轴节等零部件。定子则有气缸，定位于缸体上的各种隔板以及轴承等零部件。在转子与定子之间需要密封气体之处还设有密封元件。

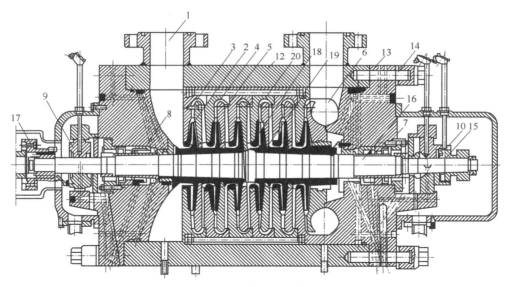

图4-1 离心式压缩机结构图

1—吸入室；2—叶轮；3—扩压器；4—弯道；5—回流器；6—蜗壳；7，8—轴端密封；9—支持轴承；10—止推轴承；11—卡环；12—机壳；13—端盖；14—螺栓；15—推力盘；16—主轴；17—联轴器；18—轮盖密封；19—隔板密封；20—隔板

4.1.1 转子

转子是离心式压缩机的关键部件，它高速旋转，对气体做功。转子是由轴、叶轮、平衡盘、推力盘等部件组成，在轴的一端或两端通过联轴器分别与驱动机或压缩机其他气缸转子相连。

转子上的各零部件一般用热套法与轴联在一起，以保障在高速旋转下不会松脱，其中叶轮、平衡盘与轴的过盈量在1.4‰左右，其他轴套等为0.7‰左右。叶轮、平衡盘、联轴器等大零件还往往用键与轴固定，以传递扭矩和防止松动。有的叶轮、平衡盘则使用销钉与轴固定。这样可以避免运行中发生位移，造成摩擦、撞击等故障。转子主要部件如轴、叶轮、联轴器、齿轮、平衡盘等都应单独进行动平衡，转子组装后还必须进行动平衡试验，以便消除不平衡引起的严重后果。

转子上各零部件的轴向位置靠轴肩或轴套来定位。

1. 主轴

主轴是起支持旋转零件及传递扭矩作用的。根据其结构形式，有阶梯轴及光轴两种，光轴有形状简单、加工方便的特点。

2. 叶轮

叶轮是离心式压缩机中最重要的一个部件，驱动机的机械功即通过此高速回转的叶轮对气体做功而使气体获得能量，它是压缩机中唯一的做功部件，亦称工作轮。叶轮在工作中随主轴高速旋转，对气体做功。气体在叶轮叶片的作用下，跟着叶轮作高速旋转，并在叶轮里作扩压流动，在流出叶轮时，气体的压强、速度和温度都得到提高。

叶轮按结构形式可分为开式、半开式和闭式。

叶轮与主轴之间的固定，一般是采用热套，再加键或销钉；轴向固定则靠轴套或轴上车有轴台，也有用防松螺帽的。叶轮在主轴上的配置方式有单向排列及对称排列，前者是指各级叶轮均为同向装配，后者是指相邻两级叶轮是反向装配的。

3. 平衡盘(平衡活塞)

在多级离心式压缩机中，由于每级叶轮两侧的气体作用力大小不等，使转子受到一个指向低压端的合力，这个合力称为轴向力。轴向力对于压缩机的正常运转是不利的，它使转子向一端窜动，甚至使转子与机壳相碰，造成事故，因此要设法平衡它。

平衡盘就是利用它的两边气体压力差来平衡轴向力的零件。它位于高压端，它的一侧压力可以认为是末级叶轮轮盘侧间隙中的气体压力(高压)，另一侧通向大气或进气管，它的压力是大气压或进气压力(低压)。由于平衡盘也是热套在主轴上，上述两侧压力差就使转子受到一个与轴向力反向的力，其大小决定于平衡盘的受力面积。通常，平衡盘只平衡一部分轴向力(约70%)，剩余轴向力(约30%)由止推轴承承受，使止推轴承承受正常的比压$(7 \sim 8) \times 10^5 Pa$。平衡盘的外缘安装气封，可以减少气体的泄漏。

4. 推力盘

推力盘是固定在主轴上的止推轴承中的一部分，它的作用就是将转子剩余的轴向力传递给止推轴承上的推力块，实现力的平衡。由于平衡盘只平衡部分轴向力，其余轴向力通过推力盘传给止推轴承上的止推块，构成力的平衡，推力盘与推力块的接触表面应做得很光滑，在两者的间隙内要充满合适的润滑油，在正常操作下推力块不致磨损，在离心压缩机启动时，转子会向另一端窜动，为保证转子应有的正常位置，转子需要两面止推定位，其原因是压缩机启动时，各级的气体还未建立，平衡盘二侧的压差还不存在，只要气体流动，转子便会沿着与正常轴向力相反的方向窜动，因此要求转子双面止推，以防止造成事故。

5. 联轴器

联轴器是轴与轴相互连接的一个部件，离心式压缩机的轴，有的直接与驱动机相连，有的与增速器相连，有的则与压缩机本身的低压缸或高压缸相连。离心式压缩机是靠联轴器传递扭矩的，对联轴器的要求是：

(1) 对运转时两转子中心产生的偏差有一定的调心作用。

(2) 联轴器采用锥形与轴配合，更换轴端密封件时，联轴器拆装方便。

(3) 安装联轴器的轴端，轴颈不宜过长，以免影响转子的弯曲临界转速。

（4）计算轴系扭转临界转速时，需计算或测定联轴器的刚度，改变其刚度可调整轴系的扭转临界转速。

4.1.2 定子

定子也是压缩机的关键部件，它由吸气室、气缸、隔板（包括扩压器、弯道和回流器）、径向轴承、推力轴承、轴端密封和排气蜗壳等部件组成。对于定子，一般要求有足够的刚度，以免运行中出现变形；要有足够的强度，以承受介质的压力；中分面与出入口法兰结合面要有可靠的密封性能，以免气体介质泄漏到机壳以外。

1. 吸气室

在压缩机每段第一级入口处都设有进气室，它的作用是把气体从进气管或中间冷却器顺利地引导到叶轮入口，它的形状应能尽量减少气体的流动损失，出口处气流应尽量地均匀，在一般情况下出口气体不会产生切向旋绕而影响叶轮的工作。吸气室的结构形式很多，为了使进气均匀地充满叶轮每个叶片通道，减少流动损失，通常都设有分流筋。进气道的流通截面沿流动方向逐渐缩小，使气流的压强、温度略有降低，而速度略有增加。进口速度的大小对流动损失和进气室结构尺寸有较大的影响，一般石油化工用离心式压缩机进气室进口速度应为：高压小流量压缩机 $5 \sim 15 m/s$；一般低、中压压缩机 $15 \sim 45 m/s$。进气室出口即叶轮入口截面处的速度为 $40 \sim 80 m/s$。

2. 气缸

气缸是压缩机的壳体，又称机壳，由壳身和进排气室构成，内装有隔板（包括扩压器、弯道和回流器）、密封体、轴承体等零部件。它应具有足够的强度以承受气体的压力，应有足够的刚度以免变形。

离心式压缩机的气缸可分为水平剖分型和垂直剖分型（又称筒型）两种，气体压强比较低的（一般低于 5.0MPa）多采用水平剖分型气缸；气体压强比较高或容易泄漏的，要采用垂直剖分型缸体。

水平剖分型气缸有一个中分面，将气缸分为上下两半，分别称为上、下气缸，在中分面处有螺栓把法兰连接在一起。法兰结合面应严密，保证不漏气。一般进、排气接管、润滑油接管或其他接管都装在下气缸，以便拆装时起吊上气缸方便。打开上气缸，压缩机内部零部件，如转子、隔板、密封等都容易进行拆装，一个气缸可以是一段压缩（几个级），也可以是两段以上的多段压缩。

垂直剖分型气缸是一个圆筒，其两端分别设有端盖，用螺栓把紧。隔板有水平剖分面，隔板之间有定位，形成隔板束。转子装好后放在下隔板束上，盖好上隔板束，隔板中分面法兰用螺柱把紧，隔板束可用贯穿螺栓连起来，推入筒型缸体安置好之后，贯穿螺栓可以卸掉。为了导向和防止隔板束转动，一般在气缸下部设有纵向键。轴承座可以和端盖做成一整体，易于保持同心，也可以分开制造，再用螺栓连接。

3. 隔板

隔板是定子的主要部件，它是形成固定元件的气体通道。根据隔板在压缩机中所处的位置，可有四种类型：进气隔板、中间隔板、段间隔板和排气隔板。

进气隔板和气缸形成进气室，将气体导流到第一级叶轮入口，对于采用可调预旋的压缩机，在进气隔板上还要装上可调导叶，以改变气体流向第一级叶轮的方向角。中间隔板，一是形成扩压器（无叶或叶片式扩压器），使气流自叶轮流出来之后具有的动能减少，转变为压强的提高；二是形成弯道和回流器，使从扩压器出来的气流转弯流向中心，流到下一级叶轮的入口。

中间隔板是由扩压器、弯道和回流器组成。

段间隔板是指在段间对排的压缩机中分隔两段的排气口。

排气隔板除与末级叶轮前隔板形成末级扩压器之外，还要形成排气室。

扩压器：从叶轮出来的气体速度相当大，一般可达200～300m/s。高能量的叶轮出口气流速度甚至可达500m/s。这样高的速度具有很大的动能，对后弯式或强后弯式叶轮，它约占叶轮耗功的25%～40%；对径向直叶片叶轮，它几乎占叶轮耗功的一半。为了充分利用这部分动能使气体压强进一步提高，在紧接叶轮出口处设置了扩压器。扩压器是叶轮两侧隔板形成的环形通道，其结构形式主要有无叶扩压器和叶片扩压器（见图4-2）。

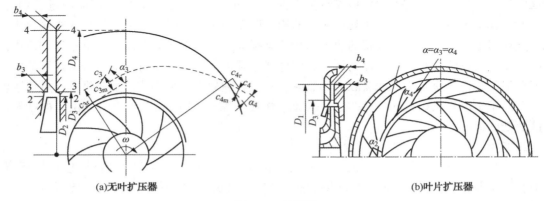

(a)无叶扩压器   (b)叶片扩压器

图4-2 扩压器

无叶扩压器是由隔板两个平壁构成的环形通道，通道截面为一系列同心圆柱面。进口截面轴向宽度常比叶轮出口宽度略宽，以便叶轮一旦和扩压器通道不对准时避免气流碰撞隔板壁（见图4-3）。

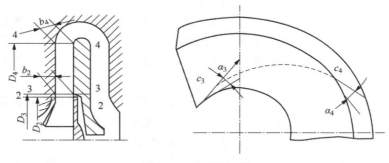

图4-3 无叶扩压器

叶片扩压器在环形通道内沿圆周均匀设置叶片，引导气流按叶片规定的方向流动。叶片的形式可以是直线形、圆弧形、三角形和机翼形等，它们或者分别制作，用螺栓与隔板紧固，或和隔板一起铸成。

两种扩压器各有优缺点，因而在压缩机中都被普遍采用，在石油化工高压压缩机中，无叶扩压器采用得比较多。

弯道和回流器：为了把扩压器后的气体引导到下一级并进一步增压，在扩压器后设置了弯道和回流器。弯道一般不装叶片，气体从扩压器出来后经弯道拐180°弯进入回流器。为了保证下一级叶轮入口轴向进气，回流器必须装叶片，叶片数一般为12~18片。为了避免在出口处叶片过密，就要减少出口处叶片数，这时隔板分内外两部分，内部叶片数通常为外部叶片数的一半。回流器叶片可以采用等厚度的，并在进口处削薄，也可以采用机翼形叶（见图4-4）。

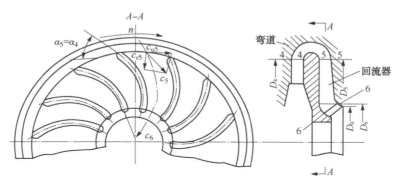

图4-4　弯道及回流器

4. 排气室

排气室的作用是把从扩压器或叶轮（无扩压器时）出来的气体汇集起来，引到机外输气管道或冷却器中去，并把较高的气流速度降低至排气室出口的气流速度，使气体压强进一步提高。

排气室可以有不同的形式，除了有最典型的形似蜗牛壳的圆形截面蜗壳之外，还有梯形、梨形等截面（见图4-5）。蜗壳可以布置在扩压器之后，也可以直接布置在叶轮后面；相对于叶轮来说可以是对称的，也可以是非对称的；排气口有单排的，也有多排的。蜗壳的型线是通过计算来确定的，保证了气流流动的稳定性，并使损失减小，而且容易进行机械加工（见图4-6）。

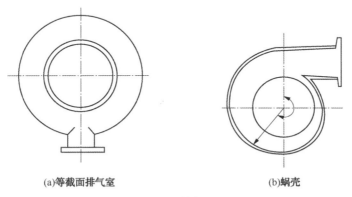

(a)等截面排气室　　　　　　　(b)蜗壳

图4-5　排气室

4.1.3　密封

离心式压缩机的密封种类很多。按其安装的位置可分为内部密封（级间密封、中间密封）和外部密封（轴端密封），前者防止机器内部通流部分各空腔之间的泄漏，如轮盖、定距套和平衡盘上的密封；后者防止或减少气体由机器向外界泄漏或由外界向机器内部泄漏（机

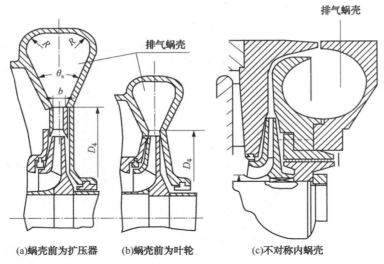

(a)蜗壳前为扩压器　　(b)蜗壳前为叶轮　　(c)不对称内蜗壳

图 4-6　蜗壳的结构形式

器内部气体的压强低于外界的气压），如吸入侧首级叶轮密封和末级叶轮出口密封。

离心式压缩机的密封按其密封原理可分为气封和液封。在气封中有迷宫密封和充气密封。在液封中有固定式密封、浮环式密封和固定内装式机械密封以及其他液体密封。

密封的结构形式与压力、介质及其密封的部位有关，一般级间密封均采用迷宫密封，平衡盘上的气封往往采用一种蜂窝形的迷宫密封。石油化工压缩机中有毒、易燃易爆介质的密封，多采用液体密封、抽气密封或充气密封。对高压、有毒、易燃易爆气体如氨气、甲烷、丙烷、石油气和氢气等，不允许外漏，其轴端密封则采用浮环密封、机械密封、抽气密封或充气密封。当压缩的气体无毒，如空气、氮气等，允许有少量气体泄漏时，亦可采用迷宫式轴端密封。石油化工压缩机常采用迷宫密封、浮环油膜密封、机械接触密封以及干气密封。

1. 迷宫式密封

1）密封原理

迷宫密封是目前离心压缩机用得较为普遍的密封装置，用于压缩机的外密封和内密封。迷宫密封的气体流动如图 4-7 所示，当气体流过梳齿形迷宫密封片的间隙时，气体经历了一个膨胀过程，压力从 P_1 降至右端的 P_2，这种膨胀过程是逐步完成的。当气体从密封片的间隙进入密封腔时，由于截面积的突然扩大，气流形成很强的旋涡，使得速度几乎完全消失，密封面两侧的气体存在着压差，密封腔内的压力和间隙处的压力一样，按照气体膨胀的规律来看，随着气体压力的下降，速度应该增加，温度应该下降，但是由于气体在狭小缝隙内的流动是属于节流性质的，此时气体由于压降而获得的动能在密封腔中完全损失掉，而转化为无用的热能，这部分热能转过来又加热气体，从而使得瞬间刚刚随着压力降落下去的温度又上升起来，恢复到压力没有降低时的温度，气流经过随后的每一个密封片和空腔就重复一次上面的过程，一直到压力 P_2 为止。如此流经一个个齿，最后从整个密封流出。气体每从一个大的齿间空腔流经一个小的齿与轴之间的间隙，再流入另一个大的齿间空间，压强就降低一次，而且随着流动气体比容不断增加，通过间隙的速度不断加快，因而压强降低得更多，而温度到最后流出密封装置时仍能基本不变，这就是通常所说的节流现象。

2）结构形式

迷宫密封的结构形式多种多样，常见的形式有平滑型、曲折型、阶梯型、蜂窝型。

58

（1）平滑型 如图4-8所示，轴做成光轴，密封体上车有梳齿或者镶嵌有齿片，结构简单。

（2）曲折型 如图4-9所示，为了增加每个齿片的节流降压效果，发展了曲折型的迷宫密封，密封效果比平滑型好。

（3）台阶型 如图4-10所示，这种形式的密封效果优于平滑型，常用于叶轮轮盖的密封，一般有3~5个密封齿。

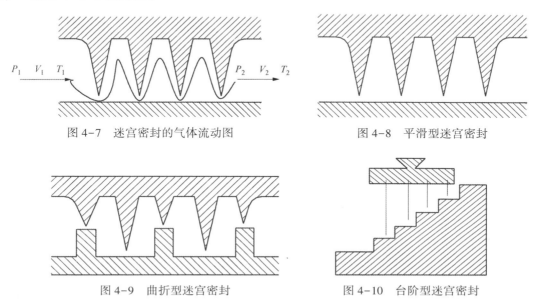

图4-7 迷宫密封的气体流动图   图4-8 平滑型迷宫密封

图4-9 曲折型迷宫密封   图4-10 台阶型迷宫密封

2. 浮环油膜密封

1）工作原理

浮环密封的原理是靠高压密封油在浮环与轴套间形成的膜，产生节流降压，阻止高压侧气体流向低压侧，浮环密封既能在环与轴的间隙中形成油膜，环本身又能自由径向浮动（见图4-11）。

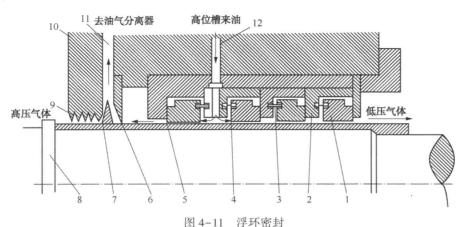

图4-11 浮环密封

1—浮环；2—固定环；3—销钉；4—弹簧；5—轴套；6—挡油环；7—甩油环；8—轴；
9—迷宫密封；10—密封；11—回油孔；12—进油孔

靠高压侧的环叫高压环，低压侧的环叫低压环，处于高压环与低压环之间的浮动环称为中间环，这些环可以自由沿径向浮动，但有防转销挡住不能转动，密封油压力通常比工艺气压力高 0.5MPa 左右进入密封室，一路经高压环和轴之间的间隙流向高压侧，在间隙中形成油膜，将高压气封住，另一路则由低压环与轴之间的间隙流出，回到油箱，通常低压环有好几只，从而达到密封的目的。

浮环密封用钢制成，端面镀锡青铜，环的内侧浇有巴氏合金，以防轴与油环的短时间接触，巴氏合金作为耐磨材料。浮环密封可以做到完全不泄漏，被广泛地用作压缩机的轴封装置。

浮环能自由浮动的原理和轴承的工作原理一样，都是利用油膜产生的浮力来承担载荷，区别在于被浮起的对象不一样。

2）结构形式

浮环的主要结构形式有矩形环、带翅片铜环和槽形环。

3. 机械接触密封

机械接触密封又称端面密封。这种密封的泄漏率极低，使用寿命长。因此，在离心式压缩机中，当被压缩的气体不允许向外泄漏时，也常常用到它。

压缩机用机械接触式密封由动环、静环、弹簧以及其他部分零件组成（见图4-12）。动环和静环端面光洁而平直，静环在弹簧的作用下，和动环端面紧贴，端面之间保持一层薄薄的油膜，将压缩机内的气体封住，这是一种动密封，又叫相对旋转密封。除了动密封之外，还有静密封如静环和弹簧座之间的 O 形密封圈、弹簧座和气缸之间的 O 形密封圈等，防止油从这些地方漏出。动环和主轴之间的 O 形环是一种相对静止密封，防止压缩机内气体沿轴外泄漏。

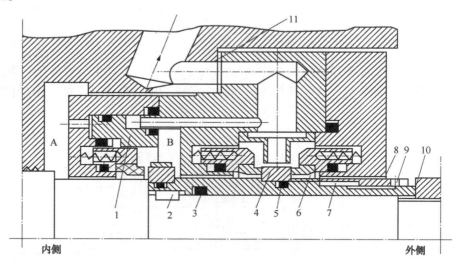

图 4-12　机械密封结构

1—灯笼环；2—键；3，5—O 形圈；4—动环；6—定位套；7—轴套；
8—锁紧套；9—放松螺钉；10—锁紧套；11—石墨垫

为了润滑动环和静环的摩擦面，把摩擦副的热量带走，防止动、静环接触面附近的杂质聚集，必须用油冲洗，建立起油气之间较高的压差，一般为 0.28～0.48MPa。密封油以比控制气压力高的压力从下部注入，大部分油从顶部排油口排出，带走密封摩擦产生的热量，这部分排油量根据控制气压力的变化来进行调节，维持油腔和控制气之间所需的压差。

4. 干气密封

一般来讲，典型的干气密封结构包含有静环、动环组件(旋转环)、副密封 O 形圈、静密封、弹簧和弹簧座(腔体)等零部件。静环位于不锈钢弹簧座内，用副密封 O 形圈密封。弹簧在密封无负荷状态下使静环与固定在转子上的动环组件配合，如图 4-13 所示。

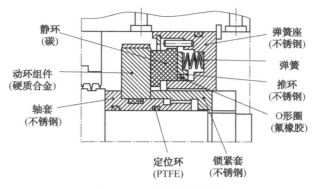

静环(碳)
弹簧座(不锈钢)
弹簧
动环组件(硬质合金)
推环(不锈钢)
轴套(不锈钢)
O 形圈(氟橡胶)
定位环(PTFE)
锁紧套(不锈钢)

图 4-13　干气密封结构

如图 4-14 所示，动环(旋转环)表面精加工出螺纹槽而后研磨、抛光。一般来讲螺旋槽深度约 $2.5\sim10\mu m$，密封环表面平行度要求很高，需小于 $1\mu m$，螺旋槽形状近似对数螺旋线。当动环旋转时将密封用的氮气周向吸入螺旋槽内，由外径朝向中心，径向方向朝着密封堰流动，而密封堰起着阻挡气体流向中心的作用，于是气体被压缩引起压力升高，此气体膜层压力企图推开密封，形成要求的气膜。此平衡间隙或膜厚典型值为 $3\mu m$。这样，被密封气体压力和弹簧力与气体膜层压力配合好，使气膜具有良好的弹性，形成稳定的运转并防止密封面相互接触，同时具有良好刚度的氮气膜可有效的阻止被介质的泄漏。

在正常运转条件下该密封的闭合力(弹簧和气体作用力)等于开启力(气膜作用力)，当受到外力干扰间隙减小，则气体剪切率增大，螺旋槽开启间隙的效能增加，开启力大于闭合力，恢复到原间隙；若受到外扰间隙增大，则间隙内膜压下降，开启力小于闭合力，密封面合拢恢复到原间隙。

凸背
螺旋槽
内径
外径密封堰
沟槽直径
旋转方向

图 4-14　动环

通过以上结构的不同组合并配合辅助的密封可演化出用于实际工况的几种结构：

(1) 单端面干气密封　它适用于少量工艺气泄漏到大气中无危害的工况。

(2) 串联式干气密封　它适用于允许少量工艺气泄漏到大气的工况。一套串联式干气密封可看作是两套或更多套干气密封按照相同的方向首尾相连而构成的。与单端面干气密封结构相同，密封所用气体为工艺气本身。通常情况下采用两级结构，第一级(主密封)密封承担全部或大部分负荷，而另外一级作为备用密封不承受或承受小部分压力降，通过主密封泄漏出的工艺气体被引入火炬燃烧。剩余极少量的未被燃烧的工艺气通过二级密封漏出，引入安全地带排放。当主密封失效时，第二级密封可以起到辅助安全密封的作用，可保证工艺介质不大量向大气泄漏。

(3) 带中间进气的串联式干气密封　它适用于既不允许工艺气泄漏到大气中，又不允许阻封气进入机内的工况。如果遇到不允许工艺介质泄漏到大气中，且也不允许阻封气泄漏到工艺介质中的工况，此时串联结构的两级密封间可加迷宫密封，用于易燃、易爆、危险性大的介质气体，可以做到完全无外漏，如 H_2 压缩机、H_2S 含量较高的天然气压缩机、乙烯、丙烯压缩机等。该结构所用主密封气除用工艺气本身以外，还需另引一路氮气作为第二级密封的使用气体。通过一级密封泄漏出的工艺气体被氮气全部引入火炬燃烧。而通过二级密封漏入大气的全部为氮气。当主密封失效时，第二级密封同样起到辅助安全密封的作用。

（4）双端面干气密封　它适用于不允许工艺气泄漏到大气中，但允许阻封气（例如氮气）进入机内的工况。双端面密封相当于面对面布置的两套单端面密封，有时两个密封分别使用两个动环。它适用于没有火炬条件，允许少量阻封气进入工艺介质中的情况。在两组密封之间通入氮气作阻塞气体而成为一个性能可靠的阻塞密封系统，控制氮气的压力使其始终维持在比工艺气体压力高 0.2~0.3MPa 的水平，这样密封气泄漏的方向总是朝着工艺气和大气，从而保证了工艺气不会向大气泄漏。

4.1.4　轴承

离心式压缩机的轴承有两类，一是径向轴承，二是推力轴承。径向轴承的作用是承受转子重量和其他附加径向力，保持转子转动中心和气缸中心一致，并在一定转速下正常旋转。

推力轴承的作用是承受转子的轴向力，限制转子的轴向窜动，保持转子在气缸中的轴向位置。

1. 径向轴承

固定式压缩机一般采用滑动轴承。滑动轴承是依靠轴颈（或止推盘）本身的旋转，把润滑油带入轴颈（或止推盘）与轴瓦之间，形成楔状油膜，受到负荷的挤压建立起油膜压力以承受载荷，要使油膜稳定并具有承载能力，必须使油隙呈楔状，进油口大，出油口小，轴颈（或止推盘）对轴瓦有相对速度，油具有一定黏性。轴承油膜各处的压力并不一致，从油楔进油口起沿下半瓦油膜压力逐渐升高至最大压力 P_{max}，然后逐渐减少。

轴承油膜的形成和油膜压力的大小受轴的转速、润滑油黏度、轴承间隙、轴承负荷和轴承结构等因素的影响。一般转速越高，油的黏度越大，被带进的油就越多，油膜压力就越大，承受的载荷也就越大。但是，油的黏度过大，会使油分布不均匀，增加摩擦损失，不能保持良好的润滑效果。轴承间隙过大，对油膜的形成不利，并增大油量的消耗；轴承间隙过小，又会使油量不足，不能满足轴承冷却的要求。负荷过大，油膜形成会很困难，当超过轴承的承载能力时，轴瓦就会烧坏。因此，滑动轴承必须具有合理的参数，才能确保滑动轴承的良好工作效果。

离心式压缩机采用最早和最普遍的是圆柱瓦轴承，后来逐渐采用椭圆瓦轴承（柠檬眼轴承）、多油楔轴承和可倾瓦轴承。

1）圆柱瓦轴承

如图 4-15 所示，圆柱瓦轴承有上下两半瓦，并用螺钉连接在一起，为保证上下瓦对正，中心设有销钉定位。轴瓦内孔浇有巴氏合金（轴承合金），它具有质软、熔点低和耐热性能良好等特点。巴氏合金应结合紧密，不允许有裂纹、气孔、脱落和伤痕等现象。轴颈放在轴瓦上，轴颈与轴瓦上方之间的间隙（顶隙）等于两侧间隙之和，其参考间隙值列于表 4-1，一般相对间隙为 0.00122d。轴颈和轴瓦的接触角不小于 60°~70°，在此区域内保证完全接触。轴承的长度 L 和直径 d 之比对轴承的承载能力影响很大，L/d 越大，承载能力越大。但 L/d 过大，润滑油不易从轴端流走，会使轴承温度升高，而且由于制造安装误差，不可避

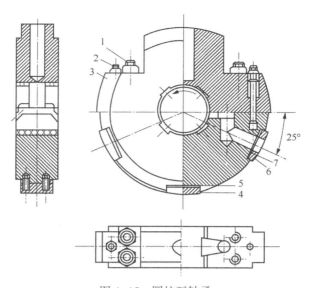

图 4-15　圆柱瓦轴承

1—螺钉；2—销钉；3—轴承体；4，6—垫块；5，7—垫片

免地存在轴偏斜，使轴承端部产生边缘压力过大，造成严重的磨损和疲劳损坏，故 L/d 过大是有害无益的，一般取 $L/d = 0.6 \sim 1.0$ 为宜。

表 4-1　顶隙参考值

mm

轴颈直径 d	顶隙 $A = D-d$		轴颈直径 d	顶隙 $A = D-d$	
	最小	最大		最小	最大
65	0.15	0.21	175	0.38	0.50
80	0.20	0.30	200	0.50	0.65
100	0.25	0.35	225	0.50	0.65
115	0.25	0.35	250	0.50	0.65
125	0.25	0.35	300	0.75	0.90
150	0.38	0.50	350	0.75	0.90

　　这种轴承在低速重载时，轴颈处于较大的偏心下工作，因而工作是稳定的。但在高速轻载的情况下，就处于非常小的偏心下工作，因此表现出极大的不稳定性，容易发生油膜涡动和油膜振荡。轴颈越是高速轻载，轴心和轴承中心越接近，越易于发生涡动；反之若转子为重载，或载荷越大，开始发生涡动的转速越高，则越不易发生涡动。油膜振荡一旦发生，危害极大，常常有毁坏设备的危险。因此，在高速轻载下很少采用这种轴承。

　　2）椭圆瓦轴承

　　椭圆瓦轴承也是两半瓦，上下瓦之间用螺钉连接在一起，轴瓦内表面也浇铸巴氏合金，但轴瓦的内表面呈椭圆形，轴承侧隙大于或等于顶隙，一般顶隙约为轴颈 $d(1 \sim 1.5)/1000$，而侧隙约为 $d(1 \sim 3)/1000$，使润滑油膜更急剧地收缩。椭圆形轴承的间隙可通过加工方法来保证，即两半瓦之间加垫厚度为 b，镗孔尺寸为 D，轴径为 d，使用时撤去垫片厚 b，则侧隙 $n = D-d/2$，顶隙 $m = D-d-b$。因此，椭圆瓦下瓦不刮研，下瓦中分面处也不设冷却槽。无特殊要求时，椭圆瓦轴承推荐数据可参考表 4-2。

表 4-2　椭圆瓦轴承推荐数据 　　　　　　　　　　　　　　mm

轴直径 d	垫片厚度 b	镗孔直径 D	侧隙 n	顶隙 m
280	0.80	281.1+0.05	0.5~0.45	0.3~0.35
300	0.85	301.2+0.05	0.6~0.5	0.35~0.40
325	0.90	326.3+0.05	0.65~0.70	0.40~0.45
350	1.00	351.4+0.05	0.70~0.75	0.40~0.45
360	1.00	361.4+0.05	0.70~0.75	0.40~0.45

轴颈在旋转中形成上下两部分油膜，这两部分油膜的压力产生的合力与外载荷平衡。这种轴承与圆柱瓦轴承相比稳定性能好，可减少运转中轴的上下晃动。如当轴向上晃动时，上面的间隙变小，油膜压力变大，下面的间隙变大，油膜压力变小，两部分力的合力变化会把轴颈推回原来的位置，使轴运转稳定。其次，由于侧隙较大，沿轴向流出的油量大，散热好，轴承温度低。因此，它的顶隙可比同样尺寸的圆柱瓦轴承的顶隙小。但是，这种轴承的承载能力比圆柱瓦轴承低，由于产生上下两个油膜，功率消耗大。它在垂直方向抗振性能好，但水平方向抗振性能差一些。轴承在工作时形成上下两个油膜，其与轴颈接触面积为40%左右，即在垂直面两侧各30%的范围之内互相接触。瓦背与瓦座接触面可用涂色法检查，应保证有75%~80%的接触面积，否则应修刮。

3）可倾瓦轴承

高速轻载转子运转时容易振动，不易稳定，可采用多瓦块的可倾瓦轴承，它由多块可倾瓦块组成，如图4-16所示。可倾瓦块有3、4、5、6块等多种，瓦块等距离地沿轴颈圆周布置，瓦块的背面呈弧面或球面，有的线接触，有的点接触，相当于一个支点，瓦块在轴承内可以自由摆动（5°~10°）以形成最佳油膜。每个瓦块都采用一只松装的销钉或螺钉，防止瓦块随轴旋转。瓦块盛装在壳内，通过钻在壳上的一只小孔注入润滑油，油经壳子两端的孔隙逸出。多数情况下，壳子落于轴承支座里一只紧配的圆柱槽内，或装于支座的球形座里。

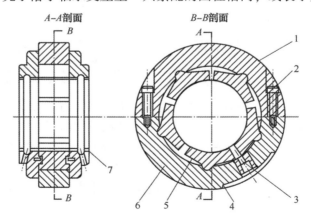

图 4-16　可倾瓦轴承

1—上轴承套；2—连接螺钉；3—进油孔；4—支撑脊；5—可倾瓦快；6—下轴承套；7—挡油圈

可倾瓦块多由碳钢（如25、35）制成，表面浇有巴氏合金（如常用的 ChSnSbll-6 锡基合金）。这层合金厚度较薄，一般为1~3mm，有较高的抗疲劳强度，与钢背贴合紧密。瓦块厚度公差应在 0.0125mm 之内，可保证瓦块的互换性，在装配时不必刮研找正。近来也有采用阳极电镀铝的瓦块，使用情况良好。

可倾瓦块围成的圆周内圆与轴颈同心，其半径的大小应保证正常的轴承间隙，一般为 $(0.0012\sim0.002)d$。瓦块的外圆周半径应车得比壳子内径稍小一点，可保证瓦块能靠着壳子内的活动支点沿平行于或垂直于轴颈的轴线摆动。瓦壳与瓦块配合内径公差，一般应控制在 0.025mm 范围内，等分的定位销孔中心距公差也控制在 0.025mm 之内。

可倾瓦块在圆周上的均布有两种形式，一种是在轴承下方的垂直中心线上设置一个瓦块，其优点是便于转子轴在停转时能妥善地支承在一个瓦块上，同时也便于冷态找正。当转子轴转动时，有一种趋势迫使油膜进入瓦块和轴承的间隙中去；另一种是瓦块的块间置于轴承的垂直中心线的下方。前者较为多见，国内外制造厂家皆有不同的推荐形式，安装、检修时一定要遵守制造厂家的规定。

轴颈与轴瓦间隙可以通过加工尺寸来保证，也有的采用在可倾瓦背后设可调垫片来调整间隙。轴瓦 L/d 应为 0.4~0.6，供油压力为 0.15~0.18MPa（表压）。这种轴承在运行中，每个瓦块都按旋转轴颈产生的液力自行调整本身的位置，每一瓦块都建立了一个最佳的油楔。由于瓦块间的周向间隙过大，油膜不像整圆式轴承那样的连续，不存在和旋转油膜一起产生的不稳定性。

由于这种轴承可倾瓦块可以自由摆动，与轴颈同步位移，在工况变化时总能形成最佳油膜，油膜稳定，抗振性能好，不易发生涡动和油膜振荡，可增加转子的稳定性，故广泛用于高速轻载压缩机(如大型氨肥装置中的几大机组)。

2. 推力轴承

推力轴承是离心式压缩机的关键部件，它的安全运行对机组的运行具有十分重要的影响。据统计，由于推力轴承的故障造成压缩机的停车，约占压缩机事故停车的30%。

推力轴承与径向轴承一样，也分上下两半，中分面有定位销，并用螺栓连接，球面壳体与球面座间采用定位套筒，防止相对转动，由于是球面支承故可根据轴挠曲程度而自动调节，推力轴承与推力盘一起作用，安装在轴上的推力盘随着轴转动，把轴传来的推力压在若干块静止的推力块上，在推力块工作面上也浇铸一层巴氏合金，推力块厚度误差小于0.01~0.02mm。

离心式压缩机在正常工作时，轴向力总是指向低压端，承受这个轴向力的推力块称为主推力块。在压缩机启动时，由于气流的冲力方向指向高压端，这个力使轴向高压端窜动，为了防止轴向高压端窜动，设置了另外的推力块，这种推力块在主推力块的对面，称为副推力块。

推力盘与推力块之间留有一定的间隙，以利于油膜的形成，此间隙一般在 0.25~0.35mm 以内，最主要的是间隙的最大值应当小于固定元件与转动元件之间的最小轴向间隙，这样才能避免动、静件相碰。

润滑油从球面下部进油口进入球面壳体，再分两路，一路经中分面进入径向轴承，另一路经两组斜孔通向推力轴承，进推力轴承的油一部分进入主推力块，另一部分进入副推力块。

离心式压缩机中广泛采用米切尔式轴承和金斯伯雷式轴承。

1) 米切尔式轴承

米切尔式轴承的结构如图 4-17 所示，它由推力盘、止推瓦块和基环组成。止推瓦块直接与基环接触，是单层的，两者之间有一个支点，它一般偏离止推瓦块的中心，止推瓦块可以绕这一支点摆动，当止推瓦块受力时，可以自动调节止推瓦块的位置，形成油楔，承受轴

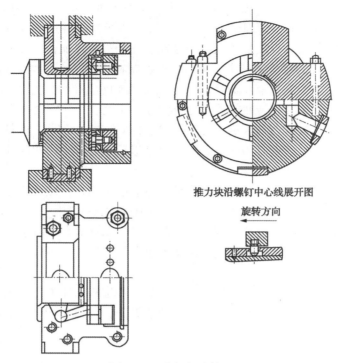

推力块沿螺钉中心线展开图

旋转方向

图 4-17   米切尔式轴承

向力。

在推力盘的两侧布置主推力瓦块和副推力瓦块，一般为 6~12 块。正常的情况下，转子的轴向力通过推力盘经过油膜传给主推力瓦块，然后通过基环传给轴承座。在启动或甩负荷时可能出现反向轴向推力，此推力将由副推力瓦块来承受。

推力瓦块的表面多浇有巴氏合金，其厚度应小于压缩机动、静部分的最小间隙，这样一旦巴氏合金熔化，推力盘尚有钢圈支承着，短时间不致引起压缩机内动静部分的碰撞，一般巴氏合金厚度为 1.0~1.5mm，推力瓦块厚度的公差应为 0.01~0.02mm，推力瓦块与止推盘的接触面积应大于 60%，推力盘的轴向位置由定距套来保证，压缩机转子和静止元件的相对轴向位置由止推轴承来保证。

推力盘和瓦块间留有间隙(一般为 0.2~0.6mm)，保证形成油楔承受转子的轴向力，此间隙称为推力间隙或转子的工作窜动量，可用调整垫片的厚度来调节。这种止推轴承的最大比压 P_{max} = 2.5~5.0MPa，允许最高线速度为 130m/s 左右，广泛用于中、低压和中、低转速机组。

2) 金斯伯雷式轴承

金斯伯雷式轴承是英国格拉斯的专利技术，其结构如图 4-18 所示。它由止推瓦块、上水准块(上摇块)、下水准块(下摇块)和基环组成，它们之间用球面支点接触，保证止推瓦块和水准块(摇块)可以自由摆动，使载荷分布均匀。当止推盘随轴发生倾斜时，推力瓦块可通过上下水准块的作用自动找平，使得所有推力瓦块保持在与推力盘均匀接触的同一平面上，这样可以保证所有的推力瓦块均匀承受轴向推力，避免引起局部磨损。

一般情况下，转子的轴向力总是指向吸入侧，但在启动时由于吸入气流的冲击作用，则往往产生一个反方向的轴向推力。为了承受启动时的轴向推力，该轴承也采用双止推轴承，

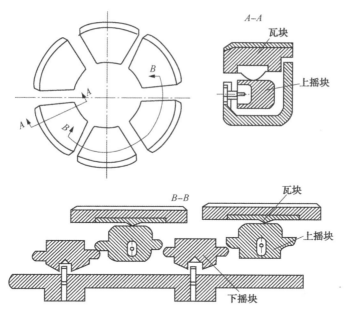

图 4-18 金斯伯雷式轴承

承受正常工作时轴向推力的一面称为主止推面，承受启动时轴向推力的一面称为副止推面。有时副止推面不用止推瓦块，而用有巴氏合金的止推环。

止推瓦块由碳钢制成，上面浇有巴氏合金，止推瓦块体中镶有一个工具钢制的支承块，硬度为 50~60，这个支承块与上下水准块接触。上水准块用一个调节螺钉在圆周方向定位，上下水准块一般用精密铸造铸出，可用耐磨的 QT40-10 制成。下水准块装在基环的凹槽中，用它的刃口与基环接触。下水准块用螺钉来定位。为了防止基环转动，在基环上设有防转销键。转子的轴向窜动量可以用调整垫片来调整。

润滑油从轴承座与外壳之间进来，经过基环背面铣出的油槽，并通过基环与轴颈之间的空隙进入止推盘与止推瓦块之间。止推盘转动起来，由于离心力的作用，油被甩出，由轴承座的上方排油口排出。这种止推轴承的特点是载荷分布均匀，调节灵活，能补偿转子不对中的偏斜。但其轴向尺寸长，结构复杂，最高线速度一般为 $80 \sim 130 \text{m/s}$，最大比压 $P_{\max} = 3.0 \sim 5.0 \text{MPa}$，承受的轴向推力正常操作时为 $(1.5 \sim 2) \times 10^4 \text{N}$，最大轴向推力可达 $(4 \sim 9) \times 10^4 \text{N}$，一般瓦块数为 6 块。特别适用于高速轻载的高压压缩机组，特别是轴向推力不易估算准确的机组。

4.2 离心式压缩机的安装

下面以现场组装的水平剖分式离心式压缩机-汽轮机机组为例，介绍离心式压缩机的安装。

4.2.1 安装前的施工准备

1. 安装依据

(1)《沈阳鼓风机(集团)有限公司 3BCL529 离心压缩机技术文件》；

（2）《化工机器安装工程施工及验收规范　离心式压缩机》（HGJ 205—1992）；

（3）《化工机器安装工程施工及验收通用规范》（HG 20203—2000）；

（4）《化工设备安装工程质量检验评定标准》（HG 20236—1993）；

（5）《石油化工离心、轴流压缩机工程技术规范》（SH/T 3144—2012）；

（6）《石油化工施工安全技术规程》（SH 3505—1999）；

（7）《质量程序文件》（QG/P 44.0000—2003）；

（8）《化学工业工程建设交工技术文件规定》（HG/T 20237—2014）；

（9）《风机、压缩机、泵安装工程施工及验收规范》（GB 50275—2010）。

2. 安装技术资料

（1）机器的出厂合格证明书；

（2）制造厂提供的有关重要零件和部件的制造、装配等质量检验证书及机器的试运转记录；

（3）机器与设备安装平面布置图、安装图、基础图、总装配图、主要部件图、易损零件图及安装使用说明书等；

（4）机器的装箱清单；

（5）有关的安装规范及安装技术要求或方案。

4.2.2　机组底座和定位键的安装

现场组装的离心式压缩机组，一般供货形式是将底座、气缸壳体、隔板、各级密封组合件、轴承组合件及转子等分别包装运到现场。机组底座安装方法及技术要求如下：

（1）按照图样的要求在基础上安装定位键座，使键座的中心线对准基础的定位线（如图4-19所示）。用螺旋千斤顶或顶丝调整键座的水平度。

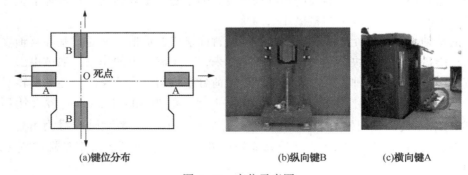

(a)键位分布　　　　　(b)纵向键B　　　　　(c)横向键A

图 4-19　定位示意图

（2）吊带或吊索挂在吊耳处，将底座起吊一定高度后，在底座与垫板接触面涂以 MoS_2 润滑脂，底座上调整螺钉的螺纹处涂以 MoS_2 润滑脂。

（3）缓缓放下底座，采用拉线法使底座中心线与基础中心线对正，并穿入地脚螺栓。

（4）底座找平采用基础上的螺旋千斤顶或底座自带顶丝调整水平度，采用钳工水平仪测量，底座与底座之间的高差采用水准仪测量。

（5）底座找平后，使全部螺旋千斤顶或顶丝均匀受力，如图4-20所示，将基础地脚螺栓稍微拧紧，同时检查底座水平度。如果水平位置改变了，用同样的方法再次调整。

（6）采用顶丝调节达到要求后，及时将垫铁垫牢，拧紧地脚螺栓，方可松顶丝。垫铁的

(a)螺旋千斤顶布置图　　　　　　　　　(b)螺旋千斤顶放大图

图4-20　螺旋千斤顶示意图

安装要求应按技术文件规定执行。

（7）清理底座和地脚螺栓，螺纹处涂以 MoS_2 润滑脂。

（8）底座安装前，清理脏物及油污，调整顶丝的螺纹处涂以 MoS_2 润滑脂。根据图纸要求调整顶丝高度，一般在 60mm 左右。

（9）机组底座安装其他技术要求应执行技术文件及图样的规定。

（10）底座中心线与基础中心线轴向及径向允许偏差为±2mm。底座水平度允许偏差≤1mm/m。

4.2.3　下机壳安装

（1）拆去底座下纵向和横向导向键。

（2）将机组壳体吊装就位，准备安装。

（3）在起吊下机壳之前，认真校正机壳中分面的水平度(一般控制在 0.1mm/m)，起吊下机壳，起吊后应达到同样的水平度要求。

（4）下机壳置于底座上，并将机壳调整到四处导向键槽同时满足要求的位置，即导向键可以轻松推入，留出汽轮机与压缩机的联轴器轴端间距，其允差≤0.5mm。

（5）选定汽轮机为找正基准机器，用激光找正仪或钢丝线在下机壳两端轴承座洼窝处拉钢丝线找正。

（6）根据技术文件的规定(在静态工况下)数据，将机组壳体中心进行对中；通过调整底座四个方向的调整螺栓，使机组的纵横中心与基础的纵横中心对准，同时要与汽轮机半联轴节中心一致。

（7）使用精确度为 0.02mm/m 的水平仪测量下机壳中分面的水平，通过底座顶丝调整机壳的纵、横方向的水平度，使得四支撑平面均能全面接触。

（8）以汽轮机为基础调正压缩机标高及水平度，同时还要考虑冷态下轴线的坡度。

（9）检查机壳的外观，不得有裂纹、夹渣、气孔、铸砂和损伤等缺陷。

（10）壳体的水平或垂直剖分面应完好无损，接合面自由结合时，间隙不应大于 0.08mm，或每隔一个螺栓拧紧后，间隙不应大于 0.03mm。

（11）轴承箱内的铸砂、杂物等应清理干净。

（12）底座支撑面和机壳支座底面应紧密结合，自由状态下，宜用 0.03mm 的塞尺检查，不能塞入为合格。

（13）底座支撑面与轴承座底面应严密接触，应用 0.05mm 的塞尺检查，不能塞入为合格。

（14）用压缩空气吹净上、下机壳各孔洞通道，确认内部无杂物。

（15）机壳中心线允许偏差，纵、横向为±2mm。机壳标高允许偏差为±1mm。

4.2.4 隔板安装

（1）隔板安装前将扩压器安装在隔板上，固定牢，并检查扩压器与相应安装部位的间隙。上、下隔板用厂房行车吊装，下隔板直接插入下气缸。

（2）上机壳隔板安装。应将上气缸中分面朝上，气缸应放在平稳的道木上，并检查隔板与上、下机壳有无卡涩现象。

（3）隔板的最终装配时，各结合面处应涂以规定要求的防咬合剂。

（4）隔板外观检查，铸件不得有裂纹、气孔、未浇满和夹层等缺陷，扩压器和回流器的导流叶片应完整无损。

（5）隔板装进机壳时，应自由地落入槽中，无卡涩现象。

（6）两半隔板结合面应接触良好，结合面的局部间隙应小于0.08mm。

（7）上下隔板的销子、定位键和对应孔槽的配合应符合技术文件的规定。

（8）检查各隔板之间、隔板与轴承座洼窝之间、隔板与转子之间的同心度。

（9）隔板装配后，隔板与隔板及隔板与机壳中心的偏差应小于0.05mm。

4.2.5 轴承的拆装

1. 径向轴承拆、装方法

（1）拆轴承盖中分面螺栓和定位销，用顶丝轻轻顶起轴承盖，然后吊开轴承盖。拆开轴承本体中分面螺栓，拆去径向轴承上部。

（2）用抬轴专用工具轻轻将轴提起，提起高度以下半轴承体能刚好绕轴转动为限，且不得超过0.15mm。将下轴承体绕轴翻转至轴颈上部，拆去下部轴承。

（3）记录每个瓦块在轴承壳中的位置和方向，松开并拆去瓦块背部定位螺钉，依次取出各瓦块。

（4）安装方法与拆卸方法相反。

（5）轴承组装前，应进行外观检查，轴瓦合金表面应无裂纹、孔洞、重皮、夹渣、斑痕等缺陷；合金层与瓦壳应牢固紧密地结合，用涂色法检查不得有分层、脱壳现象。

（6）清理轴承座和轴承体内所有的油孔和油路，并用压缩空气进行吹扫，确认畅通。然后将轴承座放入下气缸内，再将轴承放入轴承座内。

（7）用涂色法检查瓦壳与轴承座、瓦背与轴瓦壳、轴瓦与轴颈之间的接触面积。

（8）用压铅法检查轴瓦与轴颈的顶间隙以及轴承座和轴瓦壳的过盈量。用0.02mm塞尺测量轴瓦与轴颈水平侧、轴承壳体中分面和轴承座中分面的间隙，保证不错口为宜。

（9）用抬轴法检查轴颈的顶间隙，一般在轴上架百分表，用专用工具抬起主轴，测得瓦顶间隙，一般用在奇数可倾瓦的轴承上。

2. 径向轴承安装技术要求

（1）轴瓦装入轴承座后，左右两侧与轴承座中分面应平齐，两侧间隙前后、左右均匀，且不大于0.05mm。拧紧中分面螺栓后，瓦壳中分面、轴承座中分面密合无间隙。

（2）瓦壳中分面密合，定位销配合紧密，上紧中分面螺栓后，瓦壳中分面不错口。

（3）瓦壳进油和回油孔与相应的轴承座油孔对正，测振探头孔、温度测量孔等均能对正。瓦壳进油孔限流螺钉不松动、固定可靠，孔径符合设计要求，进、回油孔不堵塞。

（4）瓦块巴氏合金层应无裂纹、掉块、脱胎、烧灼、碾压、磨损及拉毛等类缺陷。巴氏合金表面不允许存在沿轴向的划痕和沟槽，沿周向的划痕和沟槽的深度应不超过 0.10mm。

（5）瓦块背部承力面光滑，与瓦壳的接触印痕沿轴向均匀并保持线接触，绕轴摇摆的瓦块，受力面接触均匀，与轴销配合不松晃。

（6）组装后，销钉与销孔的顶部间隙不小于 1.5mm，瓦块在瓦壳内摇摆灵活，不顶瓦块。当轴压在下半支承瓦上时，左右两块瓦应受载均匀。

（7）用压铅丝法测量轴瓦与轴颈的间隙时，所采用的铅丝直径应比所测间隙大 30%～50%。

（8）瓦背和轴承座孔贴合面要求：厚壁瓦的接触面积不应少于 50%；可倾瓦、薄壁瓦、球面瓦的接触面积不应少于 75%。

（9）用涂色法检查轴颈与轴瓦的接触情况，轴瓦与轴颈接触应均匀，轴向接触长度不应少于 80%，必要时可略做修刮研磨。

（10）轴瓦与轴承座和轴承盖之间的过盈量应按机器技术文件的要求进行检查，如无要求应执行规定。

（11）轴瓦与轴颈的间隙应按机器技术文件的要求进行检查，如无要求应执行表 4-2 的规定。可倾瓦各瓦块间的厚度差不应大于 0.01mm。

3. 推力轴承拆、装方法

（1）拆去轴承座上盖以及止推轴承壳体上盖，拆去非工作（副推力轴承）侧止推轴承和垫片，并做好每个瓦块的位置记号。

（2）再装复止推轴承壳体上盖和轴承座上盖，拧紧中分面螺钉和定位销，将转子放在半窜量的位置。拆去全部上盖，拆去工作侧（主推力轴承）止推轴承和止推轴前后油封，并做好每个瓦块的位置记号。

（3）用着色或浸煤油法使止推瓦块巴氏合金与基体金属结合良好。

（4）检查推力瓦块的接触面积时，应装好上下推力瓦，盘动转子检查其磨痕；用红丹检查各单独瓦块的巴氏合金表面与止推盘表面的接触面积。

（5）用游标卡尺检查推力瓦，瓦块厚度应均匀一致，同组瓦块厚度差不大于 0.015mm。

（6）安装方法与拆卸方法相反。在调整止推间隙时，应先扣好缸盖和调整好转子轴向位置后，再调整间隙。

（7）测量止推轴承间隙时，应将半推力瓦打入定位销，扣上轴承座盖，并拧紧中分面螺栓和销子后再测量。其方法为，前后拨动转子，架百分表测取转子位移值和推力轴承位移值，取两位移值之差作为推力瓦间隙值，数据由制造厂提供。

（8）用涂色法检查推力轴承和推力盘的接触面积。

4. 推力轴承安装技术要求

（1）推力瓦块应逐个编号，测量其厚度差应不大于 0.02mm，超过此数时，不宜立即修刮，应作好记录，提供给制造商解决。

（2）推力轴承端部支持弹簧的调整应适当、无卡涩，并应在转子放进后，用铜棒敲打轴瓦，使其水平结合面仍保持原来的纵向水平度不变。

（3）推力轴承瓦块间的相互位置，在拆装时应做好对位标识，不能调换位置。

（4）推力瓦块表面不允许存在沿径向沟槽或划痕，周向沟槽或划痕的深度也不能超过 0.10mm，且瓦块无损伤。

（5）基环结合面应平整不错口。与压块接触处无压痕，基环背面与止推轴承壳体端面承压应均匀。

（6）埋入推力瓦的温度测点位置应按图纸要求正确无误、接线牢固。

（7）推力瓦块的外观检查，应符合技术文件的规定，表面粗糙不大于 0.4μm。

（8）推力瓦块的厚度应均匀一致，同组瓦块的厚度差不应大于 0.01mm。

（9）推力轴承调整垫应平整，各处厚度差应小于 0.01mm，数量不应超过 2 块。

（10）接触面积、间隙的质量标准应执行技术文件及图样的规定。

4.2.6　转子安装

1. 转子的吊装方法及技术要求

（1）起吊转子时必须使用专用吊具和索具（随机带）。

（2）起吊转子的吊带位置，应选在起吊和就位时能保持转子水平，且不损伤转子的精加工表面和配合表面，绑扎位置不得位于轴承处的轴颈部。用专用吊具的调整螺母将转子调平，其水平度≤0.5/1000。

（3）起吊或者就位时，转子应放在位于窜量中间位置的气缸内，吊装或者就位时应缓慢平稳，避免撞伤转子。

（4）起吊部件时，应先用丝顶顶开、用撬棍拨开或敲击震松，严禁强拉硬吊。

（5）起吊要平稳，注意内外、上下、左右、前后等各个方位有无障碍。

（6）转子放到支撑架上时，支架必须牢固、平整，当在轴颈位置支撑时，V 形木架上垫胶皮或软金属，且不得损伤转子，否则应在其他部位支撑。

2. 转子的轴窜量测定

1）按技术文件要求测定转子总窜量

调整轴向位置，再装推力轴承；止推瓦两侧的调整垫片制造厂商已经调整，但在安装过程中还必须对轴窜量及止推间隙进行测定检查，必要时对调整垫片进行修正。

2）转子轴窜量测定方法

（1）取出止推轴瓦及调整垫片，将转轴用力推向 B 端。

（2）在 A 端架设百分表，百分表表头靠在 A 端的轴端面上，指针拨到"0"位，从 B 端用力将转轴推向 A 端，读取 A 百分表数作记录。

（3）在 B 端架设百分表，百分表表头靠在 B 端的轴端面上，指针拨到"0"位，从 A 端用力将转轴推向 B 端，读取 B 百分表读数作记录。

（4）重复二次推动转子，如读数相同，则此读数即为轴窜量。

（5）检查轴窜量后应慢慢将轴推到窜量中间位置，或推到按图样标定的位置。

3. 转子轴窜量的调整方法

（1）先记录转子从确定的轴向位置向非工作面和工作面推力轴承两侧的轴向窜量。例如，向工作面侧窜量为 S_1，向非工作面侧窜量为 S_2。然后，把工作面推力轴承装入并在背面垫上一块相应厚度的垫片。

（2）使推力盘和工作面推力轴承接触，然后从这个位置把转子向非工作面推力轴承侧拨动到极限位置，并记下其窜量。如此窜量为 S_3，则 $S_2-S_3=S_4$，S_4 为正时，工作面推力轴承背面的垫片应减薄 S_4；S_4 为负时，工作面推力轴承背面的垫片应加厚 S_4。

（3）转子的轴向位置是由工作面推力轴承的位置确定的，固定转子的轴向位置应在工作面推力轴承背面加垫片。

4. 转子跳动度的测量方法

将磁力百分表座装在下气缸中分面处，装上百分表逐个测量转子的主轴颈和密封处轴颈的径向跳动度和圆度，联轴器、叶轮外圆径向和端面跳动度，推力盘和平衡盘端面跳动度。

5. 转子安装技术要求

（1）起吊或就位转子时，不许在止推轴承中装入任何止推瓦块。

（2）检查并清洗转子，应无锈蚀、损伤、变形、裂纹等缺陷。

（3）用涂色法检查转子轴颈与轴瓦合金之间的接触情况，并要求均匀接触。

（4）转子安装就位后，用精度为 0.01mm/m 水平仪测量后轴颈（联轴侧）的水平度。

（5）转子就位后各部位的径向跳动，端面跳动值应符合技术文件要求，并检查转子与轴承之间的对中情况。

（6）径向轴承拆出后，不许盘转或窜动转子，以防密封受损。

（7）拆卸径向轴承、机械密封或浮环密封时，应将转子稍稍抬起，以避免拉伤相配合零件。

（8）检查主轴颈、浮环密封或机械密封配合处及径向探头监测区轴的表面粗糙度不应大于 0.4~0.8μm。

（9）测量转子主轴颈及浮环密封配合处轴径的圆度、圆柱度、径向跳动值、端面跳动值，其各部允许偏差值应符合规定。

（10）推力盘表面粗糙度不大于 0.4μm；转子轴颈与轴瓦合金之间沿轴向接触面积允许偏差不小于80%。转子轴颈（联轴侧）的水平度允许偏差不大于 0.02mm/m。转子与轴承之间同轴度偏差不大于 0.06mm。

（11）以上质量标准，如设计或图样有规定时，应执行设计或图样的规定。

4.2.7 密封装置的安装

1. 密封装置安装方法

1）迷宫式密封

（1）密封间隙的测量。应采用压铅或压胶布法测量水平和垂直方向共四个部位。

（2）水平方向（两侧）间隙用塞尺测量。两侧气封侧隙之和即为水平方向气封间隙。

（3）垂直方向间隙的测量。转子吊出气缸，在下气封处放入铅丝，再将转子放入原来位置。在转子密封顶部范围内也放入铅丝，扣上半缸盖，并拧紧部分螺栓。然后吊开上半缸及转子，测量同一密封处铅丝的厚度，上、下厚度之和即为垂直方向气封间隙。

（4）软气封安装必须在转子找正对中后进行。

2）机械密封（见图4-21）

（1）检查各 O 形圈应完好。检查各动静环应完好。将轴套上装 O 形圈的槽清理干净。

（2）轴套上与动环配合的端面和外圆面应清理干净，其中端面与动环应用红丹检查接触情况，保证大部分面积接触。将动环锁紧套锁紧（力矩为450N·m），并拧紧防松螺钉。同一组弹簧高度误差应小于 0.5mm。机封组装好后，手压轴套应有较好的弹性。

（3）装配组装好的机封，机封压紧螺栓一定要压紧，并且紧力均匀。

（4）将转子定位在工作位置，检查两端机封工作位置是否合适。轻推转子测定转子的分窜量，进一步验证机封的工作位置是否合适。

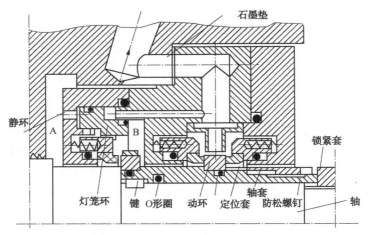

石墨垫

静环

A　B

锁紧套

灯笼环　键　O形圈　动环　定位套　防松螺钉　轴套　轴

图 4-21　机械密封示意图

3）浮环油密封

（1）拆除止推板及抱紧环的两半部分，将自制专用工具用内六角螺栓与衬套拧到一起，给 O 形圈加润滑油，给衬套内孔加润滑液。

（2）旋转密封定子，使大法兰盘上螺栓孔与压缩机壳体上内丝对准，用 2 个适当长度的螺栓拧到大法兰盘上顶丝中，将整套密封抬装到轴上。

（3）利用专用工具及内六角螺栓将整套密封逐渐地、均匀地往里上紧。当密封基本到位时，先将 8 个内六角螺栓装上但不要全部上紧，回装抱紧环的两半部分及止推板，并上满 2 个内六角螺栓，分三步均匀上紧螺栓，应按技术文件规定的力矩上紧，上紧过程中，用深度千分尺测量从衬套到止推板的距离，要检查的距离应相同。

（4）将转子定位在工作位置，检查两端密封工作位置是否合适。轻推转子测定转子的分窜量，进一步验证密封的工作位置是否合适，与迷宫密封轴向位置是否合适。

2. 密封装置安装技术要求

1）迷宫密封的检查与安装

（1）检查各级叶轮密封，应无污垢、锈蚀、毛刺、缺口、弯曲、变形等缺陷。密封齿磨损、间隙超标件应更换。

（2）各密封片应无裂纹、卷曲等缺陷，镶状牢固。

（3）以转子为准，检查各部迷宫密封间隙，应符合随机技术文件的规定。

2）机械密封的检查与安装

（1）检查动环和静环工作面，应平整、光滑、无沟槽，表面粗糙度不大于 0.4μm；弹簧应无裂纹、扭曲、弯曲变形，各个弹簧的自由长度、弹性等应均匀一致。

（2）检测动环与轴肩的接触情况，其配合面应呈一连续的接触圈，接触面积至少应达85%，O 形圈与环槽的配合应松紧适度，O 形圈压缩量应合适。静环安装后应能沿轴向灵活移动。

（3）机械密封轴向定位环应平整、无变形，沿整个圆周测量其厚度差应小于 0.02mm，定位环与密封腔内凹槽及静环体端面接口密实良好，定位环销孔与密封壳体的销孔对正，销子不卡涩。

（4）装配过程中，零件必须保持清洁，动环及静环的密封面应无灰尘和异物。

（5）安装后盘动转子应转动灵活。

（6）机械密封的冲洗系统及密封系统必须保证清洁无异物。

3）浮环油膜密封的检查与安装

（1）内外浮环的合金表面不应有气孔、夹渣、重皮、裂纹等缺陷。

（2）测量内外浮环的直径及各部位尺寸并记录。

（3）浮环与密封体的接触应光滑、无碰伤、滑痕等缺陷，且接触应良好。

（4）浮环密封的O形环应完好无损。

（5）浮环密封组的装配间隙，应符合技术文件规定。

（6）浮环密封组装后，应活动自如，不得有卡涩现象。

3. 密封安装质量标准

（1）轴端密封安装质量准应符合随机技术文件的规定。

（2）迷宫密封间隙安装质量标准应符合随机技术文件的规定。无规定时应符合相关行业标准的规定。

4.2.8 离心式压缩机的对中找正

压缩机的对中找正是安装和检修过程中一个很重要的步骤。图4-22为由三个缸体组成的离心式压缩机组三个转子的相互位置情况，每个转子因自重轴线会产生挠曲，结果使两端翘起。如果使各转子的轴承中心在一个水平面上，那么转子的相互位置会出现如图4-22（a）所示的情况，联轴器端面就会出现张口。在这种情况下运行，对于齿轮联轴器其齿轮的啮合将受到破坏，对于刚性联轴器其连接螺栓将受到多变载荷，容易产生疲劳破坏。如果联轴器两旁的轴承中心还不在同一水平上，就会更严重，联轴器轮毂就会既张口又不同心，这样是不能长期安全运行的。因此应使两联轴器轮毂的轴线重合，端面平行，要达到这一点，各气缸的轴线在运行中应该是一条匀滑的曲线，如图4-22（b）所示。而要达到这个要求，各轴承中心就不能在同一水平面上，而应该稍微错开，以使联轴器两端面相互平行。

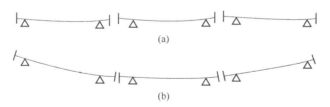

（a）

（b）

图4-22　多转子机组的相互位置

在压缩机组安装和检修后，通过调整各转子高低和左右位置，使机组达到在运行中各转子中心线构成一根连续无折点的平滑曲线，即在运行中相邻的联轴器轮毂轴线重合、端面平行。这个调整过程就是离心式压缩机的对中找正。现在大多数找正都是在冷态下进行的，所以考虑各轴承中心的位置时，还必须考虑到机器运转后的热膨胀影响。

在机组各缸体安装或检修完后对中找正时，通过调节压缩机支腿和底板支架之间的垫片使转子在垂直方向上找正，而水平方向上的找正则主要依靠在支腿旁的顶丝将机器左右移动来调节。原则上应以最重的或运行中热膨胀影响最小的机器为找正的基准，如有齿轮增速器，则一般应以增速器为基准；如果只有一个或两个压缩机气缸和蒸汽轮机，一般以蒸汽轮机为基准来调整其他缸体位置，以达到对中要求。

1. 离心式压缩机对中找正常用的方法

对中找正常用的方法有三表法和单表法，三表法用于联轴器长度与联轴器轮毂外径的比值相对较小的场合，单表法用于联轴器长度与联轴器轮毂外径的比值相对较大的情况。

1）三表找正法

三个百分表的安装如图4-23所示，A、B分别代表压缩机和汽轮机的转子，测端面用两个百分表，这是为了消除转轴在回转时产生窜动的影响。

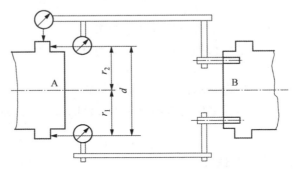

图4-23 三个百分表的安装示意图

在测量时，两转子应在同方向转动同一个角度，这样使测量点基本在同一位置，可以减少由于零件制造误差（如联轴器轮毂不圆、联轴器轮毂同主轴偏心及歪斜等）而带来的测量误差。端面两百分表测点距轴中心线距离应相等，即 $r_1 = r_2$，并尽可能使两表测点间的径向距离 d 大一些，以提高找正精度。找正步骤如下：

（1）把百分表装好后试转一圈，检查径向百分表指针应回原位，端面百分表指针回原位或两表变化相同。

（2）把 B 转子转 90°，然后 A 转子也同向转 90°，停下来记录各百分表读数，依次记入圆表上，如图4-24(a)所示，表上箭头方向表示旋转方向，并标明表架在 B 转子上，测 A 转子联轴器轮毂。每转 90°记录一次，记录在表上。

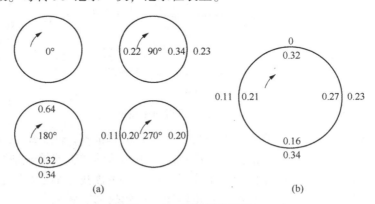

图4-24 垂量值的记录

（3）复核测量数据：

① 0°与360°处外径百分表读数应相同；

② 外圆百分表 0°与180°处读数和应等于90°与270°处读数和；

③ 端面百分表在 360°与 0°处比较，两表读数的增加或减少量应一致。

以上检验合格后，即可对数据进行进一步处理。

（4）数据处理。将两端面百分表在0°、90°、180°、270°四位置的读数进行平均，各位置的平均数值填入图4-24（b）中的圆内，而外径百分表读数填入圆的外面。

（5）两转子相对位置判断：

① 对于外圆，哪个方向读数小，B转子就偏向哪一方；

② 对于端面，哪个方向读数小，开口就在哪一方。

根据这两条判断，可判明A、B转子垂直面和水平面内的相互位置（见图4-25）。

(a)垂直面　　　　　　　　(b)水平面

图4-25　汽轮机和压缩机转子的相互位置

（6）调整量的计算。以B转子为基准，调整A转子，先计算垂直平面内的调整量。如图4-26所示，有关尺寸为$L_1 = 1200$mm，$L_2 = 300$mm，$d = 200$mm。联轴器下张口为$X_A = 0.32-0.16 = 0.16$mm；联轴器中心线偏差为$X_T = (0-0.34)/2 = 0.17$mm。

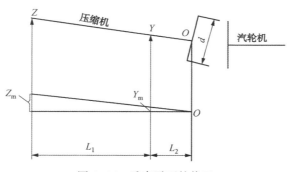

图4-26　垂直平面的找正

首先消除张口，把A转子的轴线以O点为中心下转一角度，使联轴器端面平行。根据相似三角形原理得：$Z_M = (L_1 + L_2) \times X_A / d = (1200+300) \times 0.16/200 = 1.2$mm

$Y_M = (L_2 \times X_A)/d = 300 \times 0.16/200 = 0.24$mm

张口未消除之前，O点已高出B转子轴中心线0.17mm，为达到径向对中，A转子轴还需要平行下移0.17mm，所以综合考虑结果为：Y支脚为$0.24+(-0.17) = 0.07$mm。

Z支脚为$1.20+(-0.17) = 1.03$mm

即Y支脚应减0.07mm垫片，Z支脚应减1.03mm垫片。

对中的一般允许误差为：联轴器端面开口　　$X_A \leq 0.02$mm

轴的不同心度　　$X_T \leq 0.04$mm

水平方向对中方法同垂直方向相似，只是水平方向调整是通过顶丝使设备横向移动来实现的。

2）单表找正法

架表方法如图4-27所示，找正步骤如下：

（1）把表架装在B转子上，转动转子，依次记下A转子在0°、90°、180°、270°四位置上的读数，如图4-28（a）所示；

(2) 把表架装在 A 转子上，转动转子，依次记下 B 转子在 0°、90°、180°、270°四位置上的读数，如图 4-28(b)所示。

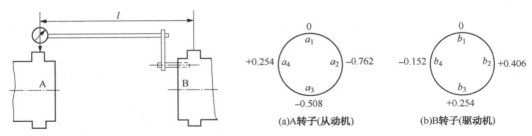

图 4-27　单表找正　　　　　　　　　图 4-28　测量值的记录

(3) 复核测量数据，应符合下列要求：

① 0°与 360°处外径百分表读数应相同；

② $a_1 + a_3 = a_2 + a_4$；

③ $b_1 + b_3 = b_2 + b_4$。

以上检验合格后，即可对数据进行进一步处理。

(4) 两转子相互位置判断：

① 先分析垂直方向。以 B 转子为基准测 A 转子时，两转子的不同心度为：

$a'_3 = (a_1 - a_3)/2 = 0 - (-0.508)/2 = 0.254mm$

按三表对中法的径向位置判断标准，说明在 A 转子测量面上，B 转子比 A 转子低 0.254mm。以 A 转子为基准测 B 转子时，两转子的不同心度为：

$b'_3 = (b_3 - b_1)/2 = (0.254 - 0)/2 = 0.127mm$

按三表对中法的径向位置判断标准，说明在 B 转子测量面上，A 转子比 B 转子高 0.127mm。

② 再分析水平面。

$a'2 = (a_4 - a_2)/2 = 0.254 - (-0.762)/2 = 0.508mm$

$b'2 = (b_4 - b_2)/2 = (0.406 - 0.152)/2 = 0.279mm$

可判断出在 A 转子测量面上，B 转子偏向 a_2 方向 0.508mm；在 B 转子测量面上，A 转子偏向 b_4 方向 0.279mm。A、B 转子相互位置如图 4-29 所示。

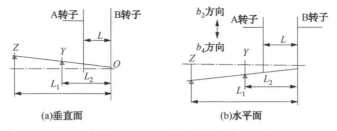

(a)垂直面　　　　　　　　　(b)水平面

图 4-29　A、B 转子的相互位置

(5) 调整量的计算。在图 4-29 中，$L_1 = 1800mm$，$L_2 = 600mm$，$L = 300mm$，以 B 转子为基准调整 A 转子。

以垂直方向为例计算。首先以点 O 为固定点使 A 轴下转，消除角度不对中，由相似三角形原理得：

$$Z_M = (a'_3 - b'_3) \times L_1 / L = (0.254 - 0.127) / 200 = 0.762\text{mm}$$

$$Y_M = (a'_3 - b'_3) \times L_2 / L = (0.254 - 0.127) / 300 = 0.254\text{mm}$$

为实现两转子垂直方向对中，A 转子还需平行下移：$b'_3 = 0.127\text{mm}$

所以综合考虑结果为：Y 支脚下应取垫片为　　0.254+0.127 = 0.381mm

Z 支脚下应取垫片为　　0.762+0.127 = 0.889mm

水平方向对中计算方法同垂直方向相似。

3）转子找中心时的注意事项

（1）找中心专用工具架应牢固，以免松弛影响测量准确度。

（2）找中心专用工具固定在联轴器上应不影响盘车测量。

（3）用百分表测量时，百分表应留有足够的余量，以免表杆顶死出现错误数据。

（4）用塞尺测量时，塞尺片不多于 3 片，表面平滑无皱痕，插进松紧要均匀，以免出现过大误差。

（5）测量的位置在盘车后应一致，避免出现误差。

（6）盘车时，应注意不要盘过头或没有盘够，以免影响测量准确度。

（7）对中测量时，都需进行复核一次，若两次测量误差小于 0.02mm，则可结束，否则再进行第三次或第四次复测。若有两次测量结果小于误差要求，即可确认，否则应查找原因再测。

（8）找正通常是在机器处于常温下进行的，这种找正称为"冷找正"或"冷对中"。机器运转后由于机器各部分温度不同，各处的膨胀量也就不同，因此要保证在运转状态下对中即所谓"热对中"，那么在冷态对中时就必须事先估计好各机脚处的热膨胀量，在确定调整垫片量时应将它们考虑进去。这样做当然破坏了冷态下的对中，但却能较好地保证"热对中"。热膨胀量的估算很难准确，常常影响热态对中的精度。一般在机器运转一定时间以后（例如8h），机器各部分温度都稳定时，停机趁热检查。

2. 激光找正

在透平机械的找正中，运用激光技术，提高了机器的找正精度和快速性，不仅可进行"冷对中"校核，还可进行"热对中"校核，是一种很有效的找正方法，激光对中仪有冷对中仪和热对中仪两种。激光冷对中仪 LOCAM（Laser Optic Cold Alignment Monitor）由激光发射器、激光检测器、激光反射器、计算机、快装夹具和连接电缆组成，早期产品由于发射的激光波长为 0.80μm，属于不可见的红外光范围，因而还包括有激光寻迹器，用来确定激光光束的方向。后来，发射激光波长改为 0.67μm，属于可见光范围，便省去了寻迹器，激光冷对中仪布置如图 4-30 所示。激光发射器、检测器和激光反射器通过快装夹具固定在转轴或联轴器的两端，用电缆将它们与计算机相连，调整好仪器，使发射器的激光束射向激光反射器，再反射到检测器的窗口，检测器以 x 向和 y 向分别显示激光束入射角的方位。对中时，由 0°～360°，每转 90°，计算机显示出机组的对中状态与对中需要的调整值。输入机器相对位置数据，转轴转动一周，根据计算机显示的对中量调整相应机脚下垫片厚度，进行机组的找正，操作简便易行。

"热对中"即在机器运行状态下进行对中的在线监测。激光热对中仪 LORAM（Laser Optic Running Alignment Monitor）的布置如图 4-31 所示。和激光冷对中仪不同的是它有两对 x 向和 y 向呈 90°安装的反射器和监测器，通过检测反射的激光光束的方位变化，来确定机组运行中的对中变化情况，以便校正在"冷对中"时的对中预留量。

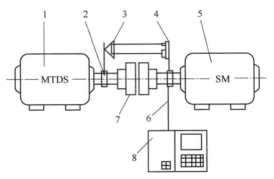

图 4-30　激光冷对中仪布置

1—需调整机器；2—快装夹具；3—激光反射器；4—激光发射/检测器；

5—固定机器；6—连接电缆；7—联轴器；8—计算机

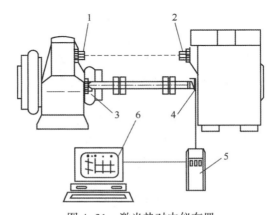

图 4-31　激光热对中仪布置

1—y 轴方向反射器；2—y 轴方向检测器；3—x 轴方向反射器；

4—x 轴方向检测器；5—PC 机接口模块；6—微型计算机

激光找正方法比前面介绍的两种方法优越性明显：首先，可以不需停机而进行在线对中监测，这是传统方法所无法实现的；其次，找正精度高，传统方法的对中误差一般为 0.01mm，而激光找正的误差可减小到 0.001mm；再次，激光找正速度快。因此，激光找正法得到了广泛应用。

4.3　离心式压缩机的检修

4.3.1　检修类别及内容

离心式压缩机检修规模分为大、中、小修或系统停车检修、故障抢修及临时停修，均可根据故障情况、检修内容及规模分别纳入大、中、小修计划。配置随机故障监测和诊断装备的机组，根据实际情况应逐步开展预测性检修。

1．小修检修内容

（1）检查和清洗油过滤器。

（2）消除油、水、气系统的管线、阀门、法兰的泄漏缺陷。

（3）消除运行中发生的故障缺陷。

2. 中修检修内容

（1）包括小修项目。

（2）检查、测量、修理或更换径向轴承和止推轴承，清扫轴承箱。

（3）检查、测量各轴颈的完好情况，必要时对轴颈表面进行修理。

（4）重新整定轴颈测振仪表，移动转子，测量轴向窜动间隙，检查止推轴承定位的正确性。

（5）检查止推盘表面粗糙度及测量端面跳动。

（6）检查联轴器齿面磨损、润滑油供给以及轴向窜动和螺栓、螺母的连接情况，进行无损探伤，复查机组中心改变情况，必要时予以调整。

（7）检查、调整各测振探头、轴位移探头及所有报警信号、联锁、安全阀及其他仪表装置。

（8）检查拧紧各部位紧固件、地脚螺栓、法兰螺栓及管接头等。

3. 大修检修内容

（1）包括全部中修项目。

（2）拆卸气缸，清洗检查转子密封、叶轮、隔板、缸体等零件腐蚀、磨损、冲刷、结垢等情况。

（3）检查、测定转子各部位的径向跳动和端面跳动，轴颈粗糙度和形位误差情况。

（4）宏观检查叶轮，转子进行无损探伤，根据运行和检验情况决定转子是做动平衡还是更换备件转子。

（5）检查、更换各级迷宫密封、浮环密封或机械密封或干气密封，重新调整间隙、转子总窜量、叶轮和扩压器对中数据等。

（6）检查清洗缸体封头螺栓及中分面螺栓，并做无损探伤。

（7）气缸、隔板无损探伤，气缸支座螺栓检查及导向销检查。

（8）检查压缩机进口过滤网和出口止逆阀。

（9）检查各弹簧支架，有重点地检查管道、管件、阀门等的冲刷情况，进行修理或更换。

（10）机组对中。

4.3.2 机组解体检修前的交接

机组检修人员进入检修现场前，应进行完相应技术培训和安全、技术交底，办理好作业许可证。进入检修现场后，应主动与设备方再次确认机组检修条件，确认内容包括：主机停止运转，现场工艺处理完成；工艺物料阀门关闭，主机已从生产系统切出；残余物料排放干净，主机内部及相连管线置换清扫完毕，压力表读数为零，温度降至常温；机组已经具备安全拆卸的条件。检修现场循环水、电源、仪表风、蒸汽等公用工程满足检修条件。落实作业许可证中提出的施工风险削减措施。

4.3.3 解体前的数据采集

机组解体前标记好联轴器螺栓位置，对联轴器螺栓、螺母配套标记，拆卸后不能互换，应配套使用，测量并记录联轴器中间接筒窜量和两轴端距离。复查机组对中情况并记录。当有不能判别的振动原因，则第一次检查是在机组主要管道拆除之前进行，第二次是在主要管道拆除之后进行。两次测量的中心变化在任一方向不得超过 0.05mm，否则应对连接管线进行检查。对中复查后，绘制出整机对中状况图，以确定机组各有关部位在机组检修后是否需要调整方位，如果需要调整，应在对中前进行。对妨碍检修的油、汽及仪表管线，拆卸前做好复位标记。应记录各限流孔板的位置。

4.3.4　附属设施的检修

机组停机后，当温度降到规定范围时方可联系相关人员拆除机组保温层。联系仪表人员拆除机组的振动探头、温度探头、位移探头和连线。拆去可能妨碍检修的各种附件、油气管线、护罩及一切易损件，并将所有开口用干净的塑料布捆扎好。拆卸下来的零部件要整齐地摆放到指定位置，并用塑料布盖好。

油箱及高位油箱应清扫干净，内设滤网、液位指示器等内件应拆装清洗或更换。油过滤器清洗干净，滤芯更换，换向阀无渗漏，油气分离器、脱气槽等内部清洗干净，加热盘管试压无泄漏，隔板无泄漏油，油却器和中间冷却器检修参照《管壳式换热器维护检修规程》（SHS 01009—2004），变速箱检修参照《变速机维护检修规程》（SHS 01028—2004），蓄能器应做皮囊泄漏试验，结果应符合制造厂的规定。安装轴位移探头时，应确保探头指示的轴向窜动量与百分表测量值相吻合。

油泵检修参照《螺杆泵维护检修规程》（SHS 01016—2004）或《齿轮泵维护检修规程》（SHS 01017—2004）。

4.3.5　联轴器的检修

联轴器护罩的一般损坏(如裂纹、变形等)都可以进行常规修理，但必须保证原有的刚性和强度及安装后的密封性能。严重破坏的应该更换。联轴器上所有的高应力零件——轮毂、隔套、螺栓、膜片(或隔膜)等，出现任何裂纹和较严重的腐蚀都不允许修复，必须更换。

拆卸联轴器前，应检查测量并记录半联轴节轴向位置；采用液压或加热法回装时应使半联轴节的轴向预补偿量(移动量)符合制造方的规定，然后才能拧固背帽。回装后应对半联轴节做端面和径向跳动测量，跳动值应符合制造方的规定，一般不大于 0.02mm。对于齿式联轴器，检查记录联轴器中间短套轴向窜量，其值应符合制造方的规定，一般不小于3.0mm，并将中间短套置于中间窜量位置，联轴器润滑喷嘴应干净畅通，并对准联轴器进油口；检查联轴节齿面啮合情况，其接触面积沿齿高不小于 50%，沿齿宽不小于 70%，齿面不得有严重点蚀、剥落、拉毛，内外齿圈间能自由滑动，不得有卡涩或过紧现象。对于膜片式联轴器，检查测量联轴器的预拉伸压缩量，其值应符合制造方的规定；检查膜片应无裂纹等缺陷。联轴器(紧配合)螺栓应完好无损，拆卸后应成对保存，回装前应做无损检测，并注意回装时应对号安装，如须更换应成对更换。联轴器找正按制造厂要求执行，并作好记录。对于由电机-变速箱-低压压缩机-增速箱-高压压缩机联成的机组，一般要求与低压压缩机联接的增速箱和变速箱对中偏差允许值为 0.03~0.04mm，而对于电机与变速箱和增速箱与高压压缩机的对中偏差允许值为 0.08~0.12mm。

4.3.6　机组主螺栓的拆卸与回装

施工前准备、装配好电加热棒、液压扳手或气动扳手，备好相应规格的套筒头。检查现场临时用电、用气应符合安全管理要求。查阅随机资料，确定螺栓预紧力。如机组无明确设计要求，螺栓预紧力可依据螺栓最大扭矩与压力、扭力确定。

拆卸螺栓前几小时，用煤油或螺栓松动剂浇到螺纹上，减少咬死程度。有特殊要求的大直径螺栓，螺母及特殊厚度的垫圈应按号配合，并作编号。螺栓拆卸应从中间向两边拆卸，紧固顺序则相反，避免最后剩下的螺栓产生较大的应力集中，造成拆卸与回装困难或螺栓、工具损坏。缸体螺栓一般按低压段、中压段、高压段的顺序拆卸，紧固顺序则相反，且每次对称把紧两个螺栓，并按具体规定的顺序把紧。螺栓螺母内外丝扣应完好，螺栓无局部缩颈、伸长，螺栓与螺母配合松紧适度。螺栓、螺母应进行无损探伤，确认无裂纹，必要时进行金相分析和机械性能试验。测定螺栓硬度值，当螺栓、螺母的硬度值比规定值降低10%时，应进行更换。

回装时，螺栓螺纹部分应涂高温防咬合剂(如二硫化钼)，紧固后螺栓顶端露出螺母顶部应不小于5mm。螺栓紧固分为冷紧和热紧，高压大直径的螺栓应热紧，加热温度不宜超过材料的回火温度；中、低压气缸螺栓大多采用冷紧(具体拆装顺序和所需紧固方法及紧力参照随机资料)；冷紧和热紧大盖螺栓等项工作应连续进行，不应中断。

4.3.7 机壳的拆解、吊装及回装

机组检修使用的起重设备需经试运行合格后，方可投入使用。起重设备要求由持有特种作业证人员专人操作。吊装索具、卡具使用前必须仔细检查，无缺陷，并符合相关规定的要求。拆卸下来的所有零、部件必须放置在木板支承的基础上，对于表面易于碰伤、擦伤的零、部件应放置在橡胶板上。起吊和放置时均应小心谨慎，不允许把多个零、部件堆放在一起。

缸体扣大盖应遵循的基本规则：缸内所有检查及检修项目全部完成；确认缸内无异物遗留，缸内零部件无误装和漏装；中分面密封涂料符合质量要求；应在试扣大盖后涂中分面涂料，扣大盖、冷紧和热紧大盖螺栓等项工作应连续进行，不应中断。

1. 水平剖分式上机盖的拆解、吊装及回装

在壳体的四角装入导向杆，起出定位销，用顶丝将上机盖顶起5mm，此时转子不应随之上抬，导杆不憋劲。当吊起高度达50mm时应检查气缸内部有无异常情况，待确认一切正常后方可继续起吊。在整个起吊过程中，要保持上机盖四角起吊高度一致，如有不平衡可用手拉葫芦找平衡。当上机盖脱离导杆后要防止其晃动。吊出上机盖，并翻盖。翻上机盖时，应沿气缸轴向翻转，一般使用双钩进行。

检查结合面有无裂纹、冲刷、损伤、漏气痕迹，检查缸体水平度，检查下部隔板的下沉情况并作好记录。按随机资料或标准中规定的水平面位置要求的测量位置，用水平仪测量气缸水平。必须在找好气缸水平后，方可扣盖。

回装前，质检人员要进行中间验收，确认壳体内部构件与转子安装正确，各部间隙尺寸、水平度跳动值检测准确，记录完整，数值符合标准要求。确认壳体内出入管中清洁、无异物。上机盖回装时，壳体中分面要清理干净，待上机盖落至距下壳体200mm处时，将配好的密封膏涂在下壳体中分面上，涂层厚度约为0.5mm；密封胶、固化剂不得过期变质，密封涂料应按规定比例配制，壳体紧固后，挤出物仍应为液体；如果部分硬化成橡皮状则必须返工，返工时，应减少密封膏中固化剂的含量或缩短拧紧螺母的时间。

2. 垂直剖分式主封头的拆解、吊装及回装

准备好临时吊点、内筒倒出架及特制工装。复装出口端轴承座，装出口端假瓦，以防轴

向拉动时平衡盘及迷宫密封磨损。取出入口端入口环上方的定位销和螺钉，拆下入口导流器。缓缓拉出内筒（必要时可加千斤顶，在特制工装配合下，初步顶活内筒）。此时内筒的前头用钢丝绳及手拉葫芦挂在吊车上（注意找水平），同时向前方移动。内筒的后方离筒体口剩100mm时用手拉葫芦挂上，并找好水平。当转子由迷宫密封支撑时，不得对转子施加作用力或盘动转子，以免损坏各级迷宫密封。

检查中分面金属密封条的损坏及腐蚀情况，检查转子与隔板之间各迷宫密封的间隙，检查主封头各部有无裂纹、冲蚀及磨损等缺陷。回装时放好金属密封条，待上壳体落至距下壳体150mm时，将密封胶均匀涂在下壳体中分面上，胶层涂抹宽度约为20mm，涂层厚度约为0.8mm。壳体下降至尚有10mm时，装上定位销钉，按顺序拧紧紧固螺钉。从密封面挤出的密封胶须是流体，如胶已成橡皮状则需返工。

3. 定子的检查与修理

1）隔板检修

隔板表面检查，板体应无变形、磨损、裂缝、划痕；回流器叶片应完好无损，无松动、卷曲、脱落、开焊；中分面应无冲蚀沟槽等缺陷，若有缺陷应进行研磨处理，冲蚀严重时应补焊后研平；所有流道应光滑无锈垢，否则表面应清洗干净。隔板回装应对号入座，上下隔板剖分面结合严密，中分面间隙在自由状态下应≤0.05mm，隔板与缸体轴向、径向配合不松动、不顶缸，隔板与回流器应进行着色探伤检查，隔板与其安装槽轴向间隙应为0.05～0.10mm，隔板与叶轮的轴向间隙应符合制造方的规定，各级隔板与轴承的同轴度允许值为0.10mm。

2）入口导流器、进出口挡板检修

清除积炭和污垢，使壁面、叶片光滑，外观检查这些部件是否有擦伤、裂纹和变形，如果有上述缺陷，采取必要的措施加以消除。检查、修理各级导流器的连接止口，使径向、轴向配合严密、垫片完好、螺栓紧固。清除导向键、定位销及安装止口处的锈垢，而后用布涂二硫化钼粉将其表面抛光。导流器等组件按标记复位，装到上、下壳体内，组件在上壳体中分面处的固定螺栓要全部拧紧，然后再回松1/4～1/2扣。

4. 转子的检查与检修

起吊转子必须使用专用的吊具和索具。吊、索具至少须经200%的吊装荷载试验合格。起吊转子时的绑扎位置，应选在起吊和就位时能保持转子水平，且不损伤转子的精加工表面和配合表面，绑扎位置不得位于轴颈。起吊或就位转子时不许在止推轴承中装入任何止推瓦块。起吊转子时应使转子在气缸中位于串量的中间位置，起吊或就位转子应缓慢平稳，避免碰伤转子。转子支架必须牢固可靠，当在轴颈位置支承时，以硬木上加软金属垫为宜，且不得盘动转子，否则应在其他部位支承。支承转子不得位于检修平台的垂直下方。运输转子应使用专用运输支架或转子包装箱进行运输。

1）转子外观检查

检查转子轴承轴颈、浮环密封轴颈和轴端联轴器工作表面等部位有无磨损、沟痕、拉毛、压痕等损伤。若表面拉毛轻微时，可采用金相砂纸拉研予以消除，其他损伤应根据实际情况制定方案，选择适当方法予以处理，轴上其他部位的表面粗糙度也应达到设计制造图的相应要求。

检查转子上密封工作表面处磨损沟痕的深度，应小于0.1mm。叶轮轮盘、轮盖的内外表面、叶片、轴衬套表面、平衡盘表面等，应无磨损、腐蚀、冲刷沟痕、变形等缺陷。

焊接叶轮要用着色法检查焊缝并补焊处理裂纹，检查并清除叶轮内外表面上的垢层，并注意观察是否为叶轮的腐蚀产物，对可能的腐蚀产物应进行分析，以确定腐蚀的来源和性质。

铆接叶轮的铆钉应无松动，处理断头或严重收缩的铆钉。用塞尺检查轮盖与叶片间的间隙，用 0.05mm 塞尺从外缘铆钉处塞入，要求在整个轮盖的径向方向、在轮盖宽度的外缘 1/2 范围，塞尺不得塞入。对铆钉应逐个检查，应不低于也不高出轮盖端平面，高、低出 0.05mm 者，即应认为是铆钉开始屈服松动。

检查转子上的所有螺纹，丝扣应完好、无变形，与螺母的配合松紧适当。检查转子与各迷宫密封有无磨痕并测量迷宫密封间隙。

2）转子尺寸检查

检查轴承轴颈、油膜密封轴颈、止推盘轴颈等的圆度和圆柱度，其误差均应在 0.01mm 以内，且轴颈尺寸无明显磨损减少。检查转子上密封部位、轴颈部位、平衡盘外圆、轴端联轴器工作部位等处的径向跳动，叶轮、止推盘和止推轴肩等处的端面跳动，并记录全部最大跳动值及其方位，与过去的记录比较，若发生明显变化时，应找出原因，并视情况予以处理。

检查并记录铆接叶轮的出口宽度有无变化(排除腐蚀因素)，半开式叶轮的形线有无变化。检查叶轮外圆、口环、轴套、平衡盘外圆等尺寸有无明显变化。检查止推盘厚度偏差、平行度、粗糙度应符合标准值，整体止推盘表面在经磨削修复后，累计磨削厚度不得超过额定值。

检查转子的轴向窜量以及叶轮与扩压器的重叠数据。轴颈条痕划伤面积低于总滑动面积 5%时，允许经研修后继续使用，修后外径应不小于磨损极限。检测转子直线度偏差，应不超过 0.02mm；轴颈光滑，无麻点、沟槽等缺陷，表面粗糙度应达 $R_a0.2$。轴颈外径磨损在 2.25‰以内可继续使用，但必要时必须重新配制轴瓦。

对于新转子还应进行以下尺寸检查：检查并记录止推盘工作面至第一级叶轮进口口环处的距离、全部叶轮的轴向间距、各级叶轮的工作叶片数、叶片进出口边的厚度。无键联轴器应检查并记录转子轴端联轴器工作锥面的锥度、空装联轴器轮毂时的推入距离、轴端螺纹尺寸、O 形环槽尺寸。检查并记录转子总长度、两径向轴颈的跨距、整体式止推盘的厚度。

5. 转子无损探伤检查

整个转子用着色渗透探伤检查，重点检查键槽、螺纹表面、螺纹根部及其过渡处、形状突变部位、过渡圆角部位、焊接叶轮的焊缝、铆接叶轮的铆钉部位以及动平衡打磨部位等。对有怀疑的部位(铁磁性材料)应采用磁粉探伤做进一步检查。用着色渗透探伤检查铆接叶轮时，应注意观察并记录铆钉松动的发展情况，同时用塞尺检查轮盖与叶片间的间隙，以便作出判断。根据检查所获的具体情况，对铆钉部位进行磁粉探伤，检查其有无裂纹。对新更换叶轮，应检查叶轮材料及其焊缝和热影响区硬度及屈服强度，且在长期运行中硬度不应升高。

主轴轴颈、轴端联轴器工作表面按规定周期用超声波探伤检查有无缺陷，新转子应有合格的探伤报告。对轴上各螺纹表面和螺纹根部及过渡部位、叶轮平衡孔、轴颈突变部位等，按规定周期用磁粉探伤检查。对于运行中振动的相位和幅值曾发生过无规律变化的转子，若无其他明确原因，应考虑对整个轴段进行磁粉探伤检查。

6. 转子动平衡

当发生下列情况之一者，应考虑对转子进行平衡检查：运行中振动幅值增大，特别是在频谱分析中发现基频分量较大者；运行中振动幅值增大，而振动原因不明，或振幅随转速不断增大者；转子轴发生弯曲，叶轮端面跳动和主轴径向跳动增大，特别是当各部位跳动的方向和幅值发生较大变化者；叶轮沿圆周方向发生不均匀磨损和腐蚀，材料局部脱落者；通过临界转速时的振幅明显增大，且无其他可解释原因者；对转子进行修复或更换零件后。

转子既可通过低速动平衡，也可通过高速动平衡使其达到质量平衡。但对经低速动平衡后在工作转速下振动仍较大的转子，或更换了叶轮和平衡盘等主要转动元件的转子，或最大跳动方向不在同一轴向截面同一方向上的转子，都应考虑进行高速动平衡。

动平衡去重位置、打磨深度和表面粗糙度应符合制造厂设计要求。叶轮应在叶轮的凸台上去重打磨，打磨深度不得低于台阶高度，动平衡去重表面均应光洁且平滑过渡，并用金相砂纸适当抛光。打磨时注意控制打磨进给量和砂轮转速，不得使材料过热。

联轴器等可拆的旋转元件(当更换这些部件时)应事先进行单独平衡。只有当这些元件都证明平衡时，才能组装进行整体平衡。进行整体平衡时，不得在已经经过平衡的部件上校正，平衡后可拆卸旋转部件与轴之间应有装配对位标志。

低速动平衡的转速可按动平衡厂家和动平衡机的条件决定，但必须使动平衡精度达到设计要求，高速动平衡应保证在正常工作转速下，转子在动平衡机支架上的振动烈度不超过允许值，且在直到最大连续转速的范围内无任何振幅和相位飘忽不定的现象。

7. 其他检查

转子轴颈处测振部位机械和电气跳动值应不超过 $6\mu m$。可将转子支承在缸体或放在车床上，用百分表和仪表探头在同一部位分别测量。当总的机械电气跳动较大而又不能消除时，应在整定振动报警值时计入其影响，并作好记录。

将转子放在下隔板组件上，检查各级叶轮出口与隔板流道对中情况并作好记录。对中允差应控制在 0.5mm 以内。如因制造误差无法同时满足各级流道对中要求时，应优先保证高压级流道对中。此时的位置即为转子在气缸中的定心位置，也即在冷态时，止推盘靠在主止推瓦面上时转子在气缸中的位置。

保持转子和下隔板组件流道对中的相对位置不动，轻轻地将上隔板组件扣合。先用百分表测量转子由此位置向入口端串动到极限位置的数值 b，再测量由此极限位置向出口端串动转子到极限位置的数值 S。S 即为转子总串量的参考值；b 为转子定心数值，即前半串量。

8. 密封的检查与修理

1) 干气密封的检修

干气密封的拆装必须使用专用工具。干气密封原则上应离线检修，成套更换，干气密封的备件应妥善保管。解体干气密封零部件并严格按照随机资料进行检查和修理。拆下的 O 形环必须全部更换。

2) 浮环密封的检修

浮环巴氏合金衬层不得有脱壳、裂纹、剥落和烧灼等缺陷。当浮环内孔上的划痕宽度小于 0.5mm、深度在旋转方向小于 0.2mm、轴向方向小于 0.1mm、条数少于 2 条时，经研修可以继续使用。检查、更换受到损伤或间隙超标的密封环。浮环内圆圆柱度不得超过 0.01mm，并不得有划痕、刻痕等缺陷。浮环及浮环壳的端面粗糙度不大于 $R_a1.6$，否则应进行研磨。更换全部 O 形密封圈，消除箱体上的毛刺，抛光密封轴颈上的划痕，使表面粗糙度达到规定要求。任何裂纹或其他严重损坏的零件必须更换。内孔及内部迷宫密封直径间隙参照制造厂家数据。浮环密封间隙部位及其间隙值应符合随机资料的规定。

3）迷宫密封的检修

检修时，应将气封从隔板或气封套上全部拆下，拆卸时做好相应标记，锈死的卡住的气封应用软质工具敲击取出。气封拆装前后，要测量气封的径向间隙，气封间隙要符合制造厂的规定。常用的径向间隙测量方法有压胶布法、塞尺测量法和假轴法等，实际检修中应根据设备的具体情况来灵活选用合适的测量方法。如气封间隙超差，可用捻打或修刮其背部凸肩的方法进行修理或更换。修刮有磨痕的气封片，保持内孔工作面尖锐，更换已损坏的以及与转子配合间隙超限的迷宫密封。迷宫密封的梳齿必须完好，应无倒伏、扭曲、断条、缺口、松动或裂纹等缺陷。轴和梳齿上的划痕和毛刺可用细挫和细砂纸修理平整。对有裂纹和严重腐蚀的梳齿件和连接螺钉，均应更换。安装后的迷宫密封，要求两侧间隙相同，顶间隙为总间隙的 $50\% \sim 60\%$。迷宫密封间隙的允许极限值为设计值上限的 $1.3 \sim 1.5$ 倍。

4.3.8　轴承及轴承座的检查与修理

1. 径向轴承

1）拆卸

首先拆去仪表探头、接线、润滑油接管等附属设施，拆卸轴承盖中分面螺栓和定位销，用顶丝轻轻顶起轴承盖，然后垂直吊开轴承盖，测量轴承油封间隙，测量径向轴承预紧力。拆开轴承体中分面螺栓，拆去径向轴承上半部，检查并记录轴承原始间隙。用抬轴专用工具轻轻将轴抬起，抬起高度以下半轴承体能刚好绕轴转动为限，且不得超过 0.15mm，将下轴承体绕轴翻转至轴颈上部移出。移出下轴承体时，转子两端不允许同时抬起。带仪表探头的轴瓦在翻转中不得损伤仪表导线。记录上、下轴承体及每个瓦块的位置和方向，松开并拆去瓦块背部定位螺钉，依次取出各瓦块，拆下径向轴承前后油封。

2）检查

瓦块合金层应无裂纹、掉块、脱胎、烧灼、碾压、磨损及拉毛、硬点等类缺陷；合金层表面不允许存在沿轴向的划痕和沟槽，沿周向的划痕和沟槽深度应不超过 0.1mm；表面无偏磨，接触印痕沿轴向均匀。瓦块经声音辨别法或着色或浸煤油检查，合金层应贴合良好。组装后水平剖分面的自由间隙（瓦口间隙）不应大于 0.05mm，定位销结合紧密，把紧中分面螺栓后瓦口应无间隙，不错口，可用 0.02mm 的塞尺检查中分面，不能通过即为无间隙。

轴承衬背与轴承座孔接触质量用着色法检查不应小于 75%，油孔应对正，孔四周接触连续，轴承衬背与轴承座孔应为过盈配合，过盈量一般为 $0 \sim 0.05$mm 或遵照机组技术要求。轴瓦与轴颈接触情况：对于圆瓦，接触角度不应小于 60°，下瓦接触面应达到全长的 75% 以上并均匀接触，轴承两侧间隙应为楔形，此时顶间隙约为 $(1.5 \sim 2)d‰$（d 为轴颈直径），侧间隙应为顶间隙的 $1/2 \sim 2/3$；对于椭圆瓦，接触角为 60° $\sim$ 90°，下瓦接触面应达到全长的 75% 以上并均匀接触，一般情况下顶间隙约为 $(1 \sim 1.5)d‰$，侧间隙约为 $(1 \sim 3)d‰$；对于可倾瓦，接触印痕应在弧形中部 1/3 弧长部分接触，沿瓦长方向接触面积应大于 75%，一般情况可倾瓦顶间隙约为 $(1 \sim 1.5)d‰$，侧间隙约为顶间隙的 1/2。轴承两侧油封无磨损，中分面结合紧密，不顶轴承中分面，间隙符合技术要求。防转销应固定牢固。瓦块背部承力面光滑，与瓦壳的接触印痕沿轴向均匀并保持线接触，绕枢轴摇摆的瓦块，受力面接触均匀，与枢轴销配合不松动，瓦背无烧灼压痕和重载痕迹。瓦块进油边缘过渡圆滑，适宜于润滑油流进入油楔。同组瓦块厚度应均匀，相互厚度差用假轴或轴颈测量，不大于0.01mm。瓦块背部销孔及相应的销钉应无磨损或偏磨，定位销在销钉孔中的直径间隙不小于2.0mm，组装后，销钉与销孔的顶部间隙不小于1.5mm。瓦块在瓦壳内摇摆灵活，不顶瓦块。

带温度或振动探头的瓦块，其探头与瓦块连接可靠不松动，引线绝缘保护层良好；组装后，探头及引线不防碍瓦块在瓦壳内灵活摆动，也不影响整个轴承组装；重新更换探头的瓦块必须经过仪表试验，校核其灵敏性和准确度。瓦背接触线通过瓦块背面几何中心，接触线两侧形状对称，绕接触线摇摆时，瓦壳表面任一部位不应低于两侧油封（转子装入的情况下）。当轴压在下半支承瓦上时，瓦块应受载均匀。

3）轴承顶间隙的测量方法

（1）假轴法　将轴承组合在假轴上，拧紧中分面螺栓，用0.02mm的塞尺检查中分面无间隙。假轴与轴承的实际工作轴颈的直径相差在0.05mm以内，假轴的中心线与轴承支承面的垂直度小于0.02mm；把百分表固定在假轴上，使百分表的表杆尽量垂直于轴承工作面；推动径向轴承，记录百分表读数，计算假轴间隙值。计算实际间隙时要考虑假轴和转子轴颈的差值，进行间隙值转换。

（2）抬瓦法　轴承、转子轴颈经检查符合技术要求，转子稳固支撑在支架上，将轴承组合在轴颈上，拧紧中分面螺栓，用0.02mm的塞尺检查中分面无间隙。把百分表固定在轴上，将轴承转动到工作时的方向和位置，使百分表的表杆尽量垂直于轴承工作面；沿表杆方向推动径向轴承，记录百分表读数，计算假轴间隙值。

（3）抬轴法　使用双表法时，将两块百分表分别固定在机体上，两块百分表的表杆分别指到主轴正上方和轴承壳体顶部，百分表指针调零，使用抬轴工具缓慢平稳地将主轴抬起，当两块百分表指针同时转动时，立刻停止抬轴，记录两块百分表读数，计算读数差值即为轴承间隙。

使用单表法时，将一块百分表固定在主轴上，表杆指到轴承壳体顶部，表针调零，使用抬轴工具缓慢平稳地将主轴抬起，仔细观察百分表，当指针停止转动时立刻停止抬轴，此时百分表的读数即为轴承间隙。

（4）压铅丝法　仔细清洗轴承和轴颈，安装下半轴承，在轴颈顶部沿轴向垂直于轴线放置三根铅丝，铅丝放置距离应接近轴瓦长度，在轴承壳体中分面沿轴向平行于轴线放置同等规格铅丝，用凡士林油黏住铅丝。所采用的铅丝直径为所测轴承标准间隙值的1.5~2倍，最粗不超过标准间隙值的三倍（见图4-32）。

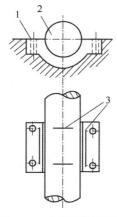

安装并把紧上半部轴承，勿使铅丝滑脱。安装并把紧轴承盖，轴承壳体中分面和轴承座中分面间隙均匀且不错口。拆去轴承盖和上半轴承。取下铅丝并用千分尺测量每根铅丝最薄处厚度，计算轴颈处三根铅丝的厚度平均值及轴承壳体中分面两根铅丝的厚度平均值，两处平均值的差值记录为 S，则实际的轴承间隙 C，对五块瓦结构 $C=1.1S$，对四块瓦结构 $C=1.17S$。

4）轴承侧间隙的测量方法

轴承侧间隙用塞尺检查，测量时，将轴承上半部拆下，塞尺沿轴颈圆弧塞入，塞尺塞入深度应在15~20mm，侧间隙在瓦长方向应是一致的。

图4-32　压铅丝法测量
轴承间隙
1—轴承；2—轴；3—铅丝

5）轴承壳体检查

壳体中分面密合，定位销配合紧密，把紧中分面螺栓后，瓦壳中分面不错口。轴承壳体两侧油封无磨损，间隙不超差。油封上下中分接合面密合，且不顶瓦壳，浮动式油封浮动灵活，端面不错口。用红丹检查壳体在下半轴承座内接触情况，应接触良好。左右两侧与轴承座中分面齐平，两侧间隙前后左右均匀，且不大于0.05mm。壳体防转销不高出轴承座中分面。把紧中分面螺栓后，壳体中分面、轴承座中分面密合无间隙。轴承壳体背部紧力符合制造厂设计要求。壳体进油和回油孔不堵塞且与相应的轴承座油孔对正，测振探头孔、温度测量孔等均能对正。壳体进油孔限流螺钉不松动、固定可靠，孔径符合设计要求。

6）轴承壳体背部紧力检查

使用压铅丝法时，可在壳体背部和轴承座中分面分别放置铅丝，把紧中分面螺栓，中分面间隙均匀且不错口，拆卸后分别测量两处铅丝压后的厚度平均值，计算两处厚度平均值的差值，即为瓦背配合的紧力值。也可以直接测量轴承壳体外径和轴承座内孔径，两径之差即为瓦背过盈或间隙。

7）注意事项

测量间隙时必须保证轴承、轴颈、材料洁净，量具经过检验合格。轴承未从转子拆卸下来时测量间隙，一定要将轴承箱下半部的润滑油回油孔、仪表引线孔等进行可靠的封堵，以免体积较小的工具、零部件、材料等落入。可倾瓦块一般不推荐刮瓦，但为使整个轴承接触良好，可在间隙不超差并达到巴氏合金表面技术要求的前提下适当少量修刮。瓦块连同瓦壳一起更换时，应用红丹检查新装的下瓦壳与下轴承座的接触情况，新瓦壳在轴承座瓦窝内不得松动，两侧间隙不大于0.03mm，防转销不高出轴承座中分面。瓦块的位置和方向不得调换。更换单个瓦块时应确保与同组瓦块厚度不超差。

2. 止推轴承

1）拆卸程序

首先应拆卸仪表接线、润滑油接管等。拆开联轴器，测量轴承止推间隙后拆去轴承座上盖以及止推轴承壳体上盖。然后拆去非工作侧止推轴承和垫片，并作好每个瓦块的位置记号。拆卸时，注意不要损伤瓦块的仪表接线。最后拆去全部上盖，拆去工作侧止推轴承和止推轴承前后油封，测量转子总窜量。

液压拆装止推盘时应按专用工具的使用规则进行，并记录拆卸时的最大胀开油压。加热拆装止推盘时，应用小火嘴自外向内均匀加热，加热温度不得超过设计值。

2）检修技术要求

（1）止推瓦块　止推瓦块的巴氏合金层应无脱胎、磨损、裂纹、烧灼、碾压、拉毛和冲蚀等缺陷。瓦块经着色或浸煤油检查，巴氏合金与基体金属结合良好。止推瓦块表面不允许存在沿径向的沟槽或划痕，周向沟槽或划痕的深度应不超过0.1mm，且瓦块无偏磨。用红丹检查各单独瓦块的巴氏合金表面与止推盘表面的接触情况，接触面积应不低于80%，同组瓦块厚度偏差应不超过0.01mm。瓦块背部承力面光滑，无烧灼、胶合和压痕等重载痕迹。瓦块进油侧巴氏合金呈圆滑过渡，以利进油和形成油膜。瓦块定位螺钉在瓦块销孔内有1.5mm以上的顶间隙，不顶瓦块，不偏磨销孔。对带仪表接线的止推瓦块，应检查仪表接线在瓦块内固定的牢固情况，仪表接线应不影响瓦块灵活摇摆，绝缘和测量精度符合仪表规范。

（2）基环和均压块　均压块承力面光滑，无磨损、烧灼、压痕等重载痕迹，在基环内摆动灵活自如，不卡涩。止动销长度适宜，固定牢固，与均压块销孔有足够间隙，不顶均压块，不偏磨销孔。均压块间相互工作面接触线无压痕，表面光滑，相互间摇摆灵活。基环无瓢曲变形，两半基环结合面平整不错口，与均压块接触处无压痕，基环背面与止推轴承壳体端面承压均匀。间隔销在基环上不松动，间隔销中心线对正基环中心，不左右偏转。定位螺钉孔的螺纹完好，定位螺钉与螺孔配合松紧适度。

（3）止推盘　止推盘表面光洁平整，表面粗糙度应达 $R_a 0.2$，不允许存在径向沟痕，周向沟槽深度应不超过 0.05mm。由键连接的止推盘，键与键槽无挤压痕迹，键槽经探伤检查无裂纹，止推盘与轴肩和锁紧螺母端面接触均匀，键在止推盘键槽内配合适当，侧间隙、顶间隙及止推盘与轴之间的配合符合设计要求，组装后的止推盘端面全跳动小于 0.01mm。采用液压拆装止推盘结构时，应检查止推盘内孔与定距锥套表面的接触情况，检查锥套端面与轴肩的接触情况，接触面积均不得少于 80%，各表面无毛刺、划痕、损伤，锥套内孔与轴的配合尺寸不超差。止推盘厚度沿圆周偏差不超过 0.01mm。

（4）油封　前后油封无磨损、划痕和轴向沟槽，上紧油封中分面螺钉后，油封在油封槽内绕轴转动灵活，中分面无错口和间隙。扣上半轴承盖后，油封浮动灵活。油封与轴的径向间隙符合技术要求。

（5）非工作侧平板式止推轴承　轴承板光滑、平整、不瓢曲，厚度差小于 0.01mm，轴承外径小于壳体内径 1.0mm，巴氏合金贴合良好，无脱胎、裂纹、磨损、烧灼、压痕等缺陷。

（6）注意事项　止推轴承间隙应采用非工作侧调整垫片进行调整，使用的垫片数不超过 1 片。止推轴承间隙应在转子轴向位置确定并扣缸后进行调整。测量止推轴承间隙应扣上轴承座上盖，并上紧中分面螺栓和销子后测量，米切尔型止推轴承的轴向间隙用端盖垫片厚度调整。止推轴承瓦块间的相互位置在拆装中应作好相互对位标志，不能调换。止推盘端面跳动不超差，轴承座中分面不错口。轴位移探头的零位应与设计的零位相一致，表头指示的位移量应与千分表指示的转子轴位移浮动量相吻合。

3）轴承箱检查

各配合面无损伤，水平剖分面应严密，自由间隙不大于 0.05mm。回装时轴承箱内无杂质；油路气孔无杂质堵塞，密封良好；法兰连接面不损伤，试镜清晰；轴承箱内表面涂层无起皮。机组运行时若轴承箱有渗漏，检查时应灌煤油试漏，灌煤油高度不低于回油孔上沿，经 24h 试验无渗漏则合格。轴承箱各连接螺栓数量齐全，完好无损。

4）转子轴向位置的确定

离心式压缩机正常运转时，工作面推力轴承的位置决定了转子轴向位置。检修时，可以增减工作面推力轴承背面的垫片来移动推力轴承，这样转子也随之改变其轴向位置。确定转子轴向位置时要求每级叶轮出口和扩压器进口对中，以避免在这些部位发生气流冲击。特别是压缩重气体的离心式压缩机，这一要求尤为重要。因此，有些制造厂在图样上规定了所允许的偏差。但是，在实际检修中发现，要实现这些要求，不仅很麻烦，有时甚至无法达到。特别是更换了转子、气封或其他零件之后。在这种情况下，可根据下面两条原则来确定转子轴向位置：

（1）有开式叶轮的转子，转子的轴向位置应能保证开式叶轮进气侧的轴向间隙。

（2）全部为闭式叶轮的转子，转子的轴向位置应能保证最末级叶轮出口和扩压器流道对中。

然后，还要再复查其他级叶轮和扩压器的对中情况，差别太大时应找出原因，进行调整。确定转子的轴向位置之后，转子以这个位置为中心，在未装推力轴承的情况下，向两端的窜动量应符合下述要求：

（1）向工作面推力轴承侧的窜动量，不能小于规定的轴位移报警值加 0.5mm。

（2）向非工作面推力轴承侧的窜动量，不能小于轴位移报警值与推力轴承间隙之和加 0.5mm。

上述两项窜动量之和，即为转子在气缸内的总轴向窜动量，一般在 3mm 以上。由于转子的轴向位置是由工作面推力轴承的位置确定的，因此，为了固定转子的轴向位置，需要确定工作面推力轴承背面垫片的厚度。这一工作，在检修现场可以这样进行：

先记录下转子从确定的轴向位置向非工作面和工作面推力轴承两侧的轴向窜动量。譬如，向工作面侧窜动量为 S_1，向非工作面侧的窜动量为 S_2。然后，把工作面推力轴承装入并在其背面垫上一块任意厚度的垫片。使推力盘和工作时推力轴承接触，然后从这个位置把转子向非工作面推力轴承侧拨动到极限位置，并记下其窜动量，譬如为 S_3，则 $S_2 - S_3 = \pm S_4$。S_4 为正时，表示工作面推力轴承背面的垫片应减薄 S_4；S_4 为负时，工作面推力轴背面的垫片应加厚 S_4。

5）回装的基本要求

机组的附属系统应具备回装条件，转子、轴承、联轴器、隔板、气封、密封和内、外缸体按质量标准和技术要求已经清洗和检查并消除缺陷，新更换的备品及备件按质量标准进行全面检查，并经试装符合组装技术要求，机组本体的各部件预装完毕，装配质量符合技术要求，调整项目已经完成并作好记录，所有部件和进、出口接管以及缸体疏水管线等均已检查和吹扫，打开封口并确认无异物掉入。

4.4 离心式压缩机的维护与故障处理

4.4.1 机组运行维护

机组在日常维护中应严格遵守操作规程，按规定的程序开停车，严格遵守维护规程，使用维护好机组。

认真检查机组的运行参数，按时填写运行记录。检查项目包括：进、出口工艺气体的参数（温度、压力和流量以及气体的成分组成和湿度等）；机组的振动值、轴位移和轴向推力；油系统的温度、压力、轴承温度、冷却水温度、储油箱油位、油冷却器和过滤器的前后压差；冷凝水的排放、循环水的供应以及系统的泄漏情况。

机组在正常运行中，要不断监测运行工况的变化，经常与前后工艺岗位人员联系，注意工艺参数和负荷的变化，根据需要缓慢地调整负荷，变转速机组应"升压先升速"、"降速先降压"，防止机组发生喘振。

机组运行中，尽量避免带负荷紧急停机，只有发生运行规程规定情况，才能紧急停机。

4.4.2 机组停车维护

转子完全静止后必须立即投入盘车装置进行盘车。电动液压盘车 8h 后改为手动盘车，每半小时盘动转子 90°，停车 16~24h，期间每 4h 盘车一次，以后可以根据机组故障和预定开车时间每班盘车一次。停车后如果不能进行电动或手动盘车时，机组在停机后 6h 内禁止启动。停机后油系统应正常运行，以满足冷却轴颈和盘车装置运行的需要。盘车装置停运后，一般在蒸汽室温度降到 100℃ 或轴承进出油温相等时再停运油系统。停机后应关闭相关阀门，防止窜漏。停机时间在一周以上时，应每周进行油系统循环一次并同时盘动转子540°。长时间停运的机组应进一步考虑采取防腐保护措施，寒冷地区还要考虑采取必要的防冻措施。

4.4.3 机组的开停车

1. 机组运行前的准备与检查

（1）驱动机及齿轮变速器应进行单独试车和串联试车，并经验收合格，达到完好备用状态。装好驱动机、齿轮变速器和压缩机之间的联轴器，并复测转子之间的对中，使之完全符合要求。

（2）机组油系统清洗调整已合格，油质化验符合要求，储油量适中。检查主油箱、油过滤器、油冷却器，油箱油位不足则应加油。检查主油泵和辅助油泵，确认工作正常，转向正确。

（3）压缩机各入口滤网应干净，无损坏，入口过滤器滤件已更换，过滤器合格。

（4）压缩机缸体及管道排液阀门已打开，排尽冷凝液后关小，待充气后关闭。

（5）压缩机各段中间冷却器引水建立冷却水循环，排尽空气并投入运行。

（6）工艺管道系统应完好，盲板已全部拆除并已复位。

（7）将工艺气体管道上的阀门按启动要求调到一定的位置，一般压缩机的进出口阀门应关闭，防喘振用的回流阀或放空阀应全开，各类阀门的开关应灵活准确，无卡涩。

（8）确认压缩机管道及附属设备上的安全阀和防爆片已装放齐全并符合要求。

（9）压缩机及其附属机械上的仪表安装齐全，量程、温度、压力及精度等级均符合要求。

（10）机组所有联锁已进行试验调整，各整定值符合要求。

（11）根据分析确认压缩机出入阀门前后工艺系统内的气体成分已符合设计要求。

（12）检查机组转子能否顺利转动，不得有摩擦和卡涩现象。

2. 机组的开停车

（1）电动机与齿轮变速器(或压缩机)脱开，由电气人员负责进行检查与单体试运。

（2）电动机与齿轮变速器的串联试运，各项指标均应符合要求。

（3）工艺气体进行置换，如需要可用氮气置换空气，再用工艺气体置换氮气。

（4）机组启动前必须进行盘车，确认无异常现象之后，才能开车。

（5）压缩机的无负荷运转，待机组无异常现象后，才允许逐渐增加负荷。

（6）压缩机的加负荷应按制造厂所规定的曲线进行，从加负荷开始，每隔 30min 应做一次检查并记录，并对运行中发生的问题及可疑处进行检查处理。

（7）正常运行中接到停机通知后，联系上下工序，做好准备，首先打开放空阀或回流阀，少开防喘振阀，关闭工艺管路闸阀，与工艺系统脱开，压缩机进行自循环。电动机停车后启动盘车器并进行气体置换，运行几小时后再停密封油和润滑系统。

3. 压缩机防喘振试验

为了安全起见，在压缩机并入工艺管网之前，对防喘振自动装置应当进行试验，检查其动作是否可靠，尤其是第一次启动时必须进行这种试验。

4. 运行中例行检查

压缩机组在正常速度下运行时，一般要做如下检查：

（1）油箱油位（包括主油箱油位、停车油箱油位、密封油高位油箱油位、密封油自动排油捕集器油位及密封油回收装置中净油缸和脱气缸的油位）。

（2）油温（包括主油箱油温、油冷却器进出口油温、轴承回油温度或轴承温度、压缩机外侧密封油排油温度及密封油回收装置中脱气缸、净油缸中油温）。

（3）油压（包括油泵出口油压、过滤器的油压力降、润滑油总管油压、轴承油压、密封油总管油压、密封油和参考气之间的压差以及加压管线上的氮气压力）。

（4）回油管内的油流情况（定期从主油箱、密封油回收装置中脱气缸和净油缸中取样进行分析）。

（5）压缩机的轴向推力、转子的轴向位移值和机组的振动水平。

（6）压缩机各段进口和出口气体的温度和压力以及冷却器进出口水温。

4.4.4 故障处理

离心式压缩机的性能受吸入压力、吸入温度、吸入流量、进气相对分子质量组成、原动机的转速和控制特性的影响。一般多种原因相互影响发生故障或事故的情况最为常见，现将常见故障可能的原因和处理措施列于表4-3～表4-30。

1. 压缩机性能达不到要求

表4-3 压缩机性能故障处理

可能的原因	处 理 措 施
设计错误	审查原始设计，检查技术参数是否符合要求，发现问题应与卖方和制造厂家交涉、采取补救措施
制造错误	检查原设计及制造工艺要求，检查材质及其加工精度，发现问题及时与卖方和制造厂家交涉
气体性能差异	检查气体的各种性能参数，如与原设计的气体性能差异太大，必然影响压缩机的性能指标
运行条件变化	查明变化原因
沉积夹杂物	检查在气体流道和叶轮及气缸内有无沉积物，如有则清除
间隙过大	检查各部间隙，不符合要求的进行调整

2. 压缩机流量和排出压力不足

表4-4 压缩机流量和排出压力故障处理

可能的原因	处 理 措 施
通流量有问题	将排气压力与流量同压缩机特性曲线相比较、研究，看是否符合，以便发现问题
压缩机反转	检查旋转方向，应与压缩机壳体上的箭头标志方向相一致
吸气压力低	与说明书对照，查明原因
相对分子质量不符	检查实际气体的相对分子质量和化学成分的组成，与说明书的规定数值对照，如果实际相对分子质量比规定值小，则排气压力就不足
运行转速低	检查运行转速，与说明书对照，如转速低，应提升原动机转速
自排气侧向吸气侧的循环量增大	检查循环气量，检查外部配管，检查循环气阀开度，循环量太大时应调整
压力计或流量计故障	检查各计量仪表，发现问题应进行调校、管理或更换

3. 压缩机启动时流量、压力为零

表 4-5　压缩机启动时流量、压力为零故障处理

可能的原因	处　理　措　施
转动系统有毛病，如叶轮键、连接轴等装错或未装	拆开检查，并修复有关部件
吸气阀和排气阀关闭	检查阀门，并正确打开到适当位置

4. 排出压力波动

表 4-6　排出压力波动故障处理

可能的原因	处　理　措　施
流量过小	增大流量，必要时在排出管安上旁通管补充流量
流量调节阀有故障	检查流量调节阀

5. 流量降低

表 4-7　流量降低故障处理

可能的原因	处　理　措　施
进口导叶位置不当	检查进口导叶及其定位器是否正常，特别是检查进口导叶的实际位置是否与指示器读数一致，如不一致，应重新调整进口导叶和定位器
压缩机喘振	检查压缩机是否喘振，流量是否足以使压缩机脱离喘振区，特别是要使每级进口温度都正常
密封间隙过大	按规定调整密封间隙或更换密封
防喘振阀及放空阀不正常	检查防喘振的传感器及放空阀是否正常
进口过滤器堵塞	检查清理

6. 气体温度高

表 4-8　气体温度高故障处理

可能的原因	处　理　措　施
冷却水量不足	检查冷却水流量、压力和温度是否正常，重新调整水压、水温，加大冷却水泵流量
冷却器冷却性能下降	检查冷却水量，要使冷却器管中的水流速小于 2m/s
冷却管表面积垢	检查冷却器温差，看冷却管是否由于结垢而使冷却效果下降，清洗冷却器芯
冷却管破裂或管子与管板间的配合松动	堵塞已损坏管子的两端或用胀管器将松动的管端胀紧
冷却水侧通道积有气泡	打开放气阀排除气泡
运行点过分偏离设计点	适当调整运行工况

7. 压缩机的异常振动和异常噪声

表 4-9　压缩机的异常振动和异常噪声故障处理

可能的原因	处　理　措　施
机组找正精度被破坏，不对中	检查机组振动情况，轴向振幅大，振动频率与转速相同，有时为其 2 倍、3 倍……。卸下联轴器，使原动机单独转动，如果原动机无异常振动，则可能为不对中，应重新找正

可能的原因	处 理 措 施
转子不平衡	检查振动情况，若径向振幅大，振动频率为 n，振幅及不平衡量与 n^2 成正比，此时就要检查转子，看是否有污垢或破损，必要时转子重新动平衡
转子叶轮的摩擦与损坏	检查转子叶轮，看有无摩擦和损坏，必要时进行修复与更换
主轴弯曲	检查主轴是否弯曲，必要时进行校直轴
联轴器的故障或不平衡	检查联轴器并拆下，检查动平衡情况，并加以修复
轴承不正常	检查轴承径向间隙，并进行调整，检查轴承盖与轴承瓦背之间过盈量，如过小则应加大；若轴承合金损坏，则换瓦
密封不良	密封片摩擦，振动图线不规律，启动或停机时能听到金属摩擦声，应修复或更换密封环
齿轮增速器齿轮啮合不良	检查齿轮增速器齿轮啮合情况，若振动较小，但振动频率高，是齿数的倍数，噪声有节奏的变化，则应重新校正啮合齿轮之间的平行度
地脚螺栓松动，地基不坚固	修补地基，把紧地脚螺栓
油压、油温不正常	检查各油系统的油压、油温和工作情况，发现异常进行调整；若油温低则加热润滑油
油中有污垢，不清洁，使轴承发生磨损	检查油质，加强过滤，定期换油；检查轴承，必要时给予更换
机内侵入或附着夹杂物	检查转子和气缸气流通道，清除杂物
机内浸入凝水	检查压缩机内部，清除净凝水
压缩机喘振	检查压缩机运行时是否远离喘振点，防喘裕度是否足够，按规定的性能曲线改变运行工况点，加大吸入量。检查防装喘振装置是否正常工作
气体管道对机壳有附加应力	气体管路应很好固定，防止有过大的应力作用在压缩机气缸上；管路应有足够的弹性补偿，以应付热膨胀
压缩机附近有机器工作	将它的基础、基座互相分离，并增加连接管的弹性
压缩机负荷急剧变化	调节节流阀开度
部件松动	紧固零部件，增加防松设施

8. 压缩机喘振

表 4-10　压缩机喘振故障处理

可能的原因	处 理 措 施
运行工况点落入喘振区或距离喘振边界太近	检查压缩机运行工况点在特性曲线上的位置，如距喘振边界太近或落入喘振区，应及时脱离并消除喘振
防喘裕度设定不够	预先设定好的各种工况下的防喘裕度应控制在 1.03~1.50 左右，不可过小
吸入流量不足	进气阀开度不够，滤芯太脏或结冰，进气通道阻塞，入口气源减少或切断，应查出原因并采取相应措施
压缩机出口气体系统压力超高	压缩机减速或停机时气体未放空或未回流，出口逆止阀失灵或不严，气体倒灌，应查明原因，采取相应措施
工况变化时放空阀或回流阀未及时打开	进口流量减少或转速下降，或转速急速升高时，应查明特性线，及时打开防喘振的放空阀或回流阀
防喘装置未投自动	正常运行时防喘装置应投自动

可能的原因	处 理 措 施
防喘装置或机构工作失准或失灵	定期检查防喘装置的工作情况，发现失灵、失准或卡涩，应及时修理调整
防喘整定值不准	严格整定防喘数值，并定期试验，发现数值不准及时校正
升速、升压过快	运行工况变化，升速、升压不可过猛、过快，应当缓慢均匀
降速未先降压	降速之前应先降压，合理操作才能避免发生喘振
气体性质改变或气体状态严重改变	当气体性质或状态发生改变之前，应换算特性曲线，根据改变后的特性线整定防喘振值
压缩机部件破损脱落	级间密封、平衡盘密封和O形环破损、脱落，会诱发喘振
压缩机气体出口管线上止逆阀不灵	经常检查压缩机出口气体管线上的止逆阀，保持动作灵活、可靠，以免发生转速降低或停机时气体的倒灌

9. 机器声音异常

表 4-11　机器声音异常故障处理

可能的原因	处 理 措 施
机器损坏	停机检查修理
机器运转不稳定	调节工艺参数，若即时调不过来，可请示停机检查
轴承、密封件摩擦	检查轴承、密封件，进行修理或更换
吸入异物	停机检查清除

10. 压缩机漏气

表 4-12　压缩机漏气故障处理

可能的原因	处 理 措 施
密封系统工作不良	检查密封系统元件，查出问题立即修理
O形密封环不良	检查各O形环，发现不良或变质应更换
气缸或管接头漏气	检查气缸接合面和各法兰接头，发现漏气及时采取措施
密封腔失效	检查气缸中分面和其他部位的密封腔及填料，发现失效应更换
密封件破损、断裂、腐蚀、磨损	检查各密封环，发现断裂、破损、磨损和腐蚀应查明原因，并采取措施解决

11. 轴承故障

表 4-13　轴承故障处理

可能的原因	处 理 措 施
润滑不正常	确保使用合格的润滑油，定期检查，不应有水和污垢进入油中
不对中	检查对中情况，必要时应进行校正和调整
轴承间隙不符合要球	检查间隙，必要时应进行调整或更换轴承
压缩机或联轴节不平衡	检查压缩机和联轴器，看是否有污物附着或零件缺损，必要时应重新找平衡

12. 止推轴承故障

表 4-14　止推轴承故障处理

可能的原因	处　理　措　施
轴向推力过大	查看联轴器是否清洁，装配时禁止将过大的轴向推力通过原动机联轴器传递到压缩机上
润滑不正常	检查油泵、油过滤器、油冷器；检查油温、油压、油量；检查油品质量，凡不合格者及时处理

13. 轴承温度升高

表 4-15　轴承温度升高故障处理

可能的原因	处　理　措　施
油管不通畅，过滤网堵塞、油量小	清洗油管路和过滤器，加大给油量
轴承进油温度高	增加油冷却器的水量
轴承间隙太小或不均匀	刮研轴瓦，调整瓦量
润滑油带水或变质	分析化验油质，更换新油
轴承浸入灰尘或杂质	清洗轴承
油冷却器堵塞，效率低	清洗油冷却器
机组的剧烈振动	消除振动的原因
止推轴承油楔刮小或刮反	更换轴瓦块
轴承的进油口节流阀孔径太小，进油量不足	适当加大节流阀孔径
冷油器的冷却水量不足，进油温度过高	调节油冷器冷却水的进水量
轴承巴氏合金牌号不对或浇铸有缺陷	按图纸规定的巴氏合金牌号重新浇铸

14. 轴位移增大报警

表 4-16　轴位移增大报警故障处理

可能的原因	处　理　措　施
轴向位移仪表失灵	检查仪表故障进行处理
止推轴承损坏	修理或更换瓦块
机器操作不稳定	查明原因，予以排除
安装不良	检查轴向位移系统，进行检查和调整
油管堵塞，轴瓦进油量小	检查清洗油路
机器振动，轴瓦温度上升	紧急停车，检查修理

15. 油密封环和密封环处理

表 4-17　油密封环和密封环故障处理

可能的原因	处 理 措 施
不对中和振动	参阅振动部分
油中有污物	检查油过滤器，更换附有污物的滤芯，检查管路清洁度
密封环间隙有偏差	检查间隙，必要时应调整或更换密封环

16. 密封系统工作不稳、不正常

表 4-18　密封系统工作不稳、不正常故障处理

可能的原因	处 理 措 施
密封环精度不够	检查密封环，必要时应修理或更换
密封油品质或油温不符合要求	检查密封油品质，指标不符合要求应更换；检查密封油温，并进行调节
油、气压差系统工作不良	检查比较气体压力及线路，并调整到规定值；检查压差系统各元件工作情况
密封部分磨损或损坏	拆下密封后重新组装，按规定进行修理或更换
密封环磨损不一致	应轻轻研磨轴套、叶轮轮毂等与密封的接触面，并修正成直角
密封环断裂或破坏	组装时注意勿损伤，尽量减少空负荷，不能修复时应更换
密封面、密封件、O 形环被腐蚀	分析气体性质，更换材质或零件
低温操作密封部分结冰	如有可能消除结冰，或用干燥氮气净化密封干气
计量仪表工作误差	检查系统的测量仪表，发现失准应检修或更换

17. 压缩机叶轮破损

表 4-19　压缩机叶轮破损故障处理

可能的原因	处 理 措 施
材质不合格，强度不够	重新审查原设计所用的材质，如材质不合格应更换叶轮，
工作条件不良造成强度下降	工作条件不符合要求，由于条件恶劣，造成强度降低，应改善工作条件，使之符合设计要求
负荷过大，强度降低	因转速过高或流量、压比太大，使叶轮强度降低造成破坏；禁止严重超负荷或超速运行
异常振动，动、静部分碰撞	振动过大，造成转动部分与静止部分接触、碰撞，形成破损；严禁振动值过大强行运转；消除异常振动
落入杂物	压缩机内进入夹杂物打坏叶轮或其他部件；严禁夹杂物进入压缩机，进气应过滤
浸入冷凝水	冷凝水浸入或气体中含水分在机内冷凝，可能造成水击和腐蚀，必须防止进水和积水
沉积夹杂杂物	保持气体纯洁，通流部分和气缸内有沉积物应及时清除
应力腐蚀和化学腐蚀	防止发生应力集中；防止有害成分进入压缩机；做好压缩机的防腐蚀措施

18. 齿轮增速器声音不正常

表 4-20　齿轮增速器声音不正常故障处理

可能的原因	处 理 措 施
由于过载或冲击载荷使齿轮突然断裂(疲劳断裂或载荷集中断裂)	修理或更换齿轮;启动时要平稳、缓慢,运行要稳定
齿轮齿面的疲劳点蚀、胶合磨损或塑性变形	修理、调整齿轮,严重的更换齿轮
齿轮工作面啮合不良	重新安装调整齿轮的啮合
齿轮间隙不当	重新调整间隙

19. 齿轮振动加剧

表 4-21　齿轮振动加剧故障处理

可能的原因	处 理 措 施
齿轮磨损或损坏	调整啮合间隙或更换齿轮
齿面接触精度差	提高加工精度,调整齿面
中心线对中不良	重新安装找正
轴瓦间隙太小	刮瓦调整
润滑不良	查明原因予以排除
由驱动机或压缩机的振动引起	查明原因,消除振源

20. 齿轮润滑不良

表 4-22　齿轮润滑不良故障处理

可能的原因	处 理 措 施
油变质、带水或含有杂质	对油进行化学分析,查明原因,换油
供油系统堵塞	检查油路系统,进行清洗

21. 润滑油压力降低

表 4-23　润滑油压力降低故障处理

可能的原因	处 理 措 施
油泵故障	切换检查,修理油泵
油管破裂或连接处漏油	检查修理或更换管段
油路或油过滤器堵塞	切换,清洗
油箱油位过低	加油
油路控制系统机构不良	检查调整
油压自控或压力表失灵	检查修理或更换压力表
轴承温度突然升高	停机检查巴氏合金表面

22. 油压波动剧烈

表 4-24　油压波动剧烈故障处理

可能的原因	处 理 措 施
油路中混入空气或其他杂质	打开放气阀,清除杂质
油压调节阀失灵	调整油压调节阀或更换
油压表不准	检查、修理或更换
油泵或管路振动剧烈	查明原因排除振源

23. 油冷却器出口油温高

表 4-25　油冷却器出口油温高故障处理

可能的原因	处 理 措 施
冷却水量不足	增加冷却循环水量
冷却器结垢、效率低	清除污垢
润滑油变质	换油
冷却水压力低,水温高	增加冷却水压力,加大水量
管路故障,冷却水中断	检查管路排除故障

24. 主油泵振动发热或产生噪声

表 4-26　主油泵振动发热或产生噪声故障处理

可能的原因	处 理 措 施
油泵组装不良	重新按图组装
油泵与电动机轴不同心	重新找正对中
地脚螺栓松动	紧固地脚螺栓
轴瓦间隙大	调整轴瓦间隙
管路脉振	紧固或加管卡
零件磨损或损坏	修理零件或更换
溢流阀或安全阀不稳定	调整阀门或更换阀门

25. 油温升高

表 4-27　油温升高故障处理

可能的原因	处 理 措 施
出口水温高	增加冷却循环水流量
冷却水量不足	增加冷却循环水流量
润滑油系统内有气泡、杂质	放出油系统中的气体,换油
油冷却器积垢使冷却效果下降	检查油冷却器,清除积垢

26. 润滑油变质

表 4-28　润滑油变质故障处理

可能的原因	处理措施
水和压缩机的气体混入润滑油使油混浊或变色	检查压缩机的机械密封，查看渗漏是否扩大；检查轴套的 O 形环，发现问题及时解决
油位过高，油发泡	停机检查油位，油质不良则更换

27. 润滑油量突然减少

表 4-29　润滑油量突然减少故障处理

可能的原因	处理措施
油泵发生故障	检查主油泵是否运转；主油泵切换时，辅助油泵是否运转
油泵输入轴处油封漏油	检查输入轴处漏油量，必要时更换油封
齿轮箱密封处漏油	检查密封，有问题及时解决

28. 原动机超负荷

表 4-30　原动机超负荷故障处理

可能的原因	处理措施
气体相对分子质量比规定值大	检查实际相对分子质量，与说明书进行比较
原动机电气方面故障	检查断路器的热容量和动作状况，检查电压是否降低，检查各相电流差是否在 3%以内，发现问题及时解决
原动机、齿轮箱、压缩机等机械缺陷，零件相碰	卸开原动机，检查原动机和齿轮箱等设备的轴是否自由、轻快转动；研究润滑油的排出状况，查看有无金属磨损粉；拆开压缩机体，查看有无接触、刮碰现象
与叶轮相邻的扩压器表面腐蚀，扩压度降低	拆机检查，检查扩压器各流道，如有腐蚀应改善材质或提高表面硬度；清扫表面(用金钢砂布擦)，使表面光滑；如叶轮与扩压器相碰，或扩压器变形，应更换
叶轮或扩压器变形	叶轮或扩压器变形应修复或更换
转动部分与静止部分相碰	拆开原动机、压缩机和齿轮箱，检查各部分间隙并与说明书对照，发现问题及时解决
吸入压力高	吸入压力高，则质量流量大，功率消耗大，与说明书对照，找出原因并解决

第5章 活塞式压缩机的安装与检修

5.1 活塞式压缩机的结构

5.1.1 机体

机体包括机身、中体、机座、曲轴箱、中间接筒、端接筒等部件。根据机体的作用和工作情况，机体设计、制造应考虑到足够的强度和刚度，并便于拆装运动部件。

1. 机体的作用

机体用来连接气缸和安装运动机构，并用作支承座，有时也承受机器本身的全部或部分重量。机体还作为传动机构的定位和导向部分，如曲轴支承在机体的主轴承上，十字头在机体滑道导向上。

机体是压缩机承受作用力的部分。压缩机的作用力基本上可以分为内力与外力两大类。内力是气体压力，作用在活塞与气缸盖上。内力的传递，一方面通过活塞、曲柄连杆机构传至主轴承与滑道上；另一方面则通过缸体传至机体上，并在主轴承与滑道上保持平衡。外力是运动部件质量惯性力。外力的传递是由传动部件经过机体上的主轴承、滑道传到机体，通过机体传给基础。

机体还连接某些辅助部件，如润滑油系统、盘车系统、冷却系统等，以组成整台机器。

2. 机体的基本结构形式

根据压缩机不同的结构形式，机体可分为卧式机体、对置机体、立式机体、角度式机体。

（1）立式压缩机采用立式机体，一般由三部分组成：在曲轴以下的部分称为机座（无十字头的立式压缩机的机座习惯称曲轴箱），机座上有主轴承座孔；在机座以上，中体以下的部分称为机身；位于机身与气缸间的部分，称为中体。

（2）卧式压缩机采用卧式机体，由机身与中体组成，常铸成整体的。

（3）对称平衡与对置式压缩机采用对置机体，一般由机身和中体组成，中体配置在曲轴箱的两侧，用螺栓与机身连接在一起。机身可做成多列的，如两列、四列、六列等。

（4）角度式压缩机采用L形、V形、W形、扇形等机体。V形、W形与扇型压缩机的传动机构多为无十字头结构，机体也多采用曲轴箱形式。L形压缩机的传动机构多为有十字头结构。机体的主轴承都可采用滚动轴承。

5.1.2 气缸

气缸是活塞式压缩机中组成压缩容积的主要部分。气缸与活塞配合完成气体的逐级压缩，它要承受气体的压力，活塞在其中作往复运动，气缸应有良好的工作表面以利于润滑并应耐磨，为了散逸气体被压缩时产生的热量以及摩擦生热，气缸应有良好的冷却。

如果压缩气体较脏或者压缩气体使气缸表面的润滑恶化，则气缸表面就有较大的磨损。这时，需采用优质材料制成的气缸套作为气缸工作表面。

气缸套有两种：一种为干式气缸套，缸套外表面与冷却水不接触；另一种为湿式气缸套，气缸套外表面直接与冷却水相接触。采用干式气缸套，既增加了气缸的加工工时，又使气缸工作表面的冷却状况恶化。采用湿式气缸套可以简化气缸的浇铸工艺，降低温度应力和铸造应力，但带来了气水之间的密封问题。

气阀在气缸上的布置有三种方式：配置在气缸盖上，配置在气缸体上，混合配置。

气缸和机体的连接以及气缸压缩容积各部分零部件的连接和密封，均依靠螺栓连接来形成。在低压气缸上可采用一般双头螺栓连接，在中、高压气缸上应采用弹性螺栓，也有采用滚压加工成全螺纹的螺栓连接，工作压力低于 40MPa 的气缸与气阀、气阀盖密封常用软垫密封，材料有橡胶板、石棉板、橡胶石棉板或铜与石棉制成的金属石棉垫片。

5.1.3　气阀

气阀是压缩机的重要部件，也是容易损坏的部件之一。它的质量好坏直接影响压缩机运转的可靠性、排气量和功率消耗。活塞式压缩机的气阀采用自动阀，它的开启与关闭是依靠活塞在吸气、排气过程中造成的阀片两边的压差来实现的。

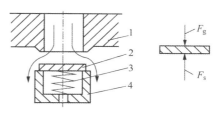

图 5-1　气阀主要组成部分

1—阀座；2—阀片；3—弹簧；4—升程限制器；F_g—气体推力；F_s—弹簧推力

气阀是由阀座、升程限制器以及阀片和弹簧组成（见图 5-1），用螺栓把它们紧固在一起。阀座是气阀的基础，是主体。升程限制器用来控制阀片升程的大小，而升程限制器上几个同心凸台是起导向作用的。阀片是气阀的关键部件，它能关闭进、出口阀，保证压缩机吸入气量和排出气量按设计要求工作，它的好坏关系到压缩机的性能。弹簧起着辅助阀片迅速弹回及保持密封的作用。

阀片升程的大小对压缩机有直接影响。升程大，阀片易冲击，影响阀的寿命；升程小，气体通道截面积小，通过的气体阻力大，排气量小，生产效率低。在调节阀片升程大小时，对于有调节装置的气阀，可以车削加工阀片升程限制器，对于没有调节装置的气阀，可调节气阀内间距垫圈的厚度。弹簧的弹力不一致时，会使阀片歪斜、卡死。

气阀有吸气阀和排气阀两种。吸气阀的阀座在气缸外侧，而排气阀的阀座在气缸内侧，其他零件按照阀座位置装配。对于吸气阀，可从阀的外侧顶开阀片；对于排气阀，可从阀的内侧顶开阀片。

1. 气阀的基本要求

（1）使用期限长（指阀片和弹簧的寿命长），以避免由于阀片或弹簧的损坏而引起压缩机非计划停车。

（2）气体通过气阀时的能量损失小，以减少压缩机的动力消耗，这对于固定式长期连续运转的压缩机尤为重要。

（3）气阀关闭时具有良好的密封性，以减少气体的泄漏量。

（4）阀片启、闭动作及时、迅速，而且要完全开启，以提高机器效率和延长使用期。

（5）气阀所引起的余隙容积小，以提高气缸容积效率。

（6）结构简单，制造方便，易于维修，气阀零件（特别是阀片）的标准化、通用化水平高。

2. 气阀种类

压缩机气阀按运动密封元件的特点可分为环阀(包括环状阀和网状阀)、孔阀(包括杯状阀、菌状阀、碟形阀等)、直流阀等。其他还有诸如条状阀、槽状阀、锥形槽状阀等。

1) 环状阀

环状阀由阀座、阀片、弹簧、升程限制器、连接螺栓、螺母等零件组成。低压和中压级使用的阀座是由一组(一环到八环)直径不同的同心圆环构成,各环之间用筋连成一体(见图5-2)。在高压下,为了保证阀座有足够的刚性和强度,也为了加工方便,将通道制成圆孔形(见图5-3)。

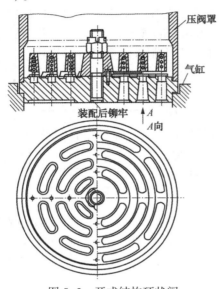 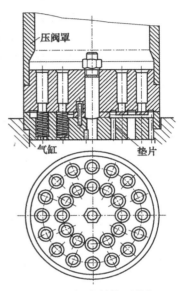

图5-2　开式结构环状阀　　　　图5-3　闭式结构环状阀

环状阀使用的弹簧有环形弹簧、柱形(或锥形)弹簧。环状阀的阀片为圆环状薄片。一般是制成单环阀片,也有把两环连在一起的双连阀片。阀片的启、闭运动是靠升程限制器上的导向块导向的。为了防止气阀在工作时松动,连接螺栓和螺母都采取防松措施。

2) 网状阀

网状阀在结构上与环状阀的区别在于阀片各环连在一起,呈网状,阀片与升程限制器之间设有一个或几个与阀片形状基本相同的缓冲片(见图5-4)。

网状阀也同环状阀一样,适用于各种操作条件,在低、中压范围内应用较为普遍。但是由于网状阀阀片结构复杂,气阀零件多,加工困难,成本高,阀片任何一处损坏都会导致整个阀片报废,因此网状阀没有环状阀那样应用广泛。

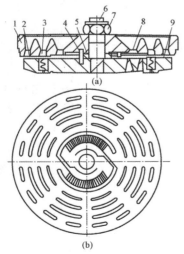

图5-4　网状阀
1—阀座;2—阀片;3—弹簧;
4—销子;5—阀片垫;6—螺栓;
7—螺母;8—缓冲片;9—导片

5.1.4　活塞及活塞环

1. 活塞

活塞与气缸构成了压缩容积。活塞必须有良好的密封性,有足够的强度和刚度,重量轻(两列以上的压缩机中,应根据惯性力平衡的要求配置各列活塞的重量），制造工艺性好。活塞和活塞杆（或活塞销）的连接和定位可靠，活塞杆表面硬度高、耐磨、光洁度高。

活塞式压缩机中，采用的活塞基本结构形式有筒形、盘形、级差式、组合式、柱塞等。

1）筒形活塞

筒形活塞如图5-5所示，用于小型无十字头压缩机，通过活塞销与连杆连接。其环部起密封作用，裙部为支承面，承受压缩机工作时产生的侧向力。

2）盘形活塞

盘形活塞如图5-6所示，用于低压、中压气缸中。为了减轻重量，一般铸成空心的，两个端面用2~8条加强筋互相连接，以增加刚性。为避免铸造应力和缩孔以及使用中产生过大的不规则热变形，铸铁活塞的筋不能与壳体及外壁相连。为减轻活塞重量以适应压缩机较高的转速，可采用铸铝活塞和焊接活塞，铸铝活塞可在毂部设加强短筋来提高强度。

除立式缸外，盘形活塞上大都设有耐磨支承环，直径较大的活塞都专门用耐磨材料制成承压表面，一般都设在活塞中间，也有分两段布置在活塞两端。为了避免活塞因热膨胀而卡住，承压表面在圆周上只占90°或120°的范围。小直径活塞可做成整圈支承环。

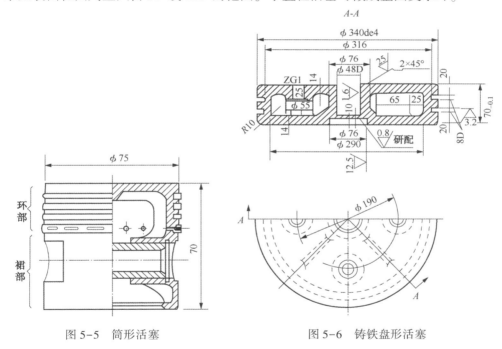

图5-5　筒形活塞　　　　　图5-6　铸铁盘形活塞

3）级差式活塞

级差式活塞（见图5-7）用在串联两个以上压缩级的级差式气缸中。级差式活塞大都制成滑动式。为了易于磨合和减小气缸镜面的磨损，一般都在活塞的支承面上铸有轴承合金。为使离曲轴较远的活塞能够沿气缸表面自动定位，末级活塞与前面级活塞可以采取滑动连接或球形关节连接。

4）隔距环组合式活塞

高压级中，活塞环径向厚度t与其直径D的比值比一般情况取得大些，以提高活塞环的弹力和其对气缸表面的比压。这种活塞环若扳开锁口装入活塞环槽，则在活塞环中会发生不能允许的装配应力，使活塞环扳断。为了安装这种活塞环，将活塞制成有隔距环的组合式活

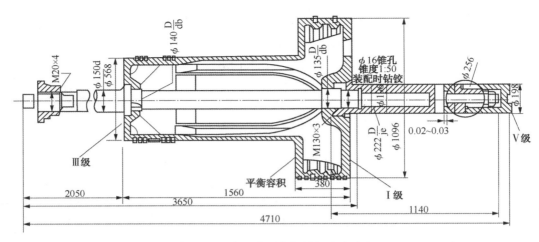

图 5-7　具有三个压缩级的级差式活塞

塞。为了防止高压气体沿活塞过大地泄漏，隔距环的两端面应经研磨。

　　5) 柱塞

　　活塞直径很小时，若采用活塞环密封，在制造上有困难，此时可采用不带活塞环的柱塞结构。柱塞的密封有两种方式：一种是靠柱塞和气缸间的细小间隙（在冷态下）以及柱塞上的环槽所造成的曲折密封来达到密封气体的目的；另一种是不带环槽的柱塞，气体的密封靠填料完成，填料布置在气缸一端，柱塞通过填料滑动，达到应有的压缩作用。柱塞的加工要求较高，但易达到；而难以加工的气缸深孔，可适当降低要求。

　　2. 活塞环

　　活塞环是密封气缸镜面与活塞间缝隙用的零件。另外，它还起布油和导热的作用。活塞环的基本要求是密封可靠和耐磨损。活塞环是易损件，在设计中应尽量选用标准件和通用件，以利于生产和管理。

　　1) 密封原理

　　活塞环上有开口，在自由状态时，其直径大于气缸的直径，因此，活塞环装入气缸时，由于材料本身的弹性，产生一个对气缸壁的预压力。活塞环装在活塞环槽中，与槽壁间应留

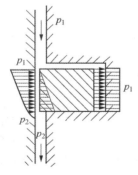

图 5-8　活塞环的密封原理

有间隙。压缩机工作时，活塞环在其前压力（p_1）与后压力（p_2）的压力差作用下（见图 5-8），被推向压力较低（p_2）的一方，即密封了气体沿环槽端面的泄漏。作用在活塞环内圆上的压力，约等于环前的压力（p_1），此压力大于作用在活塞环外圆上的平均压力，于是形成压力差，将环压向气缸镜面，阻止了气体沿气缸壁面的泄漏。

　　气体从高压侧第一道环逐级漏到最后一道环时，每一道环所承受的压力差相差较大。第一道活塞环承受着主要的压力差，并且随着转速的增高，压力差也增高。第二道环承受的压力差就不大，以后各环逐级减小。因此，环数过多是没有必要的，反而会增加气缸磨损，增大摩擦功。

　　2) 结构形式

　　活塞环的开口（见图 5-9）有直口、45°斜口和搭口三种，搭口的密封性在使用中和直口、

斜口无显著差别，但工艺复杂，而且环端在安装时容易折断，已很少采用。用工程塑料做活塞环时，由于强度较低，斜口的夹角处易断裂，故多采用直口。

活塞环外圆锐角倒成小圆角，以利于形成润滑油膜，减小泄漏和磨损。内圆锐角倒成45°。

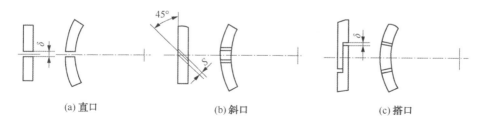

(a) 直口   (b) 斜口   (c) 搭口

图 5-9　活塞环的开口

还有一些特殊结构的活塞环(见图5-10)，如微型高转速压缩机中，可用轴向高度仅1~1.5mm 的薄片活塞环，由三至四片装在同一环槽内，各片切口相互错开。这种结构具有良好的密封性，易同气缸镜面磨合，使气缸不至于拉毛[见图5-10(a)]。

在铸铁环上镶嵌填充聚四氟乙烯[见图5-10(b)]，能防止气缸拉毛，并延长环的寿命，这种环在高压级中多采用。还有在铸铁环上镶嵌青铜或轴承合金[见图5-10(c)、(d)]，青铜可以是一条或两条，而轴承合金则采用一条。在镶嵌的突出部分磨完之前，显然其实际比压是增加了。用镶嵌的方法虽能避免拉毛缸，使气缸镜面与活塞环易于磨合，但工艺复杂，故应用不广泛。

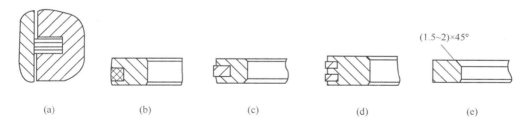

(a)   (b)   (c)   (d)   (e)

图 5-10　特殊结构的活塞环

低压空气压缩机中直径不大的活塞环，将内圆的一个锐角加工成(1.5~2)×45°的倒角[见图5-10(e)]，以减弱活塞环倒角侧的弹力。在单作用活塞中，将这种环的倒角边装在气缸盖侧，可防止活塞出现严重的窜油现象。

5.1.5　活塞杆及填料函

1. 活塞杆

在有十字头的压缩机中，活塞杆的一端与十字头相连，另一端与活塞相连。在几级串联的列中，活塞杆起着连接相邻活塞的作用；在级差式活塞或高压活塞中，活塞杆有时也起活塞的作用。

活塞杆有贯穿和不贯穿两种。不贯穿活塞杆由十字头和活塞支承并导向，带悬挂活塞的贯穿活塞杆由两端的十字头导向。有时在填料近气腔处设衬套作为活塞杆的辅助导向，可使活塞杆在密封处的径向偏离得到适当的限制，保证填料工作的可靠性。

在悬挂活塞中，由于活塞杆承受的重量较大，支承距离较长，所以工作时弯曲较大。为了保证填料工作的可靠性，以及活塞与气缸不接触，有时将活塞杆加工成上凸的形状。

在无油润滑压缩机中，为了防止油进入填料和气缸，活塞杆要适当加长，使通过刮油器的部分活塞杆不进入填料，而且在杆上还设有挡油器。

活塞杆与活塞的连接，通常采用圆柱凸肩连接和锥面连接两种方式。

在圆柱凸肩连接中，活塞与活塞杆的同心性靠圆柱面的精加工来达到。活塞力的传递分别由活塞与活塞杆上的凸肩和螺母来承担。为使凸肩不至于比活塞杆直径大太多，凸肩端面上的许用支承压力取得较高。因此，活塞与凸肩的支承表面须经研磨，以增大有效接触表面，同时也可改善密封性能。由于活塞杆承受交变载荷，所以活塞杆的连接螺纹应制成细牙螺纹，螺纹根部要倒圆，以减小应力集中。

承受载荷后，活塞杆被拉长而活塞被压缩；另外活塞杆和活塞材料的线膨胀系数不同，活塞杆与活塞之间可能产生轴向间隙，从而造成活塞与支承凸肩或螺母与活塞间的冲击。因此，活塞紧固在活塞杆上必须有防松措施。常用的防松方法有加开口销、加止动垫圈、螺母凸缘翻边等。但是，只有在活塞与活塞杆不能相对转动时，螺母才能得到有效的锁紧。因此，在圆柱凸肩的连接中，常用销钉或键使活塞与活塞杆固定。

锥面连接的优点是装拆方便，活塞与活塞杆之间不需要定位销。缺点是加工复杂，锥面的加工要精确。

2. 填料函

填料函组件用以阻止气缸内气体沿气缸与运动着的活塞杆外圆面之间向外泄漏，是活塞式压缩机的主要易损件之一，对其基本要求是密封性能良好且耐用。密封元件尽量采用标准化、通用化的元件，以便于生产管理，提高生产效率，降低成本。

1）密封结构形式

压缩机中的填料密封，都是借助于气体的压力差来获得自紧密封的。可根据气体压差、性质、对密封要求的高低、机器结构的不同和使用上的习惯，选用不同类型的密封圈。

密封圈主要有平面和锥形两类。平面密封圈又称为刚性密封圈，多用于低、中压；锥形密封圈称为弹性密封圈，高压情况下用得比较多。

低压三瓣斜口密封圈结构简单，易于制造（见图 5-11）。由于它对活塞杆的比压是不均匀的，锐角的一方比压较大，因此其内圆磨损也不均匀，主要发生在锐角的一方。密封圈磨损后，在相邻两瓣接口处不可避免地留有缝隙，无法阻挡气体的泄漏，故只适用于低压级。

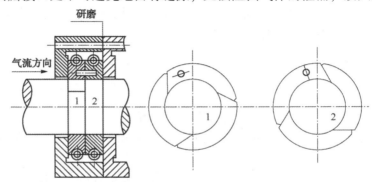

图 5-11　低压三瓣斜口密封圈

压力在10MPa以下的中压密封，多采用三、六瓣密封圈（见图5-12）。每组密封圈由两个靠镯形弹簧箍紧在活塞杆上的开口环组成。位于高压侧的环由三瓣组成，在轴向挡住由六瓣组成的第二环的径向间隙；第二环的内三瓣抱住活塞杆，由外三瓣挡住它的径向缝隙。各环的径向缝隙，用以补偿密封圈的磨损与热膨胀。随着加工工艺的改进，现在三、六瓣密封已不多见，取而代之的是将六瓣密封圈组合成三部分的切向密封圈。

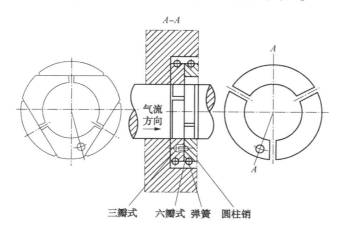

图5-12 三、六瓣密封圈

高压密封宜采用锥形密封（见图5-13），它也是靠气体压力来自紧密封的。密封元件由一个单开口的T形环和两个单开口的锥形环组成，用圆柱销将三个环的开口各自错开120°定位，装在支承环及压紧环里面。轴向弹簧的主要作用是使压缩机在升压前能压紧密封圈的锥面，使密封圈对活塞杆产生预压力。图5-13中的A、B、C、D分别为该位置的安装间隙代号。

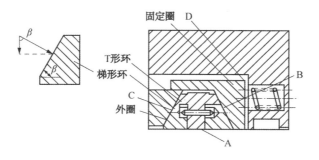

图5-13 锥形填料密封环

为了保证润滑油楔入摩擦面，改善摩擦情况，提高密封性能，在锥形圈的内圆外端加工成150°的油楔角。安装时油楔角有方向性，应在每一填料盒的低压端。有时，为了使填料盒径向油孔中流出的润滑油保证能滴在活塞杆表面上，而不被气体吹走，在油孔中插入一根小金属管，管的出口端非常靠近活塞杆。在长期运转中，为了提高密封圈抱紧活塞杆的能力，保持密封性，可以在T形环的外圆均匀开几道轴向槽，以降低刚性。

除了上述三种形式的密封圈填料外，还有活塞环式的密封圈（见图5-14）。这种密封圈的结构和制造工艺都很简单，内圈可按动配合2级精度或过渡配合公差加工，可应用在压差为 2MPa 级中。

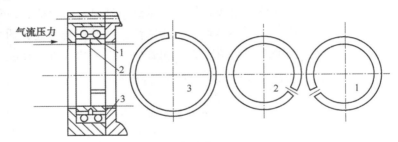

图 5-14　活塞环式密封圈

2）冷却

为了改善填料、活塞杆的工作条件，提高使用寿命，填料需要进行良好的冷却，以带走密封圈和活塞杆的摩擦热及气体带来的热量。无注油点填料和塑料填料的冷却更为重要。

常用的冷却方法是在填料盒上开设水道，冷却水在其中环形流动。这样能保证周向温度分布比较均匀，冷却水处于湍流状态，利于冷却。

高压填料采用的冷却结构，是在填料盒的圆周上开有许多直孔。各盒组合时即构成水道，水从下部进入，在填料中由下到上左右串通，最后从上部流出。这种冷却方式，填料周向温度是不均匀的。

除在填料盒中开孔冷却外，一般金属填料常用的冷却形式是将填料壳体开几个窗口，密封盒外圆开环槽，使之浸在水中。水平设置填料的窗口应在上下两个位置，这样冷却效果好，但容易生锈，在拆填料时，首先必须用清水清洗。

3）刮油器

刮油器按其刮油的要求和工作性质，大致可分为以下几种形式：

（1）对于一般隔油要求不高的压缩机，如低压压缩机，只需将刮油圈装在填料的末端，以防十字头润滑油大量地进入气缸。

（2）对于工艺流程中配套的压缩机，要求气体中少含油，因此十字头导轨一端装有一个双向刮油器。双向刮油器把两种油分别向各自方向刮回，每边开回油孔，使油回到自己的一侧。

（3）对于气缸、填料实行无油润滑的压缩机，刮油器的作用是阻止十字头润滑油进入填料和气缸，因而刮油圈只向十字头一方回油。

（4）对于严禁机油进入填料的氧气压缩机，对刮油器刮油效果的要求很严，要求在刮油器的外侧不见油滴和油雾。此外，还必须在刮油器和填料之间的活塞杆上装一个挡油器。挡油器内用耐油橡胶圈与活塞杆卡紧，堵住了油沿活塞杆向填料渗入的道路，能防止机油与氧气接触而可能引起的燃烧事故。

十字头在导轨内作活塞运动，就像一个活塞一样推动导轨内的空气，造成空气升压，使刮油器效果变坏，甚至把刮油器中的油吹成油雾，通过刮油器向填料扩散。因此，导轨两侧必须有足够的气窗，让空气回流，避免升压。

卧式刮油器的回油孔应开在下面，孔径宜大。上面应开透气孔，使回流顺利。氧气压缩机的回油孔必须通向十字头一侧。

刮油圈的结构形式较多，刮油圈的技术要求与密封圈一样。

110

5.1.6 曲轴

曲轴是压缩机重要的运动部件,它应具有足够的刚度、强度和耐磨性能。压缩机曲轴有两种基本形式,即曲柄轴和曲拐轴。曲柄轴多用于单列或双列。

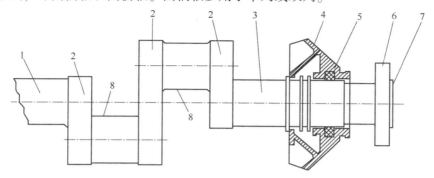

图 5-15　曲轴
1—主轴颈;2—拐臂;3—定位主轴颈;4—机身挡油盖;5—密封原件;
6—联轴器法兰;7—定位止口;8—曲柄销

曲拐轴通常称为曲轴,是广泛使用的一种结构。一根曲轴至少有三个部分,即主轴颈、曲柄和曲柄销,曲柄和曲柄销构成的弯曲部分称为曲拐,根据机器需要一根曲轴可以由一个或几个曲拐所组成。采用曲拐轴的压缩机,可以实现对称平衡式、角式、立式等结构,使压缩机结构紧凑,重量轻。此外,采用曲拐轴的压缩机,在气缸列数设置方面几乎不受限制,便于满足流程要求。

主轴颈与曲柄连接处,应做成圆角圆滑过渡,以避免发生过大的应力集中现象,致使曲轴破坏。

为了平衡曲轴惯性力或惯性力矩,在曲柄下端设平衡铁,平衡铁与曲柄连接多采用抗拉螺栓连接。为了润滑主轴颈和曲柄销直至十字头销,曲轴上开设有油孔。曲轴的轴向定位是靠曲轴上的定位台肩来实现的。

5.1.7 连杆

连杆是将作用在活塞上的推力传递给曲轴,又将曲轴的旋转运动转换为活塞往复运动的构件。连杆包括连杆体、大头、小头三部分,如图 5-16 所示。

连杆体截面有圆形、环形、矩形、工字形等。圆形截面的杆体,机械加工最方便,但在同样强度时,具有最大的运动质量,适用于低速、大型以及小批量生产的压缩机。工字形截面的杆体在同样强度时,具有最小的运动质量,但其毛坯必须模锻或铸造,适用于高速及大批量生产的压缩机。

从整个连杆的结构来看,有开式连杆、闭式连杆和叉形连杆三种。

开式连杆大头是剖分的,装配时由连杆螺栓紧固。闭式连杆的大头是整体的,它没有连杆螺栓这一薄弱环节,但只适用于曲柄轴。叉形连杆的小头呈叉形,这种结构多见于立式压缩机中,当它与开式十字头相配时,能略微降低机器的高度,近年来在个别中小型高速动力用的角度式压缩机中,为了减少机器的重量和尺寸,也有用叉形连杆的,一般很少使用,通常使用开式连杆。

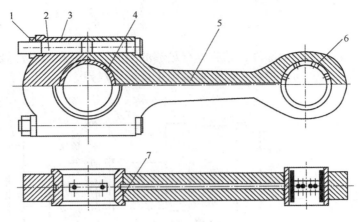

图 5-16 连杆

1—连杆螺母；2—连杆螺栓；3—连杆盖；4—大头轴瓦；5—连杆体；6—小头轴瓦；7—定位销

连杆螺栓是压缩机的重要部件之一，它承受着很大的交变载荷和几倍于活塞力的预紧力。通常连杆螺栓的断裂是由于应力集中部位上材料的疲劳而造成的。

5.1.8 十字头

十字头是连接作摇摆运动的连杆与作往复运动的活塞杆的构件，如图 5-17 所示，具有导向作用，连杆力、活塞力、侧向力在此交汇。

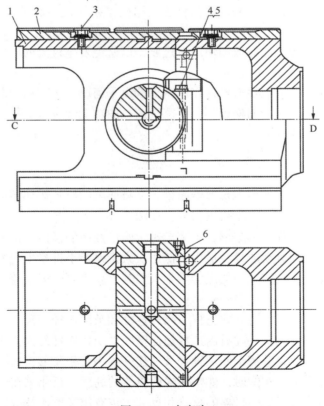

图 5-17 十字头

1—十字头体；2—滑板；3—滑板紧固螺钉；4—螺钉；5—定位销；6—十字头销

1. 十字头与连杆连接

十字头按连接连杆的形式分为开式和闭式两种。开式十字头与叉形连杆相连接，叉形连杆的两叉放在十字头体的两侧，这种结构只在少数立式或 V 形压缩机上采用。闭式十字头连杆置于十字头体内，闭式结构的十字头刚性较好，与连杆和活塞杆的连接较为简单，所以得到广泛应用。

2. 十字头滑道

十字头按十字头体与滑履的连接方式可分为整体式与分开式两种。对于小型压缩机的十字头常作成整体的。对于一般的大、中型压缩机的十字头则常采用十字头体与滑履分开的结构，以利于调整。整体十字头结构轻巧，制造方便；其缺点是磨损后，十字头与活塞杆的同轴度公差增大，不能调整。而分开式的特点恰与整体式相反，特别适用于大型压缩机。

3. 十字头与活塞杆的连接

十字头与活塞杆连接形式分为螺纹连接、联轴器连接、法兰连接、楔连接、液压连接五种。

螺纹连接结构简单，重量轻，使用可靠，但每次检修后要重新调整气缸与活塞的余隙容积。有些结构具有调整垫片，在每次检修后，不必调整气缸余隙容积，弥补了螺纹连接的缺点。

联轴器连接和法兰连接这两种结构使用可靠，调整方便，使活塞杆与十字头容易对中，不受螺纹中心线与活塞杆中心线偏移的影响，而直接由两者圆柱面的配合公差来保证。其缺点是结构笨重，多用在大型压缩机上。

楔连接的结构其特点是结构简单，利用楔(用比活塞杆软的材料如 20 钢制作)容易变形的特点，把楔作为整个运动系统的安全销使用，防止过载时损坏其他机件。它的缺点是不能调整气缸余隙容积。这种结构常用于小型压缩机上。

液压连接结构中活塞杆上没有螺纹，但端部有凸缘，十字头体上制有螺纹并与螺圈相结合，螺圈上装有止点调整环，旋转环可控制活塞内外止点的间隙，承压圈紧靠螺圈，其上配有大螺母，大螺母的端面支撑在十字头体上。

5.1.9 润滑系统

活塞式压缩机中，在零件相互滑动的部位，如活塞环与气缸、填料与活塞杆、主轴承、连杆大头瓦、连杆小头衬套以及十字头滑道等处，要注入润滑剂进行润滑，以达到如下目的：减小摩擦功率，降低压缩机功率消耗；减少滑动部位的磨损，延长零件寿命；润滑剂有冷却作用，可以降低摩擦热，使零件工作温度不过高，从而保证滑动部位必要的运转间隙，防止滑动部位咬死或烧伤；用油作润滑剂时，还有防止零件生锈的作用。

润滑方式：根据活塞式压缩机结构的特点，润滑大致分为以下两种情况。

1. 飞溅润滑

飞溅润滑多用于小型无十字头压缩机中，其特点是：气缸与运动部件的摩擦面，均靠装在连杆上的打油杆将油飞溅到各润滑部位进行润滑。

飞溅润滑的方式虽然简单，但由于带入气缸的润滑油量不能调节，当活塞环制造不良、与缸壁接触不好、活塞裙部与气缸的间隙太大、刮油环的效果不好时，将导致油耗量显著增加。油耗量的增加不仅造成浪费，也影响气阀的正常工作，而且还易形成积炭，所以在较大压缩机中，一般不采用这种润滑方式。

2. 压力润滑

在大、中型带十字头的压缩机中，均采用压力润滑。这种润滑方式往往分为两个独立系统，即气缸填料部分的润滑、活塞环与气缸的润滑靠注油器供油；而运动部件的润滑则由油泵连续供油。

在超高压压缩机中，为避免在气缸处开油孔，可采用在吸入阀前注油，并由气体把油带到气缸中去的方法，这种方法称为喷润法。

通过注油器来提供压力润滑，各级气缸内的压力即为注油器的背压，注油器输出的油通过油管送至各润滑点。在气缸的注油孔处，一般应设置止逆阀，以防油管破裂时发生气体倒出事故，并利于压缩机在不停转时更换注油泵。高压压缩机的填料处，也要用单独的注油管进行注油，并在润滑油的入口处设置止逆阀。

5.2 活塞式压缩机的安装

5.2.1 活塞式压缩机的安装程序

施工准备→设备开箱→基础验收及处理→机身安装→中体安装→曲轴及轴承安装→气缸安装→二次灌浆→十字头与连杆安装→活塞与活塞环安装→填料函与刮油器安装→吸排气阀安装→电机安装→润滑系统安装。

5.2.2 活塞式压缩机的安装与质量标准

1. 压缩机安装

1）设备验收

（1）机器的开箱检验应由业主、施工单位及有关人员共同参加。

（2）依据装箱清单和图纸资料核对机器及其部件的规格、型号、材质、品种和数量，并进行外观检查。

（3）验收合格的材料应按品种、规格及型号分别标识并妥善保管，防止错乱，防止变形和损坏。

（4）设备零部件验收合格后，用煤油清洗洁净，用塑料布覆盖保管好，以免锈蚀。

（5）核对随机技术资料及专用工具是否齐全。

（6）设备检验完应及时办理交接手续，对遗留问题应作好记录。

2）基础验收及处理

（1）基础验收时，土建施工单位应提供以下技术文件：

① 基础检查记录及质量合格证书；

② 基础混凝土试块的物理试验证明书；

③ 基础沉降观测记录(按设计要求进行)。

（2）基础外观不得有裂纹、蜂窝、空洞、露筋等缺陷。

（3）基础尺寸及位置的允许偏差应符合要求。

（4）需二次灌浆的基础表面应铲去疏松层和铲出麻面，麻点深度不浅于15mm，麻点总面积之和不小于基础平面面积之和的50%，且应均匀分布。

（5）放置垫铁处与锚板接触的基础表面均应铲平，其水平度允许偏差为2mm/m。

（6）垫铁布置：

① 在布置垫铁的混凝土基础部位凿出座浆坑(280mm×180mm×30mm)；并用水将坑内冲洗干净，同时浸润约30min。

② 在坑内涂一层水灰比为 2.4∶1 的水泥浆结合层，随即将搅拌好的混凝土分两层灌入坑内。每层灌筑时应连续捣固至浆浮表层，且两面呈中间高四周低的弧形。

③ 当混凝土表面不再泌水或水迹消失后，将平垫铁放置于混凝土上，并在垫铁上垫木板用手锤敲击使之达到标高要求。

④ 垫铁标高应比底座底面低 1~3mm，允许偏差为±0.5mm，用乳胶管、宽座角尺测量；垫铁纵横方向水平度允许偏差为 2/1000，用铁水平尺测量；垫铁应超出设备底座边缘 20mm。垫铁标高符合要求后，拍实四周混凝土，并抹成 45°斜坡，且在混凝土初凝前再次复查标高。

⑤ 盖上草袋并浇水养护。

（7）垫铁表面应平整，与基础的接触面积不小于 50%，且均匀接触，斜垫铁斜度以 1/20~1/10 为宜，斜垫铁应配对使用，其搭接长度不小于全长的 3/4。

（8）每组垫铁不应超过 4 层，高度一般为 20~70mm。

3）机身及中体安装

机身安装：

（1）机身吊装前应进行煤油试漏，试验合格后，应将底部清理干净。试验方法如下：首先将机身架离地面约 600mm 高度，然后清理机身底部外表面并涂以白垩粉。清理机身底部内表面并灌入煤油，油位高度相同于正常工作时润滑油的油面高度，试漏时间为 8h，当底部有渗漏时，涂刷在底面的白垩粉会变黑。试漏工作应避免在基础上进行，以免污染基础表面。当机身试漏合格后，用钢丝刷将底面石灰除净。

（2）座浆布置垫铁完成 48h 以后用 50t 吊车吊装机身就位，中体待机身就位后用桁车逐列吊装与机身组对，组对时，应将连接止口面清洗干燥，在止口面上连续均匀地涂上密封胶。在吊装、找正和地脚螺栓紧固时，应将机身上横梁紧固好，以防机身变形。

（3）机身的列向水平度在滑道前、中、后三点位置上测量，轴向水平度在机身轴承座处测量，均以两端为准，中间参考，水平度允许偏差均为 0.05mm/m。列向水平度在允许的范围内宜高向气缸端；轴向水平度，对于单独轴承或悬挂式电机的情况，在要求的范围内高向电机端，面对于双独立轴承的情况则应相反。

（4）机身安装平面位置及标高允许偏差如下：平面位置 5mm，标高±5mm。

（5）对于电机在中间机身两侧的机器，采用主轴轴线拉钢丝的方法检测，并调整机身上主轴瓦窝之间抽轴度，使之符合机器技术文件的规定。

（6）在拧紧地脚螺栓时，机身的水平度及各"横梁"配合的松紧程序不应发生变化。否则，应重新调整垫铁。

（7）主轴就位后，应在主轴颈上复查轴向水平度，其允许水平偏差应不大于 0.1mm/m。

中体安装：

（1）中体安装前，应清理干净中体与机身的结合面，在结合面上不允许有锈斑存在。

（2）分别用内、外径千分尺测量中体与机身的配合间隙及椭圆度情况，并作好记录。

（3）将各列中体逐个组装在机身上，并将连接螺栓上紧，上紧度应控制在应上紧力的 70%左右，然后在各列中体滑道上找水平，水平度应不超过 0.05mm/m。

（4）在主轴就位后，利用曲拐采用拉线法检测中体轴线与主轴的垂直度偏差，其偏差值 ΔK 应不大于 0.08mm/m。

（5）中体找平、找正结束后，应上紧所有连接螺栓，并应再次复查找平、找正数据，确认一切正常后打上定位销。

4）压缩机地脚螺栓孔灌浆

（1）机身部分（含中体）地脚螺栓孔内锚板以上150mm内及基础表面以下150mm内灌C20砂浆，中间灌干砂。浇灌时，地脚螺栓孔内应无杂物，并应捣固密实。

（2）气缸支撑地脚螺栓孔内灌细石混凝土。

（3）浇灌前检查：

① 地脚螺栓光杆部分应无油脂和氧化皮，螺纹部分应涂有少量油脂；

② 地脚螺栓在预留孔内应垂直，任一部分离孔壁的距离不小于15mm，底端不碰孔底，螺栓露出螺母2~3扣；

③ 预留孔内无油脂、杂物。

（4）用水湿润预留孔，并清除孔内积水。

（5）浇灌混凝土，混凝土应捣固密实。

5）压缩机地脚螺栓孔紧固

机身地脚螺栓应均匀地把紧，并将把紧力控制在一定合适范围之内。而在实际工作中，由于现在大多数的施工单位还没有使用力矩（测力）扳手，所以还不可能简易地控制把紧力在规定范围内，仍凭施工经验控制把紧力。为了科学施工，各施工单位均应考虑逐步推广使用力矩扳手，特别是机组上的连杆螺栓、主轴承压盖螺栓、气缸和中体的连接螺栓、中体和机身的连接螺栓等在紧固时，更需使用力矩扳手控制把紧力，否则将有可能使螺栓过度受拉而产生残余变形以至使螺栓报废。

在无条件使用力矩扳手的情况下，也可采用一块千分表在地脚螺栓端面定位，然后慢慢把紧螺母，同时观测螺栓总伸长量以达到控制把紧力的目的。各螺栓伸长量的大小可根据设计规定值自行计算。也可以在施工时测定1~2个地脚螺栓的把紧力为经验依据，然后凭试测的经验进行其他地脚螺栓的把紧。

6）主轴承、曲轴安装

（1）拆卸机身横梁。

（2）轴瓦检查：轴瓦钢壳与轴承合金黏合应牢固，无脱壳和哑音现象；合金表面和轴瓦中分面应光滑、平整及无裂纹、气孔、重皮、夹渣和碰伤等缺陷。

（3）轴瓦与轴承座配合检查：

① 将轴承座、轴承盖的圆弧面上满涂红丹，并将上下轴瓦分别压入轴承盖、轴承座；

② 将铅丝（直径约1mm）放在轴承座、轴瓦的中分面上；

③ 用桁车吊轴承盖，连接轴承座与轴承盖；

④ 拆卸轴承座，用外径千分尺测量检查轴承座与轴瓦配合情况，应有不大于0.02mm的过盈量（轴承座上两边铅条厚度和与轴瓦上两边铅条厚度和之差）；

⑤ 取下轴瓦检查，轴瓦背面与轴承座、轴承盖应均匀接触，且接触面积不小于70%。

（4）清洗轴承座、轴承盖及轴瓦，将上下轴瓦分别压入轴承座、轴承盖内。

（5）检查曲轴轴颈、曲柄销，应无损伤及影响运行的其他缺陷；用压缩空气吹净润滑油通道。

（6）用桁车水平吊曲轴放入主轴承上，连接轴承盖并盘动曲轴数周，应无阻滞现象；拆卸轴承盖、取下曲轴，检查曲轴颈与轴承配合情况；曲轴颈与轴瓦接触角应不小于90°，接触面积不小于70%。

（7）装上曲轴，在各主轴颈及主轴瓦剖分面上放铅丝（直径约1mm），连接轴承座与轴承盖后拆卸轴承盖。用外径千分尺检查主轴颈与主轴承的径向间隙（主轴颈上铅条厚度与主轴瓦上两铅条厚度平均值之差），应在 0.18~0.271mm 之间。

（8）装上曲轴，连接轴承盖。用塞尺测量止推轴承止推面与轴肩间的轴向间隙，两边间隙应对称且两边间隙和应在 0.18~0.396mm 之间；用塞尺测量其他各主轴承的配合侧间隙，两侧间隙应对称；在曲轴外伸端每转 90°用水平仪测量曲柄在上下左右四个位置曲柄间隙，其偏差应不大于 0.05mm。薄壁瓦一般不需要刮研，但当接触不良时可稍加修整。

7）气缸安装

（1）各级气缸水套均应按 1.5 倍工作压力或按技术文件规定进行水压试验。

（2）安装前，应清洗并检查缸体、气缸镜面、气阀腔孔及与中体连接面等处有无机械损伤等缺陷。

（3）用内径千分尺检测各气缸的圆柱度，如偏差超过技术文件规定，应根据情况处理。

（4）气缸与中体连接时，要对称均匀地拧紧连接螺栓，缸体支撑应与气缸接触良好，并受力均匀。

（5）以中体中心线为基础找正气缸中心线，其对中偏差应符合技术文件规定。如无规定应符合表 5-1 的要求。若对中偏差超过规定值时，应使气缸平移或刮研气缸与中体联接处来调整，止口面接触面积应达 60% 以上。

表 5-1　气缸中心线找正技术规定

汽缸直径/mm	径向位移/mm	轴向倾斜/mm
≤100	≤0.05	≤0.02
>100~200	≤0.07	≤0.02
>200~500	≤0.10	≤0.04
>500~1000	≤0.15	≤0.06
1000	≤0.20	≤0.08

8）二次灌浆

（1）压缩机地脚螺栓孔灌浆：

① 机身部分（含中体）地脚螺栓孔内锚板以上 150mm 内及基础表面以下 150mm 内灌 C20 砂浆，中间灌干砂。浇灌时，地脚螺栓孔内应无杂物，并应捣固密实；

② 气缸支撑地脚螺栓孔内灌细石混凝土。

（2）浇灌前检查：

① 地脚螺栓光杆部分应无油脂和氧化皮，螺纹部分应涂有少量油脂；

② 地脚螺栓在预留孔内应垂直，任一部分离孔壁的距离不小于 15mm，底端不碰孔底，螺栓露出螺母 2~3 扣；

③ 预留孔内无油脂、杂物。

（3）用水湿润预留孔，并清除孔内积水。

（4）浇灌混凝土，混凝土应捣固密实。

9）盘车器安装

盘车器用桁车吊装。安装前应清洗曲轴上齿轮及盘车器内配对齿轮并给齿轮表面加 N150 机械油，安装时应在盘车器与机身的连接面间加橡胶石棉垫，安装后应给蜗轮蜗杆室加 N150 机械油并接通临时电源。

10）中体与曲轴垂直度及气缸与中体同轴度检查

（1）中体与曲轴垂直度及气缸与中体同轴度拉钢丝按第一到第六列顺序依次采用声电法进行测量，其中气缸与中体同轴度以用水平仪分别测量中体滑道（前端）及气缸镜面（后端）

结果计算为准。

（2）声电法测量方法：

① 架设找正线、架支架，拉钢丝（钢丝套绝缘套管过找正线架轮）、挂铅锤、接导线、电池、耳机。

② 通过调整找正线架调节螺旋来调整钢丝位置，使钢丝与中体滑道中心线重合。调整过程中，应边调整边在滑道前后点测量钢丝上下左右四个位置与滑道间距离，并使前后两点四个位置距离相等（第一至第四列应考虑钢丝挠度，第五、六列因缸径小，无法用声电法测量气缸与中体同轴度而不必考虑挠度）。

③ 盘动曲轴，使曲柄销分别在轴线两侧靠近钢丝（但不接触），在曲柄销中心线两侧测量钢丝到曲柄凸台距离，并计算中体与曲轴的垂直度。

④ 分别在气缸前后端测量钢丝在上下左右四个位置到气缸镜面距离，并计算气缸相对中体滑道的径向位移及整体倾斜。

⑤ 用水平仪测量气缸水平度及中体滑道水平度，计算气缸相对中体滑道的倾斜值。若与上述④的结果不一致，以本结果为准。

（3）中体与曲轴垂直度及气缸与中体同轴度检查结果应满足以下要求：

① 十字头安装：

a. 清净十字头，并用压缩空气吹净润滑油通道；检查十字头滑履与十字头体连接螺栓的坚固情况，应无松动。

b. 着色检查十字头销与十字头接触情况，接触面积应大于70%，且均匀分布。

c. 用桁车将十字头通过中体大窗口放入滑道。用着色法检查滑履与滑道的接触情况，通过研刮滑履使触面积不少于70%。

d. 按出厂标记确定上下滑履。用塞尺测量十字头在滑道内前中后三个位置与滑道间隙，应在 0.22~0.32mm 之间。

② 连杆安装：清洗连杆各组件、零件及十字头销，用压缩空气吹净润滑油通道。

③ 检查十字头销与小头瓦配合情况：

a. 着色检查十字头销与小头瓦接触面积，并通过研刮小头瓦使其达到70%以上。

b. 用塞尺测量十字头销与小头瓦的径向面隙，应在 0.10~0.14mm 之间。

c. 用游标卡尺测量小头瓦宽度，用内径千分尺测量十字头内凸台间距，计算大小瓦的轴向间隙，应在 0.30~0.413mm 之间。

d. 装上连杆大头瓦，按出厂状态拧紧连杆螺栓。

e. 检查连杆大头瓦与连杆体配合情况：连杆大头瓦必须为连杆体所压紧并全面贴合于连杆的孔壁，连杆分开面不得有间隙存在。

f. 测量大头轴承内径及配合的曲柄销外径，计算配合间隙，应在 0.20~0.27mm 之间。

g. 拆卸连杆螺栓，用桁车吊装连杆并按出厂状态与十字头销、曲柄销进行连接；盘动曲轴数周后拆卸连杆螺栓，检查大头瓦与曲柄销接触情况，接触应良好。

h. 重新连接连杆体，按 50%、80%、100%的拧紧力（291000N）分三次拧紧连杆螺栓，螺纹部分应涂油指防咬合。连接时锁紧连杆螺母、十字头销螺栓。

④ 活塞环、活塞、填料函、刮油环安装：活塞环、活塞、填料函、刮油环按一至六级顺序安装。

a. 按下列要求清洗检查活塞环：将活塞环逐根放入对应气进行漏光检查及开口间隙检

查，整个圆周漏光不应超过两处；每处对应弧长不应大于36°，且与活塞环开口的距离应大于对应15°的弧长。

b. 用塞尺测量活塞环开口间隙，应符合要求：将活塞环逐根放入活塞环槽检查，活塞环在槽内应能自由转动，且手压活塞环应能全部沉入槽内；轴向间隙应符合相关要求。

c. 清洗并按下列要求检查填料函：

a) 填料函与气缸间的密封垫片及各填料盒端面无影响密封性能的缺陷。

b) 按出厂标记将填料盒装入气缸填料孔，拧紧压紧螺柱。用手动试压泵对冷却水路进行水压试验，试验压力为0.6MPa，试验时间为30min，以无渗漏为合格。用压缩空气检查注油通道应畅通。

c) 拆卸填料盒，着色检查填料内圆弧与活塞杆、填料端面间及与填料盒端面间的接触面积，通过研刮使其达到80%以上。

d) 清洗刮油环，着色检查刮油环内圆弧面与活塞环的接触面积，并通过研刮使之达到70%以上。

e) 清洗检查活塞：活塞、活塞杆表面应无裂纹、损伤等缺陷，活塞螺母应锁紧可靠，手锤轻击活塞，应无异常现象。

f) 将活塞放入气缸内并连接活塞杆与十字头，盘车数周后取下活塞检查。活塞支撑与气缸镜面的接触面积应不小于支撑弧面的60%。

g) 开口位置相互错开地装上活塞环，将活塞放入气缸内并使活塞位于前止点。

h) 在活塞杆尾部装上导向套，按出厂状态逐盒安装填料盒、填料组，对称均匀拧紧填料函压紧螺柱并锁紧。

i) 逐盒安装刮油盒、刮油环。安装时应保证刮油环刀口朝向机身且回油孔在下方，连接螺栓应对称均匀拧紧。

j) 取下导向套，将调整垫、连接套、压紧螺母等活塞杆连接件套上活塞杆；盘车使十字头位于前止点，拧上活塞杆尾部螺母，液压上紧活塞杆螺母，上紧油泵压力为9600N。

k) 测量活塞杆水平度，应不大于0.05/1000；盘车用百分表测量活塞杆摆动值，上下方向应不大于0.20mm，水平方向应不大于0.1mm；在前后止点用塞尺测量活塞圆周间隙。

l) 压铅测量气缸轴侧余隙，通过调整十字头与活塞杆之间的螺母，保证一级气缸为(4±0.5)mm，其余各级为(3±0.5)mm。

m) 安装中体大窗口有机玻璃盖板。安装时，垫片应无影响密封性能的缺陷，连接螺栓应对称均匀拧紧。

11) 缸盖安装

(1) 按级顺序，用桁车吊装缸盖。安装时，密封垫应无影响密封性能的缺陷；连接螺栓应对称均匀拧紧。

(2) 缸盖安装后，盘车压铅检查气缸盖侧余隙，各级余隙应为(4±0.5)mm。

(3) 按级缸盖安装后，用手动试压泵对其冷却水路进行0.6MPa的水压试验。试验时间为30min，以无渗漏为合格。

2. 电机安装

(1) 电机就位。

(2) 测量联轴器对中偏差，联轴器对中允许偏差为：径向位移≤0.03mm；轴向倾斜≤0.05/1000。

（3）联轴器对中达到要求后，放上正式垫铁并使各垫铁组均匀受力，然后对称均匀地拧紧地脚螺栓。拧紧后测量联轴器对中偏差作为联轴器对中结果，应满足要求。

5.3 活塞式压缩机的检修

为了使活塞式压缩机能长周期正常运转，应实行定期维护、检修制度，压缩机的维修应按随机说明书规定的要求进行，随机资料不充分的应参照有关规程，如《石油化工设备维护检修规程》，另外各公司根据本公司具体管理要求也都制定了维修管理制度或细则。

5.3.1 检修周期与内容

1. 检修周期

活塞式压缩机的检修周期见表 5-2。

表 5-2 活塞式压缩机检修周期/月

检修类别	小 修	中 修	大 修
检修周期	4~6	6~12	24

根据状态监测结果、设备运行状况以及是否有备机可适当调整检修周期。

2. 检修内容

1）小修

检查或更换各吸、排气阀片、阀座、弹簧及负荷调节器，清理气阀部件上的结焦及污垢。检查并紧固各部连接螺栓和十字头防转销。检查并清理注油器、单向阀、油泵、过滤器等润滑系统，并根据油品的化验结果决定是否更换润滑油。检查并清理冷却水系统。检查或更换压力表、温度计等现场仪表。

2）中修

除包括小修内容外，还应检查更换填料、刮油环，检查修理或更换活塞组件（活塞环、导向环、活塞杆、活塞等）。检查机身连接螺栓和地脚螺栓的紧固情况，检查并调整活塞余隙，必要时活塞杆做无损探伤。

3）大修

除包括中修项目外，还要检查测量气缸内壁磨损，检查各轴承磨损，并调整其间隙。检查十字头滑板及滑道、十字头销、连杆大、小头瓦、主轴颈和曲轴颈的磨损。十字头销、连杆螺栓、活塞杆、曲轴做无损探伤；气缸螺栓、中体螺栓、主轴承紧固螺栓等必要时做无损探伤检查。根据机组的运行情况及设备监测情况水平度和中心位置，调整气缸及管线的支撑。

检查更换气缸套或做镗缸、镶缸处理。检查校验安全阀、压力表，检查清扫冷却器、缓冲罐、分离器等，并做水压试验和气密性试验，检查及修补基础，基础和机体及有关管线进行防腐，清理油箱更换润滑油。

5.3.2 机体检修

1. 在运转中机体的损坏

压缩机在长期使用过程中，由于各种因素，会产生机体各部位的损坏。常见的缺陷有以下几种：

（1）滑道拉毛　滑道拉毛一般是由于加工精度不够或安装后磨合不够；油路堵塞、缺油、润滑油脏及润滑油黏度过低；咬瓦的金属屑未洗净或是填料冷却水漏入等造成的。其现象是滑道温度升高，从窗孔可以看到"冒烟"现象，严重时滑道会把十字头卡住发生压缩机"自动停车"等。

（2）滑道过早磨损　滑道过早磨损一般是由于材料选用不当，或者是人工时效退火处理不好，硬度不适当，致使滑道不耐磨而造成的；也可能是由于安装质量不好，十字头倾斜，使滑块和滑道接触不均匀而造成的。其现象是装配间隙急剧增大，敲击声增加。

（3）连接气缸法兰平面的损坏　活塞压缩机机体与气缸体对接平面螺栓松动，由于气缸内活塞的往复运动，使接触面有一定程度的撞击，这种现象用手指接触接缝时会有感觉，如不及时处理，会造成其平面变形，进而也会使螺栓松弛。

（4）机身破坏　除了因铸造应力造成以外，由于活塞压缩机加速过多，或装配不当，作用在机身的应力过大，机身强度不够；或气路堵塞，因阀片断裂堵塞排气阀座，气缸内气体压力剧增，活塞力过大，气缸连接螺栓拉断等，都会引起机身破坏。

（5）机体与基础脱离　机座上垂直的及水平的振动严重时会导致机身部分的碎裂，或直接影响到曲轴的正常运行及气缸内活塞的运转。

（6）机体局部产生裂纹　机体局部产生裂纹主要是由于铸造质量差、安装不正确及局部受力等原因所致，如不及时处理，极易扩展，使裂纹越来越大，后果是严重的。

2. 机体的日常检查和维修

机体除在安装前进行全面检查外，在使用过程中还应重视定期检查和维修，及早发现各种缺陷和隐患，把问题和事故消灭在发生和扩展之前。

（1）检查机体的振动状况　定人、定点、定时测量，并作好记录；检查机体同基础是否脱离，基础有无下沉现象或产生裂纹。如有上述现象更应注意观察其变化情况，及时采取措施。

（2）检查滑块与滑道的注油状况　滑道部位的温度应≤60℃，并观察磨损状况。

（3）注意基础的维护　机油不应滴漏到基础上。机油对基础有浸渗作用，会加速基础浸蚀。

（4）机体检修标准　纵向和横向水平度偏差不大于 0.05mm/m。各列滑道中心线平行度为 0.1mm/m。十字头滑道中心线与主轴承座孔中心线垂直度为 0.01mm/m。曲轴箱用油面粉清理干净。

5.3.3　气缸检修

活塞抽掉以后，首先检查各级气缸(套)的圆度、圆柱度，测量前、中、后(或上、中、下)三个截面的垂直、水平方向的内径，验证气缸圆柱度(见表 5-3)；同时检查气缸内表面的粗糙度是否良好，由于气阀损坏的阀片、弹簧等物落入气缸或其他原因，往往在气缸壁上磨出很多划痕，影响压缩机效率。

表 5-3　气缸内径圆柱度公差　　　　　　　　　　　　　mm

气缸内径	圆柱度	气缸内径	圆柱度
≤100	0.13	>400~450	0.30
>100~150	0.15	>450~500	0.33
>150~200	0.18	>500~550	0.35

121

气缸内径	圆柱度	气缸内径	圆柱度
>200~250	0.20	>550~600	0.38
>250~300	0.23	>600~650	0.40
>300~350	0.25	>650~700	0.43
>350~400	0.28		

气缸内表面只有轻微的擦伤或拉毛时，用半圆形的油石沿气缸圆周进行研磨修理。但当表面拉伤超过圆周 1/4 并有严重沟槽且沟槽深度大于 0.4mm、宽度大于 3mm 时，应进行镗缸处理，加工后表面粗糙度为 $R_a1.6$。气缸经镗缸处理后，其直径增大值不得超过原设计缸径的 2%，气缸壁厚减少量不大于壁厚的 1/12。带级差活塞的串联气缸，各级气缸镗去的尺寸应一致。镗缸后，如气缸直径增大值大于 2mm 时，应重新配置与新缸径相适应的活塞和活塞环。

气缸经过镗缸或配镶缸套后，应进行水压试验。试验压力为操作压力的 1.5 倍，但不得小于 0.8MPa，稳压 30min，应无浸漏和出汗现象。

用水平仪检查气缸的倾斜情况，气缸倾斜与滑道倾斜相差较大或不一致时应进一步分析原因，检查气缸连接情况，必要时进行拉线校核。属于气缸下部磨损不均匀，则需进行镗缸或更新，气缸允许的最大磨损量见表 5-4。属于气缸本身倾斜过大，则气缸端部要进行加工。气缸中心线与滑道的同轴度要符合表 5-5 的要求。

检查气缸（套）有无碎裂、滑动等；检查气阀腔有无裂纹，气阀的密封面有无损坏与裂纹；检查各级气缸的连接面有无损坏。

表 5-4 气缸的最大磨损量   mm

气缸直径	100~150	150~300	300~400	400~700	700~1000	1000~1200	1200~1500
圆周均匀磨损	0.5	1.0	1.2	1.4	1.6	1.75	2.0
圆度	0.25	0.4	0.5	0.6	0.8	1.0	1.2

表 5-5 气缸中心线与滑道同轴度   mm

气缸直径	同 轴 度	
	平行位移	倾斜
≤100	0.05	—
>100~200	0.07	0.02
>300~500	0.10	0.04
>500~1000	0.15	0.06

5.3.4 气阀检修

回装气阀时，无论是新件还是旧件都必须进行检查。气阀的阀片不得有变形、裂纹、划痕等缺陷。阀座密封面不得有腐蚀麻点、划痕，表面粗糙度为 $R_a0.8$；阀座边缘不得有裂纹、沟槽等缺陷；阀座与阀片接触应连续封闭，金属阀片组装后应进行煤油试漏，在 5min内不得有渗漏。气阀弹簧应有足够的弹力，在同一阀上各弹簧直径及自由高度基本保持一致。阀片（阀板）升降自由，不得有卡涩及倾斜现象。阀片的升降高度应符合设计要求。

5.3.5 活塞及活塞环检修

活塞圆柱形表面的磨损程度有限，通常不加修理。在气缸经过镗缸加大直径时，必须按加大的直径选配新活塞。在活塞磨伤或活塞环槽和筒形活塞销孔磨损时才进行修理。

1. 活塞的检查

用压铅法检查活塞止点间隙。拆卸气阀盖螺栓取出气阀之后，清理压铅接触的活塞和缸头盖的表面，盘动机组，把铅丝放置在活塞和缸头盖之间，挤压之后的铅丝立即取出并用游标卡尺测量，记录数值。活塞回装时测得的止点间隙值应符合机组技术要求，否则进行调整。

用塞尺检查活塞与气缸内壁的径向间隙，测量等分的三个截面，每个截面上、下、左、右测4个点。活塞与气缸的安装间隙应符合设计要求，或符合下式算得的数值：铸铁活塞为 $(0.8 \sim 1.2)\%\!D$，铸铝活塞为 $(1.6 \sim 2.4)\%\!D$，D 为气缸直径(mm)。活塞与气缸的极限间隙应符合设计要求，如无设计值时参照表5-6。

表5-6　活塞与气缸的极限间隙　　　　　　　　　　　　　　　　　mm

气缸内径	极限间隙	气缸内径	极限间隙
≤100	0.90	>400~450	3.50
>100~150	1.20	>450~500	4.00
>150~200	1.50	>500~550	4.50
>200~250	1.80	>550~600	4.90
>250~300	2.20	>600~650	5.40
>300~350	2.50	>650~700	5.90
>350~400	3.00		

抽出活塞杆后，先检查活塞表面、活塞槽、活塞与活塞杆锁母接触的内圆等处有无裂纹。如果有裂纹根据使用情况进行水压试验，鉴定裂纹的性质，并设法消除，无法进行修复的应更换新的活塞。

检查活塞上铸造用的清砂孔堵头有无松动。

检查活塞锁母与活塞杆接触是否良好。如果接触不良，不仅会产生串气现象，而且会使活塞杆受力不好。

检查活塞环槽磨损和变形情况，注意槽面有无裂纹。

2. 活塞环的检查与装配

在活塞环装配之前应先进行检查，活塞环表面应光滑，无磨损、划伤、裂纹、变形及铸造、机加工等缺陷。

检查活塞环的平行度，将活塞环平放于平台上，用手指沿环的上表面四周轻敲，活塞环两端与平板之间无间隙为宜。

活塞环在活塞槽内应活动自如，有一定的胀力，用手压紧时，活塞环应全部埋入环槽内，并应比活塞表面低 0.5~1.0mm。活塞安装时，相邻两活塞环的搭接口应错开120°，且应避开进、排气口。

活塞环与气缸要贴合良好，活塞环外径与气缸接触线不得小于周长的60%，在整个圆周上，漏光不多于两处，每处弧长不大于45°，漏光处的径向间隙不大于0.05mm。

活塞环、导向环置于活塞中，其热膨胀间隙(接口间隙及侧间隙)应符合设计要求，如无设计值时参照表5-7。

表5-7　金属活塞环的接口及侧间隙　　　　　　　　　　　　　　　mm

汽缸直径	组装间隙		极限间隙	
	接口间隙	侧间隙	接口间隙	侧间隙
≤100	0.4	0.03~0.05	2.5	0.15
>100~150	0.5	0.04~0.06	2.5~3.0	0.15
>150~200	0.8	0.05~0.07	3.5	0.15
>200~250	1.0	0.05~0.07	4.0	0.20
>250~300	1.2	0.06~0.09	4.5	0.20
>300~350	1.4	0.06~0.09	5.0	0.20
>350~400	1.6	0.07~0.10	5.5	0.20
>400~450	1.8	0.07~0.10	6.0	0.20
>450~500	2.0	0.09~0.12	6.5	0.20
>500~550	2.2	0.09~0.12	7.0	0.20
>550~600	2.4	0.09~0.12	7.5	0.25
>600~650	2.6	0.09~0.12	8.0	0.25
>650~700	2.8	0.09~0.12	8.0	0.25

四氟乙烯活塞环和导向环的热膨胀间隙可按下列公式计算：

$$A = (2.8~3.2)\%D$$
$$S = 0.01h + H9/d9$$
$$B = (0.015~0.018)b$$

式中　A——活塞环和导向环的接口间隙，mm；

　　　D——活塞外径，mm；

　　　S——活塞环在活塞槽中的侧间隙，mm；

　　　h——活塞环宽度，mm；

　H9/d9——基孔制间隙配合极限值，mm；

　　　B——导向环的侧间隙，mm；

　　　b——导向环的宽度，mm。

5.3.6　活塞杆检修

压缩机检修时，活塞杆应做无损探伤检查，不得有裂纹及其他缺陷。活塞杆表面应光滑，无纵向裂纹、镀层脱落等缺陷，表面粗糙度为 $R_a0.8$。活塞杆直线度公差值为 0.06mm/m，最大不大于 0.1mm/m。活塞杆圆柱度公差值见表5-8。

用盘车方式检查活塞杆的摆动量，其值不大于 0.10mm/m。活塞杆拧入十字头或连接螺母时，用手摆动不得有松动现象，活塞杆螺纹不得有变形、断裂等缺陷。

表 5-8　活塞杆圆柱度公差　　　　　　　　　　　　　　　　mm

活塞杆直径	圆柱度公差值	活塞杆直径	圆柱度公差值
40~80	0.02~0.05	>80~120	0.03~0.07

5.3.7　密封填料和刮油环检修

1. 密封填料

填料函中心线与活塞杆中心线应保持一致。填料函承压面表面粗糙度应达到 $R_a0.4$；O形环槽应表面光滑，无沟槽、断裂。

密封环内圆面和两端面应光洁无划痕、磨伤、麻点等缺陷，表面粗糙度为 $R_a0.8$。三瓣密封圈应保证内圆表面与活塞杆表面接触良好，可以用红丹研点检查，接触不良的部分进行研磨。六瓣密封圈应保证与填料函承压面贴合良好，贴合不良的要进行研磨。

密封圈与活塞杆接触面积应达 70% 以上，接触点不少于 4~5 点/cm^2，严禁用金刚砂研磨。

组合式密封填料接口缝隙一般不小于 1mm，而锥面密封填料的接口间隙一般不小于 $(0.01~0.02)d$，其中 d 为活塞杆直径，各圈填料开口均匀错开组装，三瓣密封圈靠气缸侧，六瓣密封圈靠十字头侧。

金属填料和石墨填料在填料盒内的轴向间隙应符合设计要求，或为 0.05~0.10mm，最大不超过 0.25mm，聚四氟乙烯填料轴向间隙比金属填料大 2~3 倍。组合填料的轴向间隙介于相同片数的聚四氟乙烯和金属填料的轴向间隙之间。

另外填料与填料盒径向间隙不能过小，以防止活塞杆下沉时压住填料导致密封失效。

2. 刮油环

刮油环轴向端面与填料盒均匀接触。刮油环与活塞杆接触面不得有沟槽、划痕、磨损等缺陷，接触线应均匀分布，且大于圆周长的 70%。

5.3.8　曲轴和轴承检修

检修曲轴时，应首先清理干净曲轴表面，进行外观检查，检查是否存在严重磨损、变形、裂纹等缺陷，然后测量各部控制参数如主轴颈水平度、轴颈跳动、圆柱度、轴承间隙及接触质量、曲臂差等。另外存在应力集中的部位还应进行无损探伤检查。

1. 轴颈水平度检测

用高精密度水平仪测量，曲轴旋转 360°，每转 90° 测量一次，每次测轴颈两端的两个点。为防止水平仪本身有误差，测量时必须把水平仪转 180° 反复测两次，取平均值。由于飞轮重量的影响，会使曲轴产生微小的弯曲，而且主轴颈的锥度也会产生影响，在测量时要予以考虑。曲轴安装水平度误差不大于 0.1mm/m，测得的水平度应符合要求，否则查清原因，采取措施。

2. 轴颈圆柱度检测

使用外径千分尺检测主轴颈和曲轴颈的圆柱度，测量时选平分轴颈的三个截面，测量每个截面时每隔 45° 为一个测点，共测得 4 个数值，测出的数值作好记录，计算出轴颈的圆柱度，圆柱度允许公差见表 5-9。

表 5-9　轴颈圆柱度公差　　　　　　　　　　　　　　　　　　　mm

轴颈直径	圆柱度公差	
	主轴颈	曲轴颈
≤80	0.010	0.010
>80~180	0.015	0.015
>180~270	0.020	0.020
>270~360	0.025	0.025

3. 检测曲轴的曲臂差

测量时用内径百分表在距曲臂边缘 15mm 处，测量曲拐朝上和朝下两个位置时曲臂开度（平面距离）的差值，对于主轴承为剖分结构的曲轴，曲臂差可按公式计算：安装时：曲臂差 $\delta=8\times S/100000$；在用时：$\delta=25\times S/100000$。S 为活塞行程。

4. 轴承间隙及接触质量

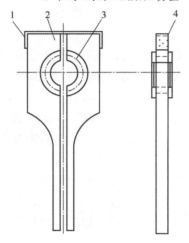

图 5-18　曲轴研磨夹具
1—牛皮带；2—木夹；
3—铸铁瓦；4—钉子

主轴颈及曲轴颈擦伤痕迹面积大于轴颈面积的 2%，轴颈沟槽深度大于 0.1mm 时，必须进行修理。主轴颈及曲轴颈减小 3% 时应更换新的曲轴，直径磨损不超过 0.05mm 时可用特制的夹具研磨修整（见图 5-18）。手工研磨时，夹具铸铁瓦应按轴颈尺寸确定，铸铁瓦内径的圆度和圆柱度不低于 6 级精度，其宽度略宽于轴瓦的宽度，铸铁瓦的圆角比轴颈的圆角半径大 1mm。研磨时分为细研和精研，一定选用质量符合标准的研磨膏。

磨损较大时应进行金属喷涂和机加磨削，修理时严格保持过渡圆角的半径，防止留下疲劳断裂的隐患。

轴承合金层与轴承衬应结合良好，用小木棒轻敲轴承衬发出的声音应清脆连续；合金层表面不应有裂纹、气孔等缺陷，薄壁瓦（壁厚 δ 与轴瓦直径 d 之比，$\delta/d<0.05$ 时为薄壁瓦）不得用刮研的方法修复。轴承合金的磨损不得超过原厚度的 1/3。

轴承与轴颈的径向间隙可以在总装之前进行预装，采用塞尺和千分尺测量，径向间隙应符合设计要求或参照表 5-10，同时检验轴承与轴颈及轴承座孔的接触质量，轴颈与轴承应均匀接触，接触角为 60°~90°（连杆大头轴承为 60°~70°），接触点不少于 2~3 点/cm²，轴承衬套应与轴承座、连杆瓦窝均匀贴合，接触面积应大于 70%。

表 5-10　轴承径向间隙　　　　　　　　　　　　　　　　　　　mm

轴颈直径	安装间隙	极限间隙
50~80	0.08~0.10	0.16
>80~120	0.10~0.13	0.20
>120~180	0.13~0.18	0.28
>180~220	0.18~0.20	0.32

5. 曲轴的轴向定位

曲轴的轴向窜动只能用一侧的止推间隙控制，其间隙值符合设计要求，或控制在 0.15~

0.20mm 范围内，其余各轴承的轴向间隙为 0.60~0.90mm，间隙值用塞尺测量。

5.3.9 连杆检修

1. 连杆常见故障

连杆常见故障主要有：连杆材质的化学成分不合适、机械性能不符合要求；锻件未经正火处理；正火后未进行回火处理，有白点、裂纹等；加工不良，常见的如杆身表面粗糙度不好，有粗的尖沟状刀痕，杆身与头部的圆角过渡面不符合要求等；装配时，曲轴中心与机身滑道中心线不垂直，连杆歪斜，使轴承歪偏磨损；轴瓦间隙不当，引起烧瓦、抱轴、严重敲击、连杆损坏等；润滑油量少、油压低、油温高、污物堵塞油路，引起轴承烧熔，甚至连杆损坏等；机身、气缸、连杆螺栓断裂，以及液击引起连杆损坏等。

2. 连杆的检查与修复

拆卸前检查连杆螺栓有无松动，拆卸后仔细检查连杆螺栓螺纹，并做无损探伤检查。连杆螺栓与孔端面应对研，接触均匀，接触面积在80%以上，装配时应保证螺栓伸长量达到要求。拆卸时要仔细检查大、小头的磨损状况，杆身须做无损探伤，检查有无内部缺陷。连杆中分面磨损轻微可以研磨修整，修整后中分面应保持平行不得偏斜，用红丹油涂色检查应接触均匀，接触面积不小于70%。仔细检查大小头轴承间隙、轴承内外表面情况及轴承合金与轴承衬贴合情况等，轴瓦合金层与轴承衬应结合良好，无裂纹、气孔、脱层等现象。轴瓦合金层磨损后不足原来的1/2时应该更换新瓦，轴瓦安装时应与曲轴接触均匀，接触面应在轴颈下方60°~75°，用涂色法检测不少于2~3点/cm²。瓦背应与连杆瓦窝均匀贴合，接触面不小于总面积的70%。小头整体轴套在烧损、松动、间隙过大时应更换新件。连杆大、小头中心线的平行度公差，在100mm长度上不超过0.03mm。两中心线共面误差在100mm长度上不大于0.05mm。检查方法如图5-19所示，用两根假轴穿入大、小头孔，以大轴为基准，在小轴上间距100mm长度处用百分表测量。顶部两百分表读数差值为不平行度值，水平方向的两表读数差值为共面误差。若弯曲超差可用手动丝杠压直，扭曲可以用敲击的方法校正。

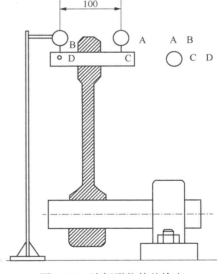

图 5-19 连杆形位偏差检查

5.3.10 十字头检修

用电动或手动盘车，使十字头处于滑道的前端、中部、后端三个位置，用塞尺分别测出滑板两侧与滑道的间隙，作好记录，间隙应符合设计要求或参照表5-11。

表 5-11 十字头与导轨间隙   mm

十字头直径	安装间隙	十字头直径	安装间隙
50~80	0.09~0.20	>180~260	0.29~0.34
>80~120	0.20~0.24	>260~360	0.34~0.39
>120~180	0.24~0.29	>360~500	0.39~0.46

检查滑履和十字头体的连接是否紧密，十字头、十字头销、滑板及导轨不应有裂纹、划痕等缺陷；滑履上轴承合金的破裂、剥落等的面积超过总面积的30%时，应更换滑履。

检查联接器(或螺纹、法兰、楔)是否有裂纹，配合是否合适等。

测量十字头销的圆度和锥度，大于规定值时应进行磨圆。检查十字头销有无裂纹，特别应注意检查有无径向裂纹，十字头销的磨损量和圆柱度公差见表5-12。

表5-12　十字头销最大磨损及圆柱度公差　　　　　　　　　　　　mm

销直径	直径最大磨损	圆柱度	
		组装公差	磨损极限值
≤70	0.5	0.02	0.04~0.06
>70~180	0.5	0.03	0.05~0.08

十字头销与连杆小头瓦之间的间隙应符合设计要求，或按经验公式计算：

衬套为铜合金时：$\delta = (0.0007 \sim 0.0012)d$

衬套为轴瓦浇注巴氏合金时：$\delta = (0.0004 - 0.0006)d$

式中 d 为十字头销直径，mm。

锥形十字头销，锥面与十字头孔对研配合，其接触面不小于90%。十字头销孔中心线对

十字头摩擦面中心线不垂直度不大于0.02mm/100mm。

5.4　活塞式压缩机的维护

5.4.1　正常运行时的维护

压缩机操作人员的维护职责主要是按工艺规定指标严格操作，保持各摩擦部分有良好的润滑和冷却条件。根据运转情况，及时发现和判断故障所在，与有关人员迅速联系加以处理。

1. 维护方法

压缩机运转和操作条件的变化，是通过仪表显示出来的。但仪表的显示一般是表面化的参数，具有一定的局限性，往往只说明问题的存在，而不能指明问题本质、部位的所在。还需提供各方面的综合材料分析、判断，才可能对发生的各种情况得出结论，因此就需要在压缩机运转过程中，相关人员进行不间断的巡检，掌握机组运行状态，发现故障苗头，作出相应的判断以解决故障，维护机组正常运行。在机组状态监测方面，各公司因机组的重要程度、管理部门职责、维护专业种类、维护权限等不同往往制定不同的管理制度，在机组运行期间相关人员按规定的频次、时间、路线、内容(如出入口压力、转速、振动、油温、油压、过程仪表等)和标准等，对机组各部位进行检查，及时发现问题，处理缺陷；认真填写巡检记录和检修日记，详细记录检查项目运行情况。

机组使用单位操作人员除按操作规程和指令进行操作机组外，还要接受设备性能、结构、原理、润滑及操作等方面的技术培训，做到"四懂"(即懂结构、懂原理、懂性能、懂用途)和"三会"(即会操作和使用、会维护保养、会排除故障)。

机组检修单位应建立定期巡检、状态监测责任制，明确设备检查的部位、人员职责、工

作内容和工作标准，作好各项记录。加强学习，了解所维护装置设备的结构、原理、性能、工艺特点、用途和修理技术，提高维护、保养能力。采用先进的仪器（如测振仪、测频器、测厚仪、转速表、点温计等）对主要设备认真进行点检。

所有巡检人员除应用必要的数字巡检仪器测试之外，应认真遵循"听、摸、测、看、闻"五字巡检法。定时对设备进行仔细检查，发现问题，及时解决。

用看的方法可以观察各传动部分连接是否松动和脱落，各摩擦部分的润滑是否良好。从各仪表指示，可以看出整个压缩机的工作情况，及时发现问题，查出问题的关键，如气体、冷却水、润滑油各系统运转是否正常，阀门有无泄漏，以及其他部位的跑、冒、滴、漏等。

用听的方法能较准确地判断压缩机各部件的运转情况；听出各级进、排气气阀的阀片是否有损坏；活塞是否因活塞环损坏而漏气；轴瓦是否碎裂；气流是否脉冲严重；管道振动是否过大等。

用摸的方法可以探测出各摩擦部分的温升程度、振动大小等。

用测的方法可以使直观的感觉成为数据，能够更准确地说明现象性质。

所谓的听、摸、测、看、闻不是孤立的，而是紧密配合、互相关联的。在实际操作中，要不断积累总结经验，应用听、摸、测、看、闻的方法，及时准确地判断各种不正常现象的原因，迅速处理，消除故障。

2. 运行状态的检查和故障判断

为使压缩机经常处于良好的运行状态，避免和杜绝事故发生，及时消灭事故隐患，操作人员要经常检查以下几项。

1）压力波动

在正常情况下，各级压力应在工艺指标范围内，且比较平稳。若压力有较大的波动，应迅速联系生产系统，问明操作条件是否有了变化（如变换系统引起气量的改变、铜洗的液位波动、合成塔反应的优劣等）。同时对压缩机本身进行检查，如气缸部分的气阀、活塞环以及附属设备的管道、阀门堵塞或泄漏等问题，应尽量设法调节压力，使之维持在规定的范围内。若无法调节，就要停车消除缺陷。

2）冷却水情况

冷却的效果，可以从各级气缸出入口的气体温度观察。如气缸出口气体温度升高，应检查气缸部件是否发生故障，如果气缸部件情况良好，则可能是气缸冷却水套壁上脏垢太厚，影响冷却效果。如果进水量少和进水温度高，就应开大冷却水进口阀，增加冷却水量以加强冷却。若增加水量仍不能使气体温度降下来，就需停车，清除壁上脏垢。

气缸冷却水温度的控制是很重要的，既不能过高，也小能过低，一般维持在35°～45°。出口水的温度过低，使气缸内外温差过大，对气缸不利。

调节气缸冷却水量应缓慢，不能过快，否则易使气缸温度变化迅速，致使产生裂纹。调节冷却水量时，要根据气缸的出口气温，使其维持在规定范围内。

3）摩擦部分的温度和润滑

压缩机的各零件因摩擦剧烈、温升过高会导致压缩机停车。因此经常观察摩擦部分的发热情况，使温度不至于升得太高，这是压缩机安全运行的必要措施。

摩擦部分的发热，除材质、加工精度与装配质量外，主要是由润滑情况决定的。经常检查和处理润滑系统的设备缺陷，提高润滑质量，就能消除摩擦部分的过热现象。

（1）注油系统的维护

注油系统的维护在于经常检查注油器的储油量和滴油孔的滴油，以及注油管线和接头等处的进油和泄漏情况。

注油器的注油量按操作规定供给，并结合实际情况给以适当的增减。当滴油速度减慢，调节无效或滴油正常而小油池内溢油时，说明注油器的机件有故障或管线堵塞。如果油池内连续产生油泡，说明止回阀有故障。

油管通油与否可由油管表面的温度判定。注油管表面温度比正常运转时高得多，则很可能是输油中断。在止回阀前后冷热比较明显，表明止回阀失灵。在油管某部冷热分明，表明油管堵塞。注油泵体和止回阀应有备件，可以不停车更换。

（2）循环油系统的维护

循环油系统工作是否正常的主要标志是油泵出入口及润滑点的油压。油压波动经常是由于油过滤器、过滤网或油管堵塞、油管或接头漏油所造成的。应经常从机身侧部的滑道视窗（有的机组可以从曲轴箱的弧形窗）观察油的流动和润滑情况，注意集油箱的油位等。集油箱的油位应经常保持油箱高度的2/3左右。如发现油箱内的油位逐渐下降，这可能是循环油系统的设备和管道漏油，也可能是填料前的挡油圈发生故障，将循环油由活塞杆带入气缸。

4）运动部件故障

运动部件的故障判断是一项比较复杂而细致的工作。

（1）气阀的判断

气阀正常操作时，其吸排气过程所发出的声音是均匀而有节奏的。如果气阀发生故障，就会发出噪音。例如气阀升程限制器和阀片之间被微小的软金属垫住，气阀就会间断地发出尖叫声，此时压力表几乎没有显示，可暂不急于处理。此间应注意听其声音变化和压力表指针的波动情况，多数情况下是软金属被气流带走，恢复正常操作，少数情况严重的促使气阀损坏，前级出口压力表指针突然上升，而后几级的压力下降，这时应急速打开前级近路阀或放空阀，降低前级的出口压力。至于是该级气阀的进口还是出口，可以用听气阀的杂音来判断。一般吸气时有杂音，是出口气阀损坏；排气时有杂音，是进口气阀损坏。因吸气时，进口阀片是全开启的，气流畅通，而气缸内外压力差小，气流声音应是正常的。此时听到不正常的噪音，大多是出口气阀损坏所致。反之，排气时出口气阀畅通，有噪音则大多是进口气阀损坏。

压缩机气缸有数个进出口气阀时，还需进一步明确是哪一个损坏。在正常工作时，根据操作规程规定，进口气阀温度较低（30℃左右），出口气阀温度较高（130℃左右），因此可用手摸的方法识别。当摸进口气阀部位的温度比正常操作高时，则该气阀有故障。出口气阀部位温度较高，可用便携式温度计逐个测试，温度较高者就是有故障气阀。用手摸的方法最易发现的是进口气阀的故障或损坏，其气阀盖的温度明显升高，此时即使未注意听到气阀的尖叫声等，也可以判断该阀一定损坏。

此外，由于气阀压筒垫片压扁或脱出，致使整个气阀在气室内来回窜动，发出清脆的撞击声（类似撞缸声）。气阀顶丝松动，促使整个气阀体上、下跳动，发出较大响声。这些故障的消除需卸压后进行处理。

（2）主轴承和曲轴承的敲击

主轴承和曲轴承由于装配间隙过大或经长期运转磨损间隙扩大，或紧固螺栓松动等，都会产生敲击。主轴承的敲击通常是沉重的，而无金属的响声，同时用手摸主轴承，会感觉轴承盖有跳动。主轴承的间隙过小或有杂物存在等，会导致轴承温度过高，如未及时发现和处理，会产生烧瓦抱轴事故。

由于装配不良，曲轴承在曲轴箱内发出较大的"咚咚"声，此时可以加大循环油量试听。如响声消失，则表明是曲轴承的间隙过大所致。

（3）前级压力升高，后级压力下降或不变

在生产中有时会遇到压缩机的前级压力升高，后级压力下降或不变的情况，除前述气阀损坏原因外，有时则因后级气缸内活塞环或填料元件磨损泄漏而造成。如前级压力超过指标，可稍开近路阀，维持前级压力，严重时应停车检修。

由于前级出口冷却器的冷却水中断或水量不足，使气体温度降不下来，压力逐渐升高时，需要及时检查处理。严重时，应停车检修。有时因前级油水分离器内的油水过多，使容积缩小，压力升高，此时应及时放掉油水。

5）电动机运转情况

在电动机运转过程中，应定期巡回检查电机的负荷，如电流、电压等。每台电动机都有额定电流指标，超过这个指标就会使电机的负荷加重，温升增加。在压缩机的负荷未变而电流发生较大变化时，应迅速检查各部位的温度、压力情况。因为这时由于生产系统的操作变化或压缩机某部位故障所造成的电机负荷变化，都将反映在温度和压力上。在这种情况下，应立即减轻负荷，同时找出故障，迅速予以处理。

压缩机用的电源电压一般是稳定的。当供电单位发生故障或其他原因使电压下降时，感应电动机的转速就要减慢；同步电动机的转速不变，但电流增大，可能会引起跳闸而自动停车。这就要求供电单位保证电源电压稳定，有波动时应事先同使用单位联系。

要注意电动机机壳的温度，根据绝缘等级确定许用温度。如果温度过高，绝缘可能破坏，将线圈烧坏。

在使用时，应经常保持电机的清洁，严防油、水进入电机内部。电机内部可用干燥的空气定期清洗。大型电机设有干净的冷风吹线圈降温，巡回检查时要注意冷风系统。

5.4.2　故障处理

1. 故障停车

活塞式压缩机的启动应严格按照本岗位制定的操作程序进行。禁止在压缩机启动后对已加热的气缸突然供冷却水。在对称平衡式或对置式压缩机启动开车过程中应控制各级压力升降的速度，以免活塞力突然改变破坏平衡，引起机组振动、烧轴瓦或损坏其他部件。

遇有下列情况之一，即需停车：

（1）一级吸入气体压力下降到规定值，各级排出压力超过15%工艺指标。

（2）循环油脏、冷却水压下降到规定值。

（3）主轴承、曲拐轴承、十字头滑板与机身滑道以及填料部分温度超过规定值。

（4）冷却水回水温度过高，或者有大量气体窜出。

（5）各级气体出口温度超过规定值。

（6）主轴承、机体及气缸发生振动。

（7）气缸内有异常响声。

（8）气缸及填料函注油点断油。

（9）气阀漏气，或安全阀跳开。

遇有下列情况，应立即紧急停车：

（1）各级气体进出口温度、压力突然发生急剧上升或下降。

（2）机体或气缸内突然发出较大异常响声。

（3）机组突然大幅度振动。

（4）气缸部分大量漏气。

（5）主、辅机或管道突然发生爆炸、着火。

紧急停车后，应立即关闭进排气管道阀门，同时用回路阀和放空阀卸去系统内的气体压力，并且同正常停车一样妥善做好工艺处理，如置换、排液、冬天防冻等措施。

2. 常见故障及处理方法

压缩机发生故障的原因常常是复杂的，因此必须经过细心的观察研究，甚至要经过多方面的试验，并依靠丰富的实践经验，才能判断出产生故障的真正原因(见表5-13)。

表5-13　压缩机运转中的故障及处理

问　题	故 障 原 因	处 理 力 法
排气量达不到设计要求	1. 气阀泄漏，特别是低压级泄漏 2. 活塞杆和填料函处泄漏 3. 气缸余隙过大，特别是一级气缸余隙过大 4. 一级进口阀门未开足 5. 活塞环漏气严重	1. 检查低压级气阀，并采取相应措施 2. 紧固填料函盖螺栓，修理或更换 3. 调节气缸余隙容积 4. 开足阀门，注意压力表读数 5. 检查活塞环
功率消耗超过设计规定	1. 气阀阻力大 2. 吸气压力过低 3. 排气压力过高	1. 检查气阀弹簧力是否恰当，通道面积是否足够大 2. 检查管道和冷却器，若阻力过大，应采取相应措施 3. 降低系统压力
级间压力超过正常压力	1. 后一级的吸排气阀泄漏 2. 第一级吸入压力过高 3. 前一级冷却器的冷却能力不足 4. 后一级活塞环泄漏引起排气不足 5. 到后一级间的管路阻力增大	1. 检查气阀，更换损坏件 2. 检查并消除 3. 检查冷却器 4. 更换活塞环 5. 检查管路使之畅通
级间压力低于正常压力	1. 第一级吸排气阀不良，引起排气不足 2. 第一级活塞环泄漏过大 3. 前一级排出后或后一级吸入前的机外泄漏 4. 吸入管道阻力太大	1. 检查气阀，更换损坏件 2. 检查活塞环，予以更换 3. 检查泄漏处，并消除泄漏 4. 检查管路，使之通畅
轴承温度高	1. 轴瓦与轴颈接触不均匀，或接触面小，单位面积上的比压过大 2. 轴承间隙过小 3. 轴颈圆柱度和轴直线度偏差过大 4. 润滑油量供应不足或中断 5. 油变质 6. 进油温度过高	1. 用涂色法刮研轴瓦，改善单位面积上的比压 2. 调整轴承间隙 3. 校直轴 4. 检查油泵、管线和油过滤器 5. 更换润滑油 6. 调节油冷却器进水量
气缸温度高	1. 冷却水供给不足 2. 冷却水管堵塞 3. 缺少润滑油	1. 适当加大冷却水供给量 2. 检查并疏通水管 3. 检查注油泵及管线

问　题	故 障 原 因	处 理 力 法
填料函发热	1. 活塞杆与填料配合间隙不合适 2. 活塞杆与填料函装配时产生偏斜 3. 填料冷却水供应不足或水管堵塞 4. 填料函润滑油污垢或供油不足	1. 适当调整间隙 2. 重新装配 3. 加大供水量或疏通供水管线 4. 更换润滑油或调整供油量
排气温度高	1. 排气阀泄漏 2. 入口过滤器堵塞 3. 吸入气体温度超过规定值 4. 吸气阀泄漏 5. 气缸或冷却器效果差	1. 拆检并清理排气阀 2. 拆检并清理入口过滤器 3. 检查工艺流程 4. 拆检并清理吸气阀 5. 检查冷却水系统
气缸内和运动部件有异常声	1. 阀片断裂或弹簧断裂 2. 阀体压筒破裂或松动 3. 气缸余隙容积太小 4. 气缸中积聚液体 5. 气缸中有异物 6. 缸套松动或断裂 7. 活塞或活塞环严重磨损 8. 活塞紧固螺母松动或活塞杆断裂 9. 连杆螺栓、轴承压盖螺栓、十字头螺母松动或断裂 10. 主轴承、连杆大小头轴承、十字头滑道间隙过大 11. 十字头滑板螺栓松动或断裂 12. 十字头滑板断裂 13. 各轴承紧力太小或无紧力 14. 曲轴与联轴节配合松弛	1. 检查更换阀片或弹簧 2. 重新压紧或更换压筒 3. 调整余隙容积 4. 检查积液原因并处理 5. 检查处理 6. 检查更换缸套 7. 检查修理或更换 8. 重新紧固螺母或更换活塞杆 9. 检查紧固或更换 10. 检查并调整间隙 11. 检查紧固或更换 12. 检查更换滑板 13. 调整轴承紧力 14. 检查处理
管路发生不正常的振动	1. 管卡太松或断裂 2. 支撑刚性不够 3. 管架或吊架不牢 4. 管路系统产生气柱共振或管路机械共振	1. 紧固或更换管卡 2. 加固支撑 3. 加固管架或吊架 4. 重新配置管路系统
油泵出口压力低或无压力	1. 吸入管法兰或接头泄漏，吸入空气 2. 油泵壳体或轴封有泄漏 3. 吸入阀有故障或油管堵塞 4. 油箱内油位太低 5. 油过滤器堵塞 6. 油泵驱动机转速下降 7. 安全阀故障	1. 查堵漏点 2. 检查并消除漏点 3. 检查并疏通油管 4. 添加润滑油 5. 清洗油过滤器 6. 查明原因并恢复到正常转速 7. 重新调校安全阀
油温升高	1. 油冷却器供水不足 2. 油冷却器结垢 3. 润滑油变质	1. 加大油冷却器供水量 2. 检查清洗油冷却器 3. 更换润滑油
压缩机排气压力低	1. 活塞环漏气 2. 气阀漏气	1. 检查更换活塞环 2. 检查更换阀片

问　题	故　障　原　因	处　理　方　法
吸排气阀发热	1. 阀座、阀片密封不严 2. 阀座与阀孔接触不严 3. 吸排气阀弹簧刚性不合适或弹簧折损 4. 气缸冷却不良	1. 分别检查吸排气阀 2. 刮研接触面或更换新垫片 3. 检查弹簧刚性或更换弹簧 4. 检查冷却水流量及流道
曲轴箱振动并有异常声音	1. 连杆螺栓、轴承盖螺栓、十字头螺母松动或断裂 2. 主轴承、连杆大小头轴瓦、十字头滑道等间隙过大 3. 各轴瓦与轴承座接触不良 4. 曲轴与联轴器配合松动	1. 紧固或更换损坏件 2. 检查并调整间隙 3. 刮研轴瓦 4. 检查并采取相应措施
循环油压力降低	1. 油压表故障 2. 油管破裂 3. 油安全阀故障 4. 油泵间隙超标 5. 油箱油量不足 6. 油过滤器阻塞 7. 油冷却器阻塞 8. 润滑油黏度下降 9. 管路系统连接处漏油 10. 油系统内残留空气	1. 更换或修理油压表 2. 更换或补焊油管 3. 修理或更换安全阀 4. 检查油泵并修理 5. 增加润滑油量 6. 清洗或更换过滤器 7. 清洗油冷却器 8. 更换新的润滑油 9. 紧固泄漏连接 10. 排出空气
柱塞油泵及系统故障	1. 注油泵磨损 2. 注油管堵塞 3. 止回阀失效 4. 注油泵或油管内有气体	1. 修理或更换油泵 2. 疏通油管 3. 修理或更换止回阀 4. 排出气体

第6章　工业汽轮机的安装与检修

6.1　工业汽轮机的结构

工业汽轮机的结构与它的工作原理、工作条件、受力情况、工艺要求、材质特性等有密切的关系。汽轮机中从蒸汽热能到机械功的转换，是经过两个步骤完成的：一是热能转变成动能，这是在静止的喷嘴叶栅中完成的，喷嘴叶栅用各种不同的方法固定在气缸上，构成汽轮机的静止部分；二是在动叶栅中实现由动能转换成机械功，而动叶栅是安装在与转动主轴相联的叶轮(冲动式汽轮机)或转鼓(反动式汽轮机)上，也就构成了汽轮机的转动部分。

6.1.1　汽轮机的本体结构

汽轮机的本体结构由转子和定子两大部分组成，转子包括：主轴、叶轮、叶片、推力盘、联轴器等；定子包括：气缸、滑销系统、隔板、隔板套、喷嘴、汽封、轴承等。

各个部件介绍如下：

(1) 主轴　起支持旋转零件及传递扭矩的作用。

(2) 叶轮　由轮缘、轮面、轮毂三部分组成。轮缘是安装叶片的部分，具有与叶根相配合的形状；轮毂是将叶轮套在主轴上的配合部分，是靠近轮孔的部分；轮面是轮毂与轮缘的连接部分。

(3) 叶片　其作用是将蒸汽的热能转换为动能，再将动能转换为汽轮机转子旋转的机械能。有静叶和动叶之分。冲动式汽轮机每一级由一个隔板和一个叶轮组成，动叶片安装在叶轮或转鼓上，随转子一起转动；而反动式汽轮机不采用隔板式结构，没有叶轮和隔板，动叶片直接装在转子的外缘上，静叶则固定在气缸内壁或静叶持环上。

(4) 推力盘　将转子的部分轴向推力传递给推力轴承。

(5) 联轴器　又叫靠背轮或对轮，是用来连接汽轮机转子和压缩机转子的部件，将汽轮机转子的扭矩传递给压缩机转子。

(6) 气缸：即汽轮机的外壳，其作用是将汽轮机的通流部分与大气隔开，形成封闭的汽室，保证蒸汽在汽轮机内完成能量转换过程(见图6-1)。

(7) 隔板　用来安装喷嘴，并将各级叶轮分开。

(8) 隔板套　隔板通常不直接固定在气缸上，而是几个隔板一组固定在一个隔板套上，隔板套再固定在气缸上。采用隔板套可以简化气缸的形状，便于气缸的制造；可以使级间距离不受或少受抽汽口的影响，从而可以减少汽轮机的轴向尺寸；采用隔板套检修时可以不翻转气缸盖。

(9) 喷嘴　把蒸汽的热能转变为高速汽流的动能，使高速汽流以一定的方向喷出，进入动叶栅，推动叶轮旋转做功。

(10) 汽封　汽轮机通流部分的动静部分之间，为了防止碰擦，必须留有一定间隙，间隙的存在必将导致漏汽，使汽轮机经济性下降。汽封的作用就是防止汽轮机通流部分动静部件之间因间隙的存在而漏汽，可分为轴端汽封(即轴封)、隔板汽封和围带汽封三种。

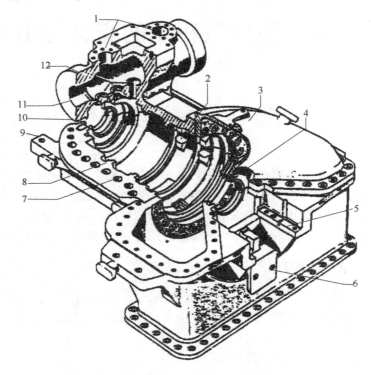

图 6-1　汽轮机外缸
1—调节气阀阀杆孔；2—导叶持环定位铁；3—排气缸；4—后汽封洼窝；5—后轴承座支承；6—后气缸导板；
7—中分面螺栓孔；8—导叶持环托环；9—气缸猫爪；10—前汽封洼窝；11—新汽进口；12—调节气阀阀座

6.1.2　汽轮机的附属设备及调速系统

1. 凝汽设备

凝汽设备的作用是在汽轮机的排汽口建立和保持规定的真空度，将汽轮机的排汽凝结成洁净的凝结水。

凝汽设备一般由表面式凝汽器、循环水泵、凝结水泵和抽汽器组成。

汽轮机的排汽进入凝汽器后，其热量被循环水泵不断打入凝汽器，冷却器冷却管中的冷却水被带走，因而排汽不断凝结成水并流入凝汽器底部热井，然后由凝结水泵送往回热加热系统，抽气器不断地将凝汽器内的空气抽走以维持真空。凝结 1kg 蒸汽所需要的冷却水量称为凝汽器的冷却倍率。

2. 回热加热系统

利用汽轮机中间级抽出一部分蒸汽对锅炉给水加热称为回热加热，相应的系统称为回热加热系统。设置回热加热系统的目的在于提高循环热效率。

回热加热系统一般由低压加热器、除氧器、高压蒸汽器、疏水泵、给水泵及相应的管路组成。低压加热器和高压加热器一般为表面式加热器，除氧器在完成除氧的功能时，也是一个加热器，它是混合式加热器。

3. 转速调速系统

汽轮机的生产厂家、型号、生产时间不同，其转速调节系统也不一样，较早时期的汽轮机调速器多为机械式、半机械式、液压式等，近年生产的多采用先进的电子调速器。汽轮机在出现危急情况时需要迅速停车，汽轮机安全保护有轴位移过大、超速、振动大、油压低等保护系统。

调节系统主要由转速传感器、转速控制系统、电液转换器、油动机和调节气阀组成。

保护装置是调节系统中另一重要组成部分，主要有危急保安装置和危急遮断器。汽轮机超速使危急遮断器飞锤出击，引起危急保安装置动作，切断速关油路，使速关阀关闭，机组停机。

电磁冗余装置的先导电磁阀是速关组合件的组成部分，电磁阀接收到各种外部综合停机信号后，立即切断速关油路，使速关阀关闭。手动停机阀也是速关组合件的组成部分，用于就地手动紧急停机。

6.2　工业汽轮机的安装

汽轮机本体各部件安装就位前，必须做好各项设备的检查工作，使之符合安装要求。汽轮机的安装质量要求为：承压部分严密不漏气、不漏油，受热膨胀自如，滑动面不出现间隙；轴系中心线与气缸中心线相重合；振动小、噪音小；各部分间隙符合制造厂要求，漏泄损失小；真空严密性好，经济效率高。

6.2.1　基础验收及垫铁布置

（1）按照规范和设计要求对汽轮机基础进行验收。

（2）垫铁布置：待基础检查合格，混凝土强度超过设计强度的 70% 以后，便可开始机组的安装。首先根据垫铁布置图，在基础上划出垫铁位置。

（3）地脚螺栓的安装要求：地脚螺栓在安装前，先将螺栓上的油漆和污垢清理洁净，然后检查螺栓与螺母，使之配合良好。除一般要求外，还应满足下列要求：

① 紧固地脚螺栓时，注意气缸负荷分配或气缸中心均不发生变化；

② 地脚螺栓最终固紧时，应复查气缸水平和转子中心，并用 0.05mm 塞尺检查台板与轴承座间、台板与气缸间、台板与垫铁间以及各层垫铁之间的接触情况，应密实无间隙。

6.2.2　台板、轴承座安装

台板和轴承座可单独就位，也可将台板与轴承座组合在一起，共同就位安装。但机组的最后找正、找平，还是以气缸为准。台板与轴承座组合在一起时，应将轴承座与台板间滑销装好，并留有间隙。

在安装落地式轴承座时，应先将各轴承座吊装就位，各轴承座吊装就位后，将各轴承座找正、找平并定好标高。找正即是使轴承座纵向和横向的中心位置与基础的纵横向中心线重合；找平即是将轴承中分面的横向和纵向水平度调整至符合制造厂的设计要求；各轴承座的标高也应根据轴系的安装扬度来调整。

6.2.3 气缸安装

1. 气缸直接放在台板上的

气缸直接放在台板上时，找平与找中心穿插进行。调整水平用前后台板下的斜垫铁来调整；调整中心用千斤顶横向顶动气缸。在调整过程中，彼此会有一定的影响。下气缸的水平，可用合象水平仪放在四角指定的位置进行测量。气缸找中心时，可用假轴、拉钢丝或用激光准直仪进行测量。

2. 气缸直接放在轴承座上的

气缸通过猫爪搭搁在轴承座上的，下缸就位前应将轴承座初步找平、找正，将出厂组装时的猫爪安装垫片按编号装好，并把猫爪横销取下，待下气缸吊装至接近安装位置而钢丝尚未吃力时，再将猫爪横销装上。下气缸就位后，对气缸纵、横向水平进行调整。气缸按轴封洼窝找好中心并调整好纵、横向水平及扬度后，即可装配气缸与轴承座之间的立销。

气缸安装结束后，必须保持承力面间的严密接触，气缸与台板之间的连接螺栓四周应有足够的间隙，并符合热膨胀的要求。各滑销不应有歪扭和整劲现象。

6.2.4 轴承与转子的安装

1. 轴承的安装

轴承座找平找正工作结束后，在转子就位前，应该先进行轴承的安装。轴承就位后，可将转子吊入，根据接触情况修刮轴瓦。或者根据机组各转子之间的找中心工作，调整垫块下垫片厚度，并修刮好垫块与轴承座的接触面，直到接触均匀，接触面积达 65% 以上。

2. 转子的安装

在气缸初步找平、找正后，将各道已经预检查的轴承安装好，就可将转子吊入气缸内。转子第一次向气缸内就拉时，首先将各道汽封环拆除，以免碰伤。起吊转子应使用制造厂供应的专用吊索。向气缸内安放或取出转子时，必须在轴颈上测量水平，使转子没有倾斜现象。转子应平缓地落入气缸内，当落到距轴瓦约 150mm 时，在轴瓦上浇以干净的透平油，然后将转子落在轴瓦中。盘动转子，观察是否有卡涩现象。

6.2.5 隔板的安装

汽轮机运行时，隔板两侧具有一定的压差，使隔板承受较大的轴向推力。汽轮机启动时，由于隔板受热较快而与气缸产生相对膨胀，因此为了保证转子与隔板之间具有正确的径向和轴向位置，隔板的安装应满足下列条件：

（1）隔板应牢固地装于气缸或隔板套中，接合面应保持良好接触，防止蒸汽沿隔板外缘及水平接合面泄漏。

（2）隔板应与转子同心，使隔板汽封与转子间具有均匀的径向间隙。

（3）隔板安装后应能自由膨胀，并与转子保持规定的轴向间隙。

① 校水平：将装好 Z 形悬挂销的下隔板吊入气缸的隔板槽中，悬挂销与气缸中分面间垫入留有加工余量的垫片。

② 找中心：为了使隔板与气缸的中心线处于同一平面内，在下气缸隔板槽和下隔板的底部之间装有一只定位键，供隔板找中后定位之用。

6.2.6　止推轴承的安装

1. 止推轴承的安装要求

（1）止推轴承推力瓦片的轴向位置，应该与转子的正确位置相适应。

（2）推力瓦片应与转子的推力盘良好吻合，且推力盘上传递于瓦片上的轴向力，应均匀分布于瓦片的整个工作面上。

（3）止推轴承中应有适当的油隙，以保证止推轴承的正常工作。

（4）安装时必须对准轴承的润滑油进出口油孔，并使油路畅通。

2. 止推轴承的安装

（1）要确定定位环的厚度，这一厚度应能保证推力瓦片与推力盘之间具有设计所规定的油隙。

（2）把转子安放在已调整好的轴向位置，把瓦片放入止推轴承的轴承体中，并沿水平接合面把下轴承与球面座安装好。

（3）校验推力瓦片与推力盘的贴合情况。在转子的推力盘上均匀地涂上一层红丹粉，按上述方法装好止推轴承，然后将转子在轴承中边转边移，由一个极端位置移向另一个极端位置，然后拆开止推轴承，查看推力瓦片巴氏合金上的印痕，直到均匀接触为止。

（4）测定转子在止推轴承中的轴向窜动量。窜动量的大小代表了止推轴承油隙的大小。为此，应在止推轴承装好后，在转子轴端装好百分表，然后将转子由一个极端位置推到另一个极端位置，百分表在两个极端位置的读数差即是转子的实际窜量，也即是油隙的大小。

3. 上轴承及上轴承盖的安装

（1）安装上轴承时，首先应修刮好轴承、球面座、轴承体和轴瓦的中分面，使中分面密切贴合，在自由状态下的间隙应小于 0.03mm。

（2）下轴承安装好以后，放上上轴承，并确定出上轴瓦洼窝的顶部间隙。

（3）轴承盖与上轴瓦之间要求有足够的预紧力。

6.2.7　汽封及流通部分间隙检查及调整

轴向间隙的测量可用塞尺、楔形游标卡尺等测量工具进行测量。汽封齿径向间隙的测量常用压铅丝法、贴橡皮布法进行。

6.2.8　汽轮机的闭合及各缸的连接

1. 闭合要求

（1）在闭合起来的气缸中，不应有任何异物遗留于气缸内。

（2）气缸连接螺栓应均匀而严密地将上下气缸固紧。

（3）轴承盖对轴瓦应有适当的紧力，轴承结合面应严密无间隙，以防漏油。

（4）在气缸合盖后，转子与静体通流部分的轴向间隙应符合规定的要求。

（5）闭合后，径向及止推轴承中的油隙必须符合规定的要求。

2. 气缸水平中分面螺栓的热紧

气缸的紧固一般都用螺栓，为了使螺栓紧固后得到均匀的紧力，紧固时采取三个步骤：首先将螺母拧到与垫圈相接触，然后用普通扳手用力均匀地拧紧所有螺母，再进行最后拧紧。

热紧时，先初紧，然后用角度尺分别划出螺母在热紧时应旋转的角度，接着将螺栓加热，使它伸长，再将螺母按划线拧紧到规定的角度。

6.2.9 气缸保温、二次灌浆

1. 气缸保温

气缸闭合后，便可向气缸连接各种管道，并敷设保温材料。

2. 二次灌浆

气缸闭合后并热紧后可进行基础二次灌浆工作。

6.3 工业汽轮机的检修

6.3.1 检修周期及内容

1. 检修周期

工业汽轮机在使用中，随着运行时间的推移，各部件不可避免地会出现磨损、冲刷、腐蚀或其他缺陷，使机器效率和运行的可靠性下降。为保证设备安全、稳定、高效率地运行，必须定期对设备进行预防性维修和不定期的针对性维修，消除故障或故障隐患，使设备恢复和达到原有的完好水平。根据汽轮机各零部件劣化和损坏的规律，一般的检修周期如表6-1所示。配置有在线状态监测和故障诊断系统的机组，可根据设备实际运行情况适当延长或缩短检修周期，或根据状态监测结果实行状态维修。

表6-1 检修周期表

项 目	小 修	中 修	大 修
汽轮机	临时检修	计划停车或大修期间	24个月
调节保安系统			36个月
供油系统			24个月

2. 检修内容

根据检修范围不同，汽轮机的检修一般可分为小修、中修、大修。

1）小修

复查机组对中情况；检查修理各部轴承及相应的上、下回油管线；检查清理润滑油室及冷却水系统；消除各种管线、阀门、法兰的跑冒滴漏；消除运行中发生的其他故障及缺陷。

2）中修

包括小修的全部内容；检查轴颈、止推盘磨损情况，必要时进行修整；解体检查径向轴承和止推轴承，检查钨金、瓦背紧力、油间隙，测量调整轴承和油挡间隙、转子窜量，必要时进行处理或更换。

各联轴器、联轴器螺栓清洗，对联轴器螺栓进行无损探伤；检查清洗缸体滑销，检查、调整各主要管道支架、弹簧吊架；清洗检查危急遮断器，检查动作灵活，测量调整间隙和尺寸，必要时修理和更换零件。检洗清理调节阀传动机构，检查阀杆活动灵活；试验主气阀动作灵活情况；调节系统做静态调试，汽轮机做超速试验（年度大修期间作）；清理检查凝汽器，必要时汽侧灌水检漏，水位计清洗；主冷凝水泵、主润滑油泵解体检修；机组检修前复查对中，检修后重新找正。

3）大修

包括中修的全部内容；检查气缸结合面漏汽情况，并记录其间隙，检查、清理上下气缸及各零部件；清理检查气缸、隔板、静叶持环、各级静叶片、喷嘴等，测量、调整间隙，并做着色检查；转子清洗除垢、宏观检查、形位状态检查、重点监视部位做无损探伤，必要时对转子做剩磁检查及测振探头机械与电磁偏差检查；根据转子检修前运行情况和实际检查情况，决定对转子是否进行动平衡试验或更换备用转子；检查转子在缸体中的工作位置，测量调整各通流部位间隙。

对凝汽式汽轮机检查后几级长叶片叶根、拉筋的紧固情况，对长度超过80mm的叶片做频率试验。

清理、检查、测量汽封及阻汽片间隙，必要时进行修理、调整或更换。测量汽封套膨胀间隙；测量气缸中分面水平度，测量调整气缸、隔板与轴承座洼窝中心；清理检查调节阀、错油门油动机、启动器、压力变换器等零件的磨损情况，并测量调整间隙和尺寸，必要时修理和更换零件；解体检查主气阀、危急保安器等安全保护装置，并测量调整间隙和尺寸，必要时修理和更换零件；调速器调校整定；检查清洗调速器减速箱，测量各轴承间隙、减速齿轮啮合间隙以及蜗杆蜗轮啮合间隙；解体检查盘车装置，测量调整各部件间隙；主辅冷凝水泵、主辅润滑油泵解体检修；检查汽水管道系统，对阀门等设备视情况进行研磨、修理或更换；检查管道支架、吊架，必要时进行调整。

6.3.2　工业汽轮机检修

1. 拆装的一般规定

检修前必须根据设备的运行情况、存在的缺陷，结合上次检修记录、总结进行现场查对，确定检修项目。汽轮机拆装一般应遵守下列规定：

（1）拆卸和组装部件应根据制造厂图纸进行，首先要弄清结构情况和相互连接关系，并使用合适的专用工具。当零件拆卸不动时，应找出原因，禁止盲目敲打。

（2）拆下的零件应放在专用的零件箱内，精密零件应用干净的塑料布或柔软的布料包好。设备拆除后孔、口应用专用堵板封牢。

（3）在安装过程中防止异物落入，特别是气缸内和轴承内落入异物会引起严重的故障。检修时应严格执行隐蔽工程和质量控制点管理规定。

（4）零件安装时要注意位置和方向。

2. 汽轮机拆卸前的准备

掌握机组运行状况，根据检修内容制定检修方案和检修施工网络图，备齐必要的图纸资料；备齐检修工具、量具、起重机具、配件及材料；切断设备的水、电、汽源；排净缸内凝液；达到安全检修条件。

3. 汽轮机的主要拆装检修程序

（1）汽轮机停机后，当前气缸温度降低到120℃以下时允许拆除保温，降到80℃以下时才能进行其他拆卸工作。

（2）拆除振动、温度探头等仪表元件，注意保护好仪表接线、接头及套管。

（3）拆除妨碍检修的附属管线，包扎管口以免异物进入，并做好复位标记。

（4）拆除联轴器外罩，复查对中，并作好记录。齿式联轴器要检查测量齿部腐蚀、磨损程度及是否有电流击穿现象。

（5）在气缸前后紧固螺栓下垫 0.5mm 厚铜皮压紧；将下半缸前部猫爪下顶丝顶到位，并垫入适当厚度的垫铁，以保证松开中分面螺栓后，下半缸上下工作位置不变。

（6）用液压专用工具拆下联轴器轮毂。

（7）拆除汽轮机转子与调速器减速齿轮轴之间的联轴器，复查对中；解体检测调速器减速箱的各部位配合间隙。

（8）拆除盘车装置、调速器和错油门油动机。

（9）窜动转子测量并记录止推轴承间隙；将转子推向工作侧，复查危急遮断器杠杆与转子上轴位移凸台及危急保安器飞锤头部之间的间隙。

（10）拆除前后轴承箱盖，检查径向轴承和止推轴承，测量并记录径向轴承间隙及瓦背过盈量；拆除止推轴承副止推瓦块，并扣上轴承箱上盖，把紧部分螺栓，测量转子自工作位置向进汽侧的分窜量；再拆除主推力瓦块，测量转子总窜量。

（11）按低压段到高压段顺序拆卸气缸中分面螺栓；拆除定位销。

（12）将转子推到总窜量的 1/2 位置，安装好起吊上气缸的导向杆，挂好起吊工具，用顶丝将上半缸均匀顶起 3~5mm，检查转子、静叶持环、汽封套等部件，不应随之上移，确认正常后慢慢起吊上半缸，将上半缸放在指定位置，并用枕木垫牢。在整个起吊过程中要保持缸体四角吊起高度一致。

（13）拆卸蒸汽室、低压段内缸和各静叶持环的中分面螺栓，并吊开上半部分。

（14）装复主止推瓦块，将转子靠在主推力瓦块上，测量通流部分各部间隙和所有汽封间隙，之后再取出主止推瓦块，吊出转子放在专用支架上；拆除轴承下瓦。

（15）拆出蒸汽室、低压段内缸和各静叶持环的下半部分。

（16）拆除上半气缸上的调节阀、主气阀，将上半气缸翻转并垫牢。

4. 汽轮机主要零部件的检修

1）转子组件

（1）转子组件的吊装

起吊转子必须使用专用吊具和索具。吊、索具至少须经 200% 吊装荷载试验合格；起吊转子的绑扎位置应避开轴颈、联轴器安装部位等，索具不得压迫围带和叶片，转子要吊平；起吊和就位转子时，不许在止推轴承中安装止推瓦块；起吊时转子应位于在气缸中窜量的中间位置，起吊和就位时天车位置应调正，动作应缓慢平稳；转子吊出和放入缸体时应有专人监视，避免转子同缸体内零部件碰撞；缸体扣盖后，不允许再用天车拉抬转子；转子支架应牢固，支承部位应垫有软金属垫或胶皮；运送转子应用专用的运输支架或转子包装箱运输。

（2）转子组件的外观和几何尺寸检查

清洗转子，检查各部位有无锈蚀、冲刷、裂纹等缺陷。各平衡配重块、配重螺钉无冲刷，固定良好；各级动叶片叶根固定良好，无松动现象。检查转子通流部分有无结垢，对产生的垢物作定性、定量分析，并作好记录。可采用细砂布将垢轻轻擦除。检查转子叶片、围带、铆钉、拉筋等部件，要求无机械损伤、歪斜、裂纹、开焊等缺陷。详细记录叶片进汽边冲蚀的程度和部位，比较历次检修叶片冲蚀情况及发展趋势，当冲蚀程度比较严重时，应采取处理措施或更换叶片。检查转子汽封、围带、无围带叶片顶部和轮盘端面等部位，应无磨损过热痕迹，若有应查明原因进行处理。

检查修理转子轴颈和转子端部装联轴器锥段，必须无麻点、压痕、沟槽等缺陷，表面粗

142

糙度应达 $R_a0.40$。若表面拉毛轻微时，可采用金相砂纸拉研予以消除，其他损伤应根据实际情况制定方案，选择适当方法处理。测量并记录转子轴颈尺寸和轴颈部位跳动、圆柱度，要求轴颈尺寸无明显减少，轴颈部位跳动、圆柱度误差小于 0.01mm。转子上止推盘光滑、无麻点、伤痕、沟槽等缺陷，其表面粗糙度应达 $R_a0.80$；整周厚度误差小于 0.01mm。

转子上车床进行有关部位径向跳动和端面跳动值测量，表针应与测量面垂直，测量数据应符合表 6-2 的要求。

表 6-2　转子各部位允许跳动　　　　　　　　　　　　　　　　　　　　mm

部　位	径向跳动	端面跳动	部　位	径向跳动	端面跳动
联轴器轮毂	≤0.01		平衡盘径向	≤0.05	
轴颈	≤0.01		各级叶轮外缘	≤0.05	
各轴封处	≤0.04		各级叶轮		≤0.03
止推盘端面		≤0.03			

检查并记录同一级叶片的轴向倾斜，当轴向倾斜变化较大时，应更换转子。转子在下半缸内就位后，装上主止推瓦块，将转子推向主止推侧，测量转子动叶片与静叶片的轴向间隙，所测数值应符合要求。如实测数值与要求值不符，可通过调整止推轴承的调整垫片厚度进行调整。

对联轴器轮毂用过盈配合方式装配的转子，在拆卸联轴器前应测量并记录轴头在轮毂孔内的凹入深度。联轴器轮毂回装前应用红丹检查转子轴锥段与联轴器轮毂内孔的配合情况，要求接触面达 85%以上。

（3）转子组件的探伤和叶片测频检查

整个转子着色检查，重点检查叶片、叶根部、铆钉及围带、叶轮平衡孔、轴径突变部位、转子轴径、止推盘等，对有怀疑部位应进一步做磁粉探伤检查。当运行中出现测振仪表显示振动增大而原因不明时，应对轴颈做电磁和机械偏差检查。

对长度超过 l00mm 的叶片，在每次大修中应测定各单独叶片或成组叶片的静频率。无论是单独叶片还是成组叶片，各级动叶片的频率分散率要求小于 8%。

当转子经过磁粉探伤或在检修中发现下列情况之一而原因不明的，应对转子进行退磁检查。退磁后转子各部位用高斯计检查剩磁应小于 3Gs。

① 调速器传动机构中的变速齿轮啮合面出现严重点坑、麻点时。

② 轴瓦巴氏合金表面出现冲蚀，或巴氏合金基体结合良好，但表而有局部脱落时。

③ 转子轴颈上有点坑、麻点，表面粗糙度变大时。

④ 转子上同静止部件间径向间隙较小部分出现麻点等，有电蚀迹象时。

⑤ 凝汽式汽轮机运行中蒸汽湿度变大或经常带水时。

（4）转子组件的动平衡检查

转子发生下列情况之一的，应考虑进行动平衡检查：

① 运行中振动值逐渐增大，特别是经频普分析工频分量较大时。

② 转子发生弯曲，转子上有关部位径向跳动值较大时。

③ 转子进行有可能影响转子平衡的维修项目时，如更换叶片等。

④ 转子沿圆周方向有磨损，特别是沿圆周方向有不均匀磨损时。

⑤ 转子通过临界转速振幅明显增大，且无其他原因可解释时。

转子平衡既可采用高速动平衡，也可用低速动平衡。对刚性转子，采用低速动平衡即可，平衡转速一般选择为一阶临界转速的 40% 以下。对挠性转子的常规检查，可用低速动平衡进行，但对高速轻载转子，或经低速动平衡后在工作转速下振动仍较大的转子，或是在维修中更换了影响转子平衡性能的零部件的转子等，都应考虑在转子工作转速下进行高速动平衡。

转子的去重或配重应在制造厂规定的位置进行，配重块在配重槽内、配重螺钉在配重螺孔内固定牢固，不会松动退出。转子的低速动平衡精度应达 ISOG1.0 级；转子的高速动平衡应保证在正常工作转速下，转子在动平衡机支架上的振动烈度值不超过 1.8mm/s，且在直到最大连续转速的范围内无任何振幅和相位飘忽不定的现象。

2）气缸及机座

（1）气缸的吊装

按上半缸重量选好索具，索具应不小于 10 倍的安全系数；索具应挂在规定的起吊位置，索具与设备棱角、加工面接触处应用垫木或材料垫好；起吊上半缸前，仔细检查所有定位销、中分面螺栓均已拆除。用顶丝将上半缸顶起约 3～5mm，检查静叶持环、汽封套等部件不应随之上移；缸体起吊和就位前必须调整呈水平状态，天车要摆正；缸体的翻转必须有足够大的场地，一般用双钩进行，操作要平稳、缓慢，避免急剧地摆动、振荡和冲击；翻缸后缸体要放在指定位置，支承要牢固。

（2）气缸及机座的检修

气缸表面无裂纹、冲刷、腐蚀、变形等缺陷，并对气缸内表面做着色探伤检查。对裂纹等缺陷，可用砂轮打磨直至裂纹消失，当打磨深度较浅时，对气缸强度影响不大，可不做其他处理；当打磨较深，影响气缸强度时，可进行补焊处理。

缸体中分面平整，定位销和销孔不变形，中分面无冲蚀漏汽及腐蚀痕迹。空缸扣合，缸体应能自由落下，打入定位销后紧固 1/3 中分面螺栓。检查中分面结合情况，高压段用 0.03mm 塞尺，低压段用 0.05mm 塞尺检查应塞不进，个别塞入部位的塞入深度不得超过气缸结合面宽度的 1/3。盘动转子，倾听缸体内部无摩擦声，转子转动轻快。允许用局部适当增加螺栓紧力的方法消除缸体结合面的间隙，但间隙较大时，可用磨床将中分面磨平，或对中分面进行修刮、研磨平，来消除结合面间隙。

缸体中分面的横向水平应在 0.10mm/m 以内，纵向水平与前后轴颈水平扬度应相一致，前后轴颈水平扬度应小于 0.03mm/m。不符合要求时，可通过调整缸体轴承座支承的高度进行调整。

缸体上与蒸汽调节阀及主蒸气阀法兰连接的结合面光滑平整，无冲蚀漏汽痕迹。蒸汽调节阀及主蒸汽阀阀头、阀座无冲蚀、磨损，阀座焊缝无开裂，阀口和流道光滑。

当全部汽封间隙出现规律性磨损，或部分汽封严重磨损时，应检查汽封洼窝、静叶持环或隔板洼窝相对轴承座中心的偏差，一般要求缸体洼窝中心与轴承座中心偏差小于规定值的 0.05mm。

缸体疏水管、主气阀的漏汽管以及轴封汽各管线检查吹扫，应清洁畅通。

清扫检查气缸螺栓、螺母。高压螺栓进行无损探伤。高压螺栓紧固后，螺杆端部与螺母孔顶部之间应有 5mm 以上间隙。清扫检查和调整各滑销系统间隙，应符合规定要求。滑销及键槽无磨损、不卡涩。清扫检查各猫爪固定螺栓，测量调整预留膨胀间隙，应符合要求。

144

检查机座应无裂纹、开焊、变形、腐蚀等缺陷，并且在基础上固定稳定。对前后能移动的机座，机座下部滑销应无磨损、不卡涩，固定螺栓预留间隙合适。

（3）气缸与轴承座中心线找正

工业汽轮机在运行一段时间后，由于基础不均匀下沉、缸体变形、缸体或轴承座左右偏移、更换轴承座支承元件等，会使气缸与轴承中心发生变化，使转子在缸体中径向位置偏心，甚至发生动静部件间径向摩擦。因此在汽轮机大修后，一般应对气缸中心与轴承座中心对中情况进行检查。

常用的气缸与轴承座中心线的找正方法有以下三种：

① 用转子找正气缸与轴承座中心。转子就位后，在转子上架表测量转子与气缸前、后汽封洼窝中心和转子与前后轴承座的前、后洼窝中心的偏差，根据测定结果，调整轴承座或缸体位置（一般以缸体为基准调整轴承座）。同时测量和调整缸体、轴承座的纵、横向水平，纵向水平应与转子前、后轴颈扬度一致。

② 用假轴找正气缸与轴承座中心，假轴轴颈应与转子轴颈相同，另外要对假轴的垂度进行校正，假轴安装方便，又可适当加长，便于同时找正前、后轴承座，缺点是不便于同时测量和调整转子扬度、缸体和轴承座的纵、横向水平。

③ 用光学对中仪找正气缸与轴承座中心。光学对中仪精度高，操作方便，指示和调整可同时进行。

3）蒸汽室、汽封、隔板或静叶持环

蒸汽室上下剖分面平整，结合严密，结合面定位销不松动，喷嘴室的进汽口衬套固定良好、表面光滑、无冲刷沟槽，L形密封圈无磨损，活动灵活；各喷嘴无磨伤、裂纹等缺陷，并做无损探伤检查；蒸汽室下部调整偏心销完好，无磨损。

蒸汽室、各隔板或静叶持环中分面应光滑、平整，无冲刷沟槽，中分面定位销不变形；上、下半组合后，中分面不错口。检查各级静叶片应固定牢固，无裂纹、损伤、冲蚀等缺陷，并做无损探伤检查。

检查蒸汽室、隔板或静叶持环中心相对于轴承中心的偏差，不符合要求时可调整各部件在缸体中的位置。一般左右位置可通过下部的定位销进行调整，上下位置可通过其支耳下部的调整装置进行调整。

装配在气缸相应洼窝内的汽封套沿径向和轴向不松动，下汽封套水平剖分面不高出缸体水平剖分面。上下汽封套定位销不松动，水平接合面严密、不错口，无汽流冲刷沟槽，汽封套防转销不松动。

镶嵌的各汽封片不得有松动、磨损、卷曲等缺陷。

检测汽封水平方向径向间隙时，用特制的窄塞尺测量；检测汽封垂直方向径向间隙用贴胶布法测量，用 0.25mm 厚的卫生胶布分别以一层、二层、三层等不同的厚度贴于汽封检测部位，转子和上半缸装复后紧固约一半螺栓。盘动转子数圈后揭去上半缸，吊开转子，检测上、下汽封上胶布的接触印迹，确定汽封的间隙；各汽封间隙应符合要求，径向间隙过大时应更换汽封套或重镶汽封齿。

4）径向轴承

在工业汽轮机上常用的径向轴承有椭圆瓦轴承、多油楔固定轴承和多油楔可倾瓦轴承。

（1）测量径向轴承瓦间隙的常用方法

压铅法：在瓦的顶部和瓦壳中分面上各放上铅丝，沿轴向不少于两根，之后装上瓦上半部分，均匀上紧螺栓，用塞尺检查轴瓦接合面间隙，应均匀相等，最后打开上半瓦，测量铅丝厚度，顶部铅丝厚度平均值减去中分面铅丝厚度平均值即为轴瓦顶隙。对正顶部无瓦块的轴承（如五油楔可倾瓦轴承），应把所测间隙换算成顶部间隙。

抬轴法：轴颈上安装百分表，轴瓦外壳用百分表监视，将轴轻轻抬起起至接触上瓦，但不使瓦壳上移，此时轴颈上百分表读数即为瓦顶隙。

假轴法：加工与轴直径相同的假轴颈，垂直固定于比轴瓦直径稍大的平台上。装入轴瓦，沿水平方向推动轴瓦，用百分表测量出轴瓦直径间隙，在轴瓦实际安装状态时轴瓦直径方向的总间隙即为轴瓦安装位置顶部间隙。

轴瓦和轴颈之间侧隙常用塞尺测量，塞尺塞进间隙中的长度不应小于轴颈直径的 1/10～1/12。

（2）径向轴承的检查

测量轴承间隙，应符合设计标准，见表 6-3。

表 6-3　轴承配合间隙　　　　　　　　　　　　　　　　　　mm

轴承型式	顶间隙	侧间隙	轴承型式	顶间隙	侧间隙
单油楔	（1.5～2）‰D	（1.5～2）‰D/2	双油楔	（1～1.5）‰D	（1.5～2）‰D

注：D 为轴颈直径。

检查各零部件，应无损伤，轴瓦及油挡巴氏合金层应无剥落，气孔、裂纹、划伤及偏磨，各瓦块与轴接触印痕沿轴向均匀。对可倾瓦轴承，要求各瓦块与瓦壳线接触面光滑无磨损；同组瓦块厚度均匀，误差小于 0.01mm。各瓦块定位销钉同对应的瓦块上的销孔无顶压、磨损。组装后瓦块摆动自由。瓦壳上下剖分面密合，定位销不松动，内圆无错口现象，防转销牢固可靠。瓦壳在瓦窝内接触均匀，其接触面积应大于 75%。清洗轴承箱，不得有裂纹、渗油，各供油孔要干净、畅通。

5）止推轴承

在工业汽轮机上常用的止推轴承有米切尔轴承和金斯伯雷轴承，这两种轴承的止推瓦块均可自由摆动，以形成最佳油膜。

（1）止推轴承间隙的测量

止推轴承的间隙常用推轴法检查，在转子轴头上或其他部位架上百分表，来回推动转子，转子轴向窜动的最大量即为止推轴承的间隙。

（2）止推轴承的检查

止推轴承的间隙符合设计要求。止推瓦块巴氏合金层应无剥落、气孔、裂纹、划伤、脱层、烧灼、腐蚀麻点等缺陷，同组瓦块工作痕迹应大致相等，如工作痕迹不均匀则说明瓦块承载不均，应查找原因。用红丹检查各止推瓦块与推力盘的接触情况，接触面积应大于 80%；测量同组瓦块厚度，厚度误差应小于 0.01mm。检查瓦块背部承力面、水准块承力面和基环承力面应光滑、无压坑、压痕；各限位销钉固定可靠，销钉及销孔均无磨损。组装后瓦块和水准块均摆动自由。止推轴承调整垫片为一片，应光滑平整，整周厚度误差小于 0.01mm。基环应无变形、翘曲和错口，中分面应严密，基环背面与止推轴承壳体端面承压均匀，基环上防转键固定良好，外壳上对应键槽无磨损。甩油环内外径配合适宜，不松动。清洗轴承箱，各供油孔要与轴承座上油孔吻合、畅通。

6）轴承座

轴承座结合面严密，无渗油；轴承座中分面定位销钉及销孔不变形，轴承座洼窝不变形，内圆不错位。轴承座中分面水平，四角支承的球形垫无磨损，调整螺母不松动。轴承座与支座固定螺栓、轴承座与缸体前部悬臂杆连接螺栓完好、不松动。轴承座在机座上固定牢固。对能移动的轴承座，其导向销、支承元件应完好。

7）联轴器及对中

齿式联轴器应无裂纹、缺损、变形、非均匀磨损等缺陷，径向及端面圆跳动公差值应不大于 0.03mm，齿侧间隙应不大于 0.1mm，外圆套装好后应有 3~4mm 的轴向窜动量。在齿式联轴器组装时应按规定要求涂抹适宜的润滑脂，各接合部位装配应按照钢印标记，连结螺栓必须有防松措施，各螺栓应质量相等。

半联轴器与轴配合的过盈量应符合规定要求。

转子冷态对中时，预留热膨胀值应符合有关规定要求，通常汽轮机的中心轴线偏低，联轴器对中允许偏差见表 6-4。

表 6-4 联轴器对中允许偏差　　　　　　　　　　　　　　　　mm

联轴器型式	径向中心允差	轴向端面允差	联轴器型式	径向中心允差	轴向端面允差
刚性	$A\pm0.01$	0.02	膜片式	$A\pm0.03$	0.06
齿式	$A\pm0.02$	0.04			

注：A 为预留热膨胀差值。

5. 汽轮机回装

汽轮机回装程序与拆卸程序相反，回装时应遵循以下规定：

（1）转子、轴承、联轴器、静叶持环、汽封、缸体均已按各质量标准和检修技术要求进行了清洗和检查，存在的缺陷已消除并作了记录。

（2）所有部件和进、出口接管以及缸体疏水管线等均已检查和吹扫并确认无异物掉入，所加封口用物均已拆除。

（3）更换的新备件按质量标准进行了全面检查，并经试装符合组装技术要求。

（4）汽轮机本体的下列检查和调整项目已经完成并作了记录：

① 缸体洼窝中心相对转子旋转中心的偏差；

② 上、下气缸空扣时中分面结合情况；

③ 缸体纵、横向水平度，转子前、后轴颈扬度；

④ 各汽封的上、下、左、右以及前、后间隙，喷嘴间隙和其他通流部分间隙；

⑤ 缸体及轴承座滑销系统已检查、调整；

⑥ 联轴器外齿轮毂与转子轴锥段接触情况符合要求。

（5）缸体扣大盖应遵循下列原则：

① 缸内所有检查和检修项目均已完成；

② 确认缸内无异物，缸内零部件无漏装和误装；

③ 中分面密封涂料质量符合要求；

④ 扣大盖、紧固螺栓应连续进行，不应中断，防止涂料干固。

第7章 换热器的安装与检修

7.1 管壳式换热器的结构及特点

7.1.1 固定管板式换热器的结构及特点

固定管板式换热器的两端管板，采用焊接方法与壳体连接固定，如图7-1所示。其结构简单而紧凑，制造成本低。在壳体直径相同时，排管数量最多，换热管束可根据需要做成单程或双程。其缺点是壳程不能用机械方法清洗，检查困难。它适用于壳体与管子温差小或温差稍大但壳程压力不高，以及壳程介质不易结垢或结垢能用化学方法清洗的场合。当壳体与管子温差大时，可在壳体上设置膨胀节，以减小两者因温差而产生的热应力。

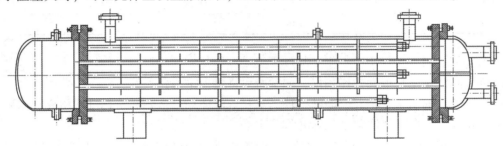

图7-1 固定管板式换热器

7.1.2 浮头式换热器的结构及特点

浮头式换热器的一端管板与壳体固定，而另一端的管板可以在壳体内自由浮动，如图7-2所示。浮头端设计成可拆结构，使管束可以容易地插入或抽出，这样为检修和清洗提供了方便。它特别适用于管壳体温差应力较大，且都要进行清洗的工况。其缺点是结构复杂，价格较贵，且浮头端小盖泄漏不易发现。

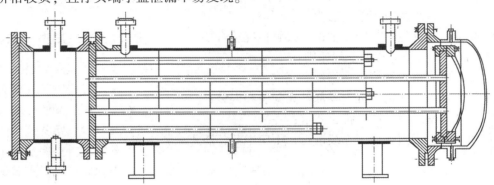

图7-2 浮头式换热器

7.1.3　U 形管式换热器结构及特点

U 形管式换热器的换热管弯成 U 形，管子两端固定在同一块管板上。壳体与换热管无温差应力。其结构较简单，管束可从壳体内抽出，壳侧便于清洗，但管内清洗稍困难，所以管内介质必须清洁且不易结垢。它常用于高温高压情况下，尤其是壳体与换热管金属壁温差较大的场合。

7.2　换热器的安装

7.2.1　换热器的安装

1. 施工的现场准备

根据施工的现场平面布置图，对现场的其他各方面进行实际勘查，测量确定运输路线、停车位置、卸车位置及周围环境是否影响设备的运输和安装，协同有关各方面满足吊装的工况要求。疏通运输道路，必须保证道路平整坚实，使车辆能平稳通过，安全地将换热器运至现场。安装场地宽度应满足安装的要求。

2. 换热设备的验收

按设备的图纸进行认真仔细的检查，包括设备的型号、质量、几何尺寸、管口方位、技术特性等。查阅出厂合格证、说明书、质量保证书等技术文件。检查设备是否有损坏、缺件（包括垫铁、螺栓、垫片、附件等）。作好检查、验收记录。

3. 基础的验收

换热器安装前必须对基础进行认真的检查和交接验收。基础的施工单位应提交质量证明书、测量记录及有关施工技术资料。基础上应有明显的标高线和纵横中心线，基础应清理干净，如有缺陷应进行处理。

4. 吊装

吊装部门应准备好全部机索具，如吊车、抱杆、钢丝绳、滑轮组、导链、卡环等，并按安全规定认真做好检查工作。对于大型换热器，因直径大、加热管多、起吊重量大，因此起吊捆绑部位应选在壳体支座有加强垫板处，并在壳体两侧设木方用于保护壳体，以免壳体在起吊时被钢丝绳压瘪产生变形。

7.2.2　换热器的安装技术要求

换热器的安装过程应满足以下相关技术要求：

（1）检查换热器各部尺寸的偏差是否符合相关标准的要求。

（2）基础上活动支座一侧应预埋滑板，地脚螺栓两侧均有垫铁，且垫铁必须、光滑、平整，以确保活动支座的自由伸缩。

（3）活动支座的地脚螺栓应装有两个锁紧的螺母，螺母与底板间应留有 1~3mm 的间隙，使底板能自由滑动。

（4）换热器吊装就位以后允许的偏差应符合下列要求：

① 标高≤3mm；

② 垂直度（立式）≤1/1000 且不大于 5mm，水平度（卧式）≤1/1000 且不大于 5mm；

③ 中心位移≤5mm。

（5）与换热器相连接的管线，为避免强力装配，应在不受力的状态下连接，并应不妨碍换热器的热膨胀。

7.2.3 压力试验

不同类型的换热器，因其结构差异很大，试压的要求和程序也有所不同。

1. 固定管板式换热器的压力试验

首先拆下换热器的封头，对壳程进行液压（一般采用水）试验。当达到试验压力时，除了检查换热器壳体之外，应重点检查换热管与管板的连接接头（以下简称接头），检查接头胀接或焊接处是否有渗漏。

若少数接头有渗漏，可做好标记，卸压后进行重新胀接或焊接，然后再做压力试验，直到合格为止。

壳程试压合格后，加垫片安装封头，再进行管程压力试验。

2. 浮头式换热器的压力试验

首先拆卸外头盖和小浮头盖，装上假浮头，先实施浮头端管板与壳体之间的密封。

再拆去固定端管箱，装上专用管圈保持管板与壳体之间的密封，向壳程灌水、加压升压，检查两端管板上的胀口处是否有泄漏现象。

接着进行管程试压，先拆去假头盖，装上小浮头，同时装上固定端管箱，然后向管程灌水、加压、升压，检查浮头连接处有无泄漏。

最后，装上外头盖，并通过中间壳体上的接口向壳程灌水，进行换热器的整体试压，在这个过程中，主要检查两处法兰连接处是否有泄漏。

7.3　列管式换热器的检修

列管式换热器在使用过程中，最容易发生故障的零件是管子。介质对管子的冲刷、腐蚀等作用都可能造成管子的损坏。

7.3.1 管壁积垢的清除

在列管式换热器管子的内外壁上，由于介质的经常存在，很容易形成一层积垢。积垢的形成会直接降低换热器的换热效率，因而，应及时进行清除。对管子内壁积垢的清除方法，可采用机械法和化学除垢法进行修理（详见第 8 章中塔类设备工作表面积垢的清除方法）。

7.3.2 泄漏的修理

常用的检查管子泄漏的方法是：在冷却水的低压出口端设置取样管口，定期对冷却水进行取样分析化验。如果冷却水中含有被冷却介质的成分，则说明管束中有泄漏。然后再用试压法来检查管束中哪些管子在泄漏。也可以先将管束的一端加盲板，并将管束浸入水池中，然后使用压力不大于 $1×10^5$Pa 的压缩空气，分别通入各个管口中进行试验。当压缩空气通入某个管口时，如果水池中有气泡冒出，则说明这个管子有泄漏，即可在管口做上标记。以此方法对所有管子进行检查，最后根据管子损坏的多少，运用不同的修理方法。

1. 对少量管子泄漏的修理方法

如果管束中仅有一根或几根管子泄漏时，考虑到对换热器的换热效率影响不大，可采用堵塞的方法对泄漏的管子进行修理。用锥形金属塞在管子的两端打紧焊牢，将损坏的管子堵死不用。锥形金属塞的锥度以 3°~5° 为宜，塞子大端直径应稍大于胀管部分的内径。

2. 对较多管子泄漏的修理方法

如果产生泄漏的管子较多，采用堵塞的方法进行修理，将会大大降低换热器的换热效率（通常情况下，堵塞管子的数量不能超过总管数的 10%）。这时，则应采用更换管子的方法修理。

1）拆除泄漏的管子

管子的拆除就是将管子从管板上抽出的过程。拆除管子时，对于薄壁的有色金属管可采用钻孔或铰孔的方法，也可以用尖錾对管口进行錾削的方法来拆除。使用钻孔或铰孔的方法拆除管子时，钻头或铰刀的直径应等于管板上孔口的内径。钻孔或铰孔时，把管子在管板孔口内胀接部分的基本金属切削掉，则管子即可从管板中拆除出来。

利用錾削的方法拆除管子时，可使用尖錾把胀接部分的管口向里收缩，使管子与管板脱开，将管子从管板的孔口中拆除下来。对于壁厚较大的管子，可利用氧-乙炔火焰切割法拆除管子，即先在管子的胀接部分切割出 2~4 个豁口，并把管口向里敲击收缩，使管子与管板上的孔口脱开，然后用螺旋千斤顶将管子顶出或用牵拉工具拉出。无论使用哪种方法拆除管子，都应将管子的两端都进行拆除，并应注意，在拆除时不要损坏管板的孔口，以便更换新管子时，使管子与管板有较严密的连接。

2）更换新管并进行连接

损坏的管子从管板中抽出来之后，就可将新的管子插入管板的孔中。更换上的新管子，规格与材质应与原来的管子相同。穿入管子时，应对正相应的管板孔口，使管子位于正确的位置上。然后就可以把管子与管板连接起来。管子与管板的连接方法有胀接法和焊接法两种。

（1）胀接法　胀接法是利用胀管器，对伸入管板孔内的管端部分进行滚压，使管壁扩胀、管径增大，管子外径完全贴合在管板孔内壁上，管板孔把管端紧紧抱住，从而达到两者严密不泄漏和牢固连接的目的。

（2）焊接法　当介质温度和压力较高或者要求更严格时，可采用焊接法把管子固定在管板上。

7.3.3　管子振动的修理方法

列管式换热器中管子产生振动是一种常见的故障形式。管子的振动，将使管端的胀接处松动，使管子与折流板的接触处产生磨损，降低管束的使用寿命。因而，应对管子的振动及时采取措施进行修理，以免造成不应有的事故。管子产生振动，通常是由于管子与折流板之间的间隙过大，加上介质脉冲性的流动而引起的。

对于管端胀接处的松动，可以用焊接的方法来修理。焊接时，为了减小焊接应力，应使用小电流的电弧焊。对于因管子与折流板之间的间隙过大而产生的振动，造成管子与折流板之间的磨损，应视其磨损的程度采取不同的修理方法。如果管壁磨损严重时，可采用更换新管子的方法进行修理。如果管壁磨损轻微，应想办法减小管子与折流板之间的间隙，比如增加折流板的块数，或用木楔楔在管子与管子之间，以便减小和消除管子的振动。对于因介质脉冲性流动而引起的管子振动，应从消除介质的脉冲性流动方面着手，以减少管子产生振动的可能性。比如，在管路中设置缓冲器等，使得介质流动趋于平稳，消除管子因此而产生的振动。

第8章 塔类设备的安装与检修

塔类设备是化工生产中特有的静止设备，它担负着化工生产中介质的精馏、吸收、干燥、冷却、气体增湿等作用。塔类设备大多具有高大的塔体和圆形的截面积，其底座与混凝土基础依靠地脚螺栓进行牢固地连接。

8.1 塔类设备的结构

塔类设备的塔体有整体式和分段式两种。塔体的下部多设支撑塔体的裙座。塔体自上到下设有若干个供人进出的人孔，通常情况下，人孔用盲板进行封闭。为了生产工艺的要求，塔体上还要开出气、液体介质的出口、塔底蒸汽进口以及回流口等。

8.1.1 板式塔

板式塔的总体结构如图8-1所示。塔的顶部是气液分离部分，由一定的分离空间和除沫装置组成，气体由塔顶出口流出。塔的底部是塔釜，具有较高间距，上部是气体入口，下部釜底用于储存部分液体并不断排出釜液。塔的中部是由塔盘、溢流堰、降液管、受液盘、支撑圈等部分组成的。小直径塔的塔盘由整块式塔板组成，大直径塔的塔盘由多块塔板组成。塔板根据其位置和安装方法不同又分为弓形板、矩形板和通道板等。

常用的板式塔有浮阀塔、泡罩塔、筛板塔、舌形塔、斜孔塔等。

8.1.2 填料塔

填料塔的结构较板式塔简单。这类塔由塔体、喷淋装置、填料、再分布装置、栅板等组成，如图8-2所示，气体由塔底进入塔内，经填料上升，液体则由喷淋装置喷出后，沿填料表面下流，气液两相得到充分接触，从而达到传质的目的。

8.2 塔类设备的安装

塔类设备的安装工作包括塔体安装和内件安装两部分。

8.2.1 塔体的安装

1. 安装前的准备工作

1）基础的验收

塔类设备属直立设备，塔体高、重量大，因此，对基础的要求也高，安装施工前须经正式交接验收。基础施工单位应提交质量合格证书、测量记录及其他施工技术资料，基础上应明显地画出标高基准线、纵横中心线，相应的建筑（构筑）物上应标有坐标轴线；设计要求作沉降观测的基础，应有沉降观测水准点。

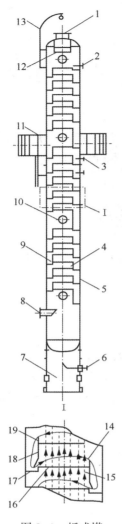

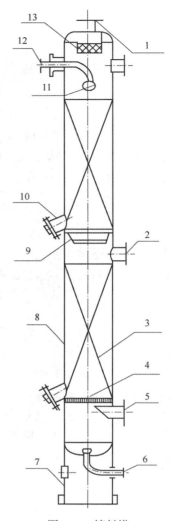

图 8-1　板式塔

1—气体出口；2—回流管；3—进料管；4—塔盘；
5—保温层；6—出料管；7—裙座；8—气体入口；
9—壳体；10—人孔；11—平台；12—除沫装置；
13—吊柱；14—液流；15—气流；16—塔板；
17—受液盘；18—降液管；19—溢流堰

图 8-2　填料塔

1—气体出口；2—人孔；3—填料；
4—栅板；5—气体进口；6—液体出口；
7—裙座；8—筒体；9—液体再分布装置；
10—卸料口；11—液体分布器；
12—液体进口；13—除沫装置

2）塔类设备的验收

（1）塔类设备及其附件的验收必须附有出厂合格证书、安装说明书等技术文件。对塔的名称、类别、型号、规格、外形尺寸、管口方位等应进行全面核对和检查，检查是否有缺件、损坏、变形及锈蚀的情况，并填写验收、清点记录。

（2）塔身较长的设备，运至现场应注意放置方向，减少二次搬运。如需停放较长时间，则不得妨碍交通及其他工程的施工，并选择适当支撑点垫上枕木。易损件应拆除，进行专门保管，管孔、人孔等应封闭，防锈漆脱落之处应补刷。

3）安装前的注意事项

（1）安装前应按设计图样或技术文件要求画定安装基准线及定位基准标记，对相互间有关联或衔接的设备还应按要求确定共同的基准。

（2）有内件装配要求的塔，在安装前要检查内壁基准圆周线，基准圆周线应与塔轴线相垂直，并以基准圆周线为准，逐层检查塔盘支持圈的水平度和距离。

（3）核对塔底基础环上螺栓孔距离尺寸，应与基础地脚螺栓位置相一致。如采用预留孔，其应和塔底基础环螺栓孔位置相一致。

（4）安装前对塔体及附件进行全面检查，检查塔的纵向中心线是否清楚，应在塔身上、中、下三点有明显标记；检查塔的方位标记、重心标记及吊挂点，对不能满足要求者，应予补充。

（5）未经设计批准，不得在塔上焊接吊耳、临时支撑件等附加物，不得以塔体管口代替吊耳进行吊装。

2. 塔体和裙座的组装要求

（1）简体分段组装后，应在内壁和外壁上画出相隔90°四条纵向组装线和基准圆周线，作为整体组装及安装内件的依据。

（2）塔内件和简节焊接的焊缝边缘与简体环焊缝边缘的距离应不小于简体壁厚，且不小于50mm，所有被覆盖的焊缝及塔盘、填料支撑、密封结构处妨碍安装的焊缝或突出物均应打磨至与母材平齐。

（3）支座、裙座的组装应符合下列要求：

① 裙座的中心线应与塔体中心线相重合，其允许偏差为±5mm。

② 支座、裙座与塔体相接处，如遇到塔体拼接焊缝时，应在支座、裙座上开出豁口。

③ 裙座的基础环应垂直于座圈（或塔体）中心线。

④ 基础环上的地脚螺栓孔应垮中均布，中心圆直径、相邻两孔弦长和任意两孔弦长的允许偏差均不得大于2mm。

（4）简体等部件组装后，施焊前应将坡口表面及其内侧边缘不小于12mm范围内的油污、漆垢、锈、毛刺等清除干净。对不预热的焊接接头区域内的湿气，焊前应清除。对奥氏体不锈钢塔，焊接时应采取措施（如涂白垩粉），防止焊接飞溅物溅到焊件表面。

（5）塔组装时的点固焊应符合以下规定：

① 塔体等部件组装的点固焊焊接工艺应与正式焊接的要求相同。

② 塔体组装时焊缝点固焊的焊道长度应在30~50mm之间，焊道应有足够的强度，点固焊焊接宜采用回焊法，使引弧和熄弧点均在焊道内。对不清根的焊缝，由点固焊引起的缺陷，应及时处理。

③ 焊接要求预热的场合，点固焊焊接必须按相同要求进行预热，其预热温度应取要求预热温度的上限，其预热范围在焊缝两侧各不得少于150mm。

（6）组装时，吊耳、卡具等焊缝的焊接，应符合以下规定：

① 焊接的吊耳及卡具等应采用与设备相同或焊接性能相似的材料及相应的焊条，焊接工艺应符合相关的规定。

② 正式焊接要求预热的场合，卡具焊接亦须按相同要求进行预热，其预热温度应取要求预热温度的上限，预热范围原则上不小于卡具周边150mm。

③ 吊耳及卡具等焊接及拆除工作应在热处理及耐压试验之前进行。热处理及耐压试验以后，不得在塔体上焊接或拆除附加物，否则应重新进行热处理及耐压试验。

④ 吊耳及卡具等拆除后，应对其焊缝的残留痕迹进行打磨修补，并认真检查。修磨处的

筒体厚度不应小于设计要求的厚度，否则应按正式焊接工艺进行焊补，焊补后亦应打磨平整。

⑤ 对于低温塔和低合金钢、铬钼钢以及用屈服点大于 400MPa 的钢材焊制的塔，其卡具拆除部位应按相关的规定，进行表面探伤检查。表面探伤检查的范围，应从卡具焊缝轨迹周边向外延伸不少于 10mm。

（7）组装焊接屈服点大于 400MPa 的钢材及铬钼钢等裂纹敏感性材料的塔时，用碳弧气刨清根的淬硬层应磨掉。

（8）不宜在塔体焊缝上开孔接管。开孔接管与塔壁的焊接形式应符合图样的要求。补强圈的弧度应与塔壁相吻合、紧贴。塔壁上有较多开孔接管且相距较近时，要采取措施，以防止开孔和焊接时造成塔体变形。

（9）塔接管的中心方位及标高允许偏差为 ±5mm，如接管与塔内管道有衔接时，允许偏差为 ±3mm。

（10）法兰面应垂直于接管或筒中心线。安装接管法兰应保证法兰面的水平或垂直（如有特殊要求的应按图样规定）；其偏差均不得超过法兰外径的 1/100（法兰外径小于 100mm时，按 100mm 计算），且不大于 3mm。接管法兰螺孔应对称地分布在筒体主轴中心线的两侧，有特殊要求时，应在图样上注明。

（11）不锈耐酸钢板及复合钢板覆盖层的表面应避免损伤。在进行校平或找圆时，不得用铁质工具直接敲打。如有局部伤痕、刻槽等影响耐腐蚀性能的缺陷必须修磨，修磨部位的厚度（复合钢板指覆层厚度）不应小于设计厚度。

（12）塔组装完毕经检查合格后，应立即填写组装记录。

3. 塔体的吊装与找正

1）塔体的吊装

多数塔的安装是采用整体吊装，即安装前塔设备已经装配或焊成一体，一次起吊将塔体安装在设备基础上。整体吊装常用以下几种方法：

（1）单杆吊装法　单杆吊装法是利用单杆起重机进行整体吊装的。

（2）滑移法　此方法吊装过程如图 8-3 所示，起重杆的高度比塔高很多，并倾斜一定角度 β，使起重滑轮组正好对准设备的基础［见图 8-3（b）］，当塔吊到 Ⅳ 位置时，对塔进行找平和找正。该法因要求起重杆的高度高出塔体很多，因此，多用于吊装小型塔类设备。

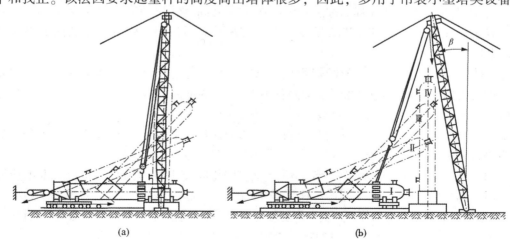

(a)　　　　　　　　　　　　　　　(b)

图 8-3　单杆滑移法

（3）扳转法　此方法一般有两种形式：一种是工件（塔体）转动而桅杆（起重杆）不动，如图8-4（a）所示；另一种是随着工件转起而桅杆转落，如图8-4（b）所示。故前一种称为单转，后一种称为双转。

采用扳转法吊装需在塔的基础和裙座基础环上设置铰腕。铰腕在基础上必须牢固固定，塔体抗弯强度必须经过核算，塔体过高、弯矩大时应采用相应的保护措施。

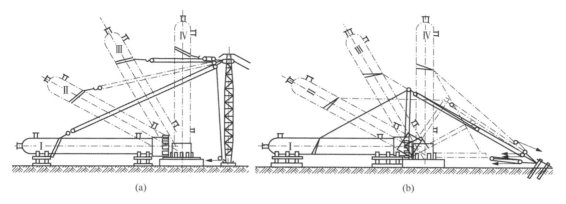

(a)　　　　　　　　　　　　　　(b)

图8-4　扳转法

（4）双杆整体滑移吊装法　此种吊装过程如图8-5所示。因采用双杠起吊比较平稳，容易调整方位和高度，故大型塔的吊装常采用此法。

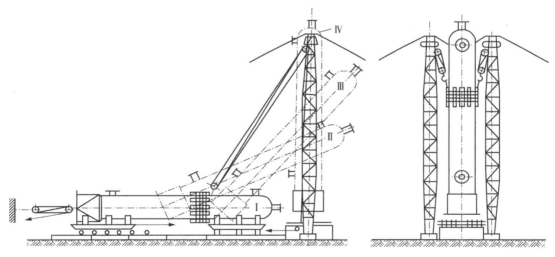

图8-5　整体滑移吊装法

2）塔的找正与找平

塔体经吊装就位以后，对准基础地脚螺栓预留孔，进行塔的找正和找平调整工作。找平找正的基准按以下规定进行。

（1）塔的基础环底面标高应以基础上的标高基准线为基准。

（2）塔的中心线位置应以基础上的中心画线为基准。

（3）塔的方位应以基础上距离最近的中心画线为基准。

（4）塔铅垂度的测量可以使用水准仪进行测量，如图8-6所示。

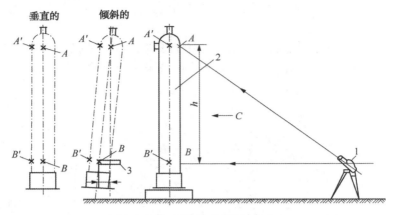

图 8-6　水准仪法测量塔的垂直度

8.2.2　填内件安装

1. 板式塔内件的安装

在板式塔中，塔体内有许多层塔盘，相邻两层塔盘之间隔开一定的距离。

板式塔的塔盘大多是在制造时就已装配好的，并已保证了水平度偏差的要求，故在吊装塔体后，一般不再对塔盘进行调整。但有些塔盘是在塔体吊装后再进行安装的，这时应对塔盘进行水平度的检查与测量。

板式塔的塔板有整体式和分块式两种。整体式塔板适用于塔径较小的分段式塔体，装配时，使用起重机械将塔盘吊入塔内，然后再吊装上面的塔节，并用螺栓将两层塔节连接起来。分块式塔板适用于塔径较大的整体式塔体，装配时，逐块吊入塔内，然后在塔内进行组装。塔板被安放在塔内壁的支撑圈上，并用螺栓连接起来。支撑圈是用角钢经过内弯，制成圆环形然后焊在塔内壁上的。支撑圈的外径应与塔体内径相同，焊接时可采用分段焊。支撑圈环形上表面保持水平。对于直径较大的板式塔，由于塔板的跨度较大，刚度较差，往往在塔内设置支撑钢梁结构，以便对塔板加强支撑。

1）安装前的准备和注意事项

（1）塔内件的验收　塔内件安装前应在有关人员的参加下，对照装箱单及图样，按下列项目检查与清点，并填写"塔内件验收清点记录"。

① 箱号、箱数及包装情况。

② 内件名称、规格、型号、材质、数量。

③ 内件表面的损伤、变形及锈蚀情况。

④ 内件验收后，应妥善保管，以防止发生变形、损坏、锈蚀等情况。

（2）清洁内件　内件安装前，应清除表面油污、焊渣、铁锈、泥砂及毛刺等杂物，还应对塔盘零部件编注序号以便安装。

（3）预组装　塔盘安装前宜进行预组装。预组装时，在塔外按组装图把塔盘零部件组装一层，调整并检查塔盘是否符合图样要求。

2）塔盘构件的安装

塔盘构件的安装分为卧式安装和立式安装两种施工方法，多数板式塔采用立式安装塔盘的构件。下面仅就立式安装塔盘的方法和顺序说明如下：

（1）立式安装塔盘是在塔体安装完成之后进行的，塔体的垂直度和水平度已经验收合格。

（2）施工人员带水平仪进入塔内，将水平仪的储液罐固定在上一层支撑圈上或特设的支架上，将刻度尺下端垂直放在支持圈的测点上，各测点玻璃管液面计读数的差值即为水平度偏差值。

（3）支撑圈与塔壁焊成后，其上表面在300mm弦长上的局部水平度偏差不得超过1mm。

（4）相邻两层支撑圈的间距允许偏差不超过±3mm；每20层内任意两层支撑圈间距允许偏差不超过10mm。

（5）连接降液板的支持板安装偏差应符合相关规定。

（6）降液板外侧的支持板与焊在塔壁上的支撑圈应在同一水平面上，它们共同支撑塔板，并保证塔板的水平，因此，它们之间的允许偏差很小。

（7）对直径较大的双溢流塔或多溢流塔，塔内设置横梁（或用槽形受液槽代替梁）来支撑塔板，梁的安装应符合相关规定。

（8）受液盘的作用是接受从降液管流下的液体，受液盘的安装应符合相关规定。

（9）分块式塔盘是由若干块塔板拼接而成的，塔板根据安装位置不同又分为弓形板、矩形板和通道板。

2. 填料塔内件的安装

在填料塔中，塔顶设有喷淋装置、填料、再分布器、栅板及气液介质的进出口等。喷淋装置位于填料塔内腔的顶部，常用的有莲蓬头式、溢流式、宝塔式等几种。填料塔的栅板位于支持圈上，要求栅板有足够的强度和刚度来支撑填料层，栅板的间距要求为填料外径的60%～80%，并要求有一定的耐腐蚀性；栅板可以制成分块式的和整体式的。再分布器（分配锥）是使液体在塔内形成均匀分布的装置，以便使整个填料层都能得到均匀地喷淋。填料塔中的填料是在塔体和栅板安装好以后，再进行装填的。

1）填料的装填方法

（1）填料不规则装填　装填料时，填料采用乱堆放的方法。对于塔体高度较大的填料，多采用湿法装填，而对于塔体高度较小者，多采用干法装填。所谓湿法装填，就是先在塔内灌满水，然后从塔顶将填料倒入。塔内灌水的目的是防止填料碰碎，但在装填料的过程中，要逐渐将水放出。所谓干法装填，就是不需要往塔内灌水，而直接将填料倒入塔内，这种装填方法容易使填料损坏。

（2）填料规则装填　装填料后，由工人进入塔内进行较整齐地排列，一般将体积较大的填料排在下层，体积较小的填料排在中层，最小的填料采用不规则装填，乱堆放在最上层。

2）填料支撑结构的安装

填料支撑结构（栅板、波纹板）安装后应平稳、牢固并要保持水平，气体通道不得堵塞。

3）填料床层压板的安装

为防止填料在塔内气流和液体的作用下发生位移，填料床层上应设置网形压板。压板的规格、重量及安装要求应符合设计要求。在确保限制填料位移的情况下，不要对填料层施加过大的附加力。

4）液体分布装置安装

液体分布装置（喷淋装置）安装的质量好坏直接影响塔的传质效果。常用的喷淋装置有环形多孔喷洒器、莲篷头喷洒器、溢流式分布槽、宝塔式喷淋器等。它们的安装应符合下列要求：

（1）喷淋器的安装位置和距上层填料的距离大小应符合设计图纸的要求，安装后应牢固，在操作条件下不得有摆动或倾斜。

（2）莲篷头式喷淋器的喷孔不得堵塞。

（3）溢流式各支管的开口下缘应在同一水平面上。

（4）宝塔式喷头各个分布管应同心，分布盘底面应位于同一水平面上，并与轴线相垂直，盘表面应平整光滑。

（5）各种液体分布装置安装的允许偏差应符合相关规定。

8.3 塔类设备的检修

塔设备在化工生产中，受内部介质的压力、温度和电化腐蚀等作用，会引起一些缺陷和故障，甚至会造成塔设备的破坏。正确分析判断塔设备产生故障的原因，及时高质量地对其进行修复，对保证化工生产的安全运行具有非常重要的意义。

塔设备的检修工作应在停车和空负荷的状态下进行。为了维修人员的人身安全，在停车后修理前，应该做好以下几项准备工作：

① 关闭塔体附近气体和液体的进出口阀门，阻止气、液介质继续进入或倒流。

② 通过放空管放空，卸除塔内压力，并排放出塔内存留的液体介质。

③ 在进出口阀门后面加盲板，彻底切断介质来源。

④ 用蒸汽或惰性气体吹洗塔体内部，置换塔内的有毒、易燃或易爆介质，降低它们在塔内的浓度。

⑤ 打开塔体上、下部位的人孔盲板，进行自然通风或强制通风，并且用水对塔内壁进行冲洗。

⑥ 塔内气体进行取样化验分析，当有毒、易燃或易爆介质的浓度达到国家规定的标准以下，氧气浓度不低于18%时，才可进入塔内进行维护与修理工作。塔内空气中有毒气体及有毒物质的蒸气与灰尘的最大允许浓度应在允许范围以内。

8.3.1 工作表面积垢的处理

工作表面积垢的处理就是清除积垢。目前常用的除垢方法有机械除垢法和化学除垢法两种。

1. 机械除垢法

机械除垢的方法包括手工机械除垢法、水力机械除垢法、风动或电动机械除垢法和喷砂除垢法。

2. 化学除垢法

化学除垢是指利用化学溶液与积垢起化学反应，然后对生成物进行清除，以达清除塔壁积垢的目的。化学除垢法多用于机械除垢法无法使用的场合，例如列管式换热器中管间水垢的清除。化学除垢法常用的化学溶液有稀硫酸、稀盐酸和稀氢氧化钠溶液等。酸性溶液可以清除设备工作表面上的铁锈、碱性水垢等，碱性溶液可以清除油垢等。使用化学溶液清除积垢以后，应该再用蒸汽和水进行洗涤，这样既可将清除掉的积垢随水一起排放，又可避免化学溶液对金属壳体的腐蚀。

8.3.2　法兰密封面产生泄漏的处理

根据塔类设备法兰密封面产生泄漏的不同原因，采用不同的修理方法：

（1）法兰连接螺栓松动，将其拧紧即可；如果螺栓损坏，则应更换成新的螺栓。

（2）密封垫损坏，更换新的密封垫。

（3）法兰密封面有辐射方向的沟纹，对沟纹进行补焊，补焊后锉平，达到规定的表面粗糙度要求。

（4）法兰密封面变形，矫正或更换法兰。

第9章 密 封

离心泵、离心压缩机、反应釜等设备，由于传动轴贯穿在设备内外，因此轴与设备之间存在一个圆周间隙，设备中的介质通过该间隙向外泄漏，如果设备内压力低于大气压，则空气向设备内泄漏，因此必须有一个阻止泄漏的轴封装置。轴封的种类很多，下面介绍几种典型的密封装置。

9.1 填料密封

填料密封是一种传统的接触式密封，应用较广。其主要优点是结构简单，更换方便，成本低廉，适用范围广（可用于旋转、往复、螺旋运动的密封），对作旋转运动的轴允许其有轴向窜动。其不足之处是其密封性能差，不允许轴有较大的径向跳动，功耗大，磨损轴，使用寿命短。

9.1.1 填料密封的结构及原理

填料密封主要零部件有填料函外壳、填料、液封环、填料压盖、底衬套等，如图9-1所示。将填料2装于填料函1内，通过填料压盖4将填料压紧在轴的表面。由于轴表面具有一定的粗糙度，其与填料只能是部分贴合，而部分未接触，即形成无数个迷宫。当带压的介质通过轴表面时，介质被多次节流，凭借"迷宫效应"而达到密封。填料与轴表面的贴合、摩擦，也类似滑动轴承，故应有足够的液体进行润滑，以保证密封具有一定的寿命。由此可见良好的填料密封，是迷宫效应和轴承效应的综合。

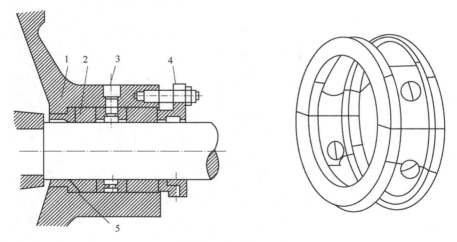

图9-1 离心泵填料密封装置

1—填料函外壳；2—填料；3—液封环；4—填料压盖；5—底衬套

填料对轴的压紧力由拧紧压盖螺栓产生。填料受到轴向压紧后，产生摩擦力致使压紧力沿轴向逐渐减少，同时所产生的径向压紧力使填料紧贴于轴表面而阻止介质外漏。

由于整个密封面较长，摩擦面积大，发热量大，摩擦功耗也大，如散热不良，易加快填料和轴表面的磨损。因此，为了改善摩擦性能，使填料密封有足够的使用寿命，则允许介质有一定的泄漏量，保证摩擦面上的冷却与润滑。

液封环的作用是在填料函中部引入密封液，通过液环进入填料两侧，当密封液压力大于介质压力 0.05~0.1MPa 时，便可阻止介质外漏。当设备内为负压时，只须通入 0.05~0.1MPa 的密封液，即可阻止空气进入设备内部。在现有石化转动设备中，该结构形式的填料密封用得较多，密封液不仅可堵漏，而且还可对填料进行润滑和冷却。

9.1.2 填料材料的要求及其形式

1. 对材料的要求

随着新材料的不断出现，填料结构形式也有很大变化，无疑它将促使填料密封应用更为广泛，用做填料的材料应具备如下特性：

（1）具有一定的弹塑性。当填料受轴向压紧时能产生较大的径向压紧力，以获得密封；当机器和轴有振动或轴有跳动及偏心时，能有一定的补偿能力，即追随性。

（2）具有化学稳定性。即不被介质所腐蚀、溶胀，也不污染介质。

（3）具有不渗透性。介质对大部分纤维均有一些渗透，故要求填料组织致密，为此在制作填料时往往需要浸渍、填充各种润滑剂和填充剂。

（4）自润滑性好，摩擦因数小并耐磨。

（5）耐温性好，能承受摩擦产生的热量。

（6）装拆方便。

（7）制造简单，价格低廉。

同时能满足上述要求的材料较少，如碳纤维、氟纤维、柔性石墨等性能好，适用范围广，但价格较贵；棉、麻等纤维填料价格便宜，但适用范围窄。因此，选用材料时应综合考虑各种要求。

2. 填料形式

常用的填料形式如图 9-2 所示，绞合填料最为简单，只要把几股纤维绞合在一起即可用作填料，主要用于低压及低参数的动、静密封，有时也与金属丝（或箔）绞合在一起，用于高温场合，如图 9-2(a) 所示。

编织填料是填料密封主要采用的填料形式，有套层编织、穿心编织、发辫编织、夹心编织等。发辫编织填料如图 9-2(b) 所示，其特点是松散，对轴振动和偏心有一定的补偿能力，一般该种填料断面尺寸较小，如断面尺寸大将会出现填料外表花纹粗糙、结构松弛、致密性差等缺点。

套层编织填料如图 9-2(c) 所示，其特点是致密性好，密封性强，但由于是套层结构，层间没有纤维连接容易脱层，故多用于静密封或低速密封。

穿心编织填料如图 9-2(d) 所示，该填料弹性和耐磨性好，强度高，致密性好，与轴接触面比发辫式大且均匀，纤维间空隙小，所以密封性能好，且一般磨损后整个填料也不会松散，使用寿命较长，是一种比较先进的编织结构。

夹心编织填料如图 9-2(e) 所示，其特点是致密性较好，强度高，弯曲性能好，所以密封性能也较好。与套层结构一样，表面层磨损后容易脱层，一般用于泵、阀填料，极少用于往复运动的密封。

柔性石墨填料如图 9-2(f)所示，这种填料致密，不渗透，自润滑性好，有一定弹塑性，能耐较高的温度，使用范围广，但抗拉强度低，使用中应予以注意。

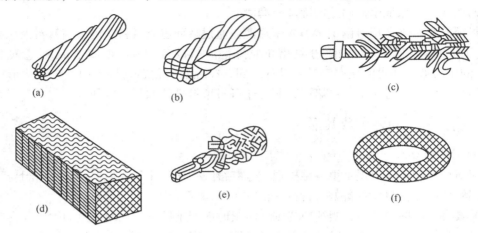

图 9-2　不同形式的填料

9.1.3　填料密封的测量

填料密封在检查和测量时，应着重于以下几个方面工作：

（1）壳与轴套之间的径向间隙　首先用游标卡尺量取泵壳中心孔的内径，再量取轴套的外径，然后用下式计算出来：

$$a = \frac{D_1 - D_2}{2}$$

式中　a——泵壳与轴套之间的径向间隙，mm；

D_1——泵壳中心孔的内径，mm；

D_2——轴套外径，mm。

径向间隙的数值越小越好，但两零件之间不能出现摩擦现象。径向间隙过大时，填料将会从这里被挤入泵壳内，出现所谓"吃填料"的现象。这样，将会直接影响离心泵的密封效果。一般情况下，泵壳与轴套之间的径向间隙为 0.3~0.5mm。

（2）填料压盖外圆与填料函内圆的径向间隙　离心泵的填料函对于填料压盖的推进起着导向的作用。所以，这个地方的径向间隙不能太大。如果径向间隙太大，填料压盖容易被压扁，将导致压盖内孔与轴套外圆的摩擦和磨损。此处的径向间隙数值可以用游标卡尺来量取，然后再计算出来(计算方法与泵轴和轴套之间的径向间隙计算方法相同)，此间隙为 0.1~0.2mm。

（3）填料压盖内圆与轴套外圆之间的径向间隙　离心泵填料压盖内圆与轴套外圆之间的径向间隙不宜太小。如果径向间隙数值太小，填料压盖内圆与轴套外圆将会发生摩擦，同时产生摩擦热，使填料焦化而失效，填料压盖与轴套也会受到磨损。一般情况下，填料压盖内圆与轴套外圆之间的径向间隙为 0.4~0.5mm。

9.1.4　填料的安装

填料的组合与安装对密封的效果和寿命影响较大。往往出现相同材料、相同结构，但同

164

一设备使用效果差异很大的情况，故必须十分重视安装技术。

安装时应注意以下几点：

（1）用百分表检查旋转轴与填料函的同轴度和轴的径向圆跳动量、柱塞与填料函的同轴度、十字头与填料函的同轴度。对修复的柱塞（如经磨削、镀硬铬等）需检查柱塞的直径、圆度、圆柱度是否符合要求。

（2）清理填料函。对填料函内已损坏填料必须掏清，轴表面要光滑，不应有拉毛、划痕。

（3）检查填料材质是否与要求相符，断面尺寸与填料函和轴向尺寸是否相匹配。填料断面尺寸过大或过小，可用木棒滚压办法修正，避免用锤敲打而造成填料受力不均匀，影响密封效果。

（4）沿轴或柱塞周长，用锋利刀口将填料切断。最好的办法是用一与轴同直径的圆柱，把填料绕在柱上，然后用刀切断，切成后的环接头应吻合，切口可以是直口或45°斜口。

（5）预压成型。用于高压密封的填料，必须经过预压成型，经过预压缩后，其径向压紧力分布比较均匀合理，密封效果也好，预压缩的比压应高于介质的压力，其值可取介质压力的1.2倍。预压后填料应及时装入填料函中，以免填料恢复弹性。

（6）装填。应一圈圈装填，每圈装填前在内表面涂以润滑剂，轴向扭开后套在轴上。装填时用与填料尺寸相同的对半木轴套压装填料，然后用压盖对木轴套进行压紧，施加适当压紧力即可。按上述方法装第二圈填料、第三圈填料……。须注意每圈填料接口应错开，每装一圈用手盘动一次轴，以便控制压紧力。

（7）填料装完后，对称地压紧压盖螺栓，避免填料压偏，用手盘动轴或柱塞使其稍能转动即可。

（8）软硬填料混合安装时，硬填料应放在填料函底部，软填料靠近压盖处。

（9）安装过程中，填料不要随便乱放，以免表面沾污泥砂、灰尘等物。因为这些污物很难清除，一旦随填料装入后，就会对轴产生强烈磨损。

（10）填料安装后需进行试运转，不必启动电机，用手盘动联轴器，使填料紧松适宜。如用手转不动，阻力大，应考虑松一下压盖螺栓。

9.2 机械密封

机械密封又叫端面密封，它是流体旋转机械的轴封装置。由于机械密封具有泄漏量少和寿命长等优点，所以是离心泵、离心式压缩机、反应釜等设备最主要的轴密封方式。

9.2.1 机械密封的结构及原理

机械密封主要由以下四部分组成：

（1）由动环和静环组成的密封端面，有时也称为摩擦副；

（2）由弹性元件为主要零件组成的缓冲补偿机构，其作用是使密封端面紧密贴合；

（3）辅助密封圈，其中有动环和静环密封圈；

（4）使动环随轴旋转的传动机构。

机械密封的作用原理如图9-3所示，由静环9和动环6组成的一对密封端面，在传动销4、传动螺钉12、弹簧座1、固定螺钉2带动下，使动环与轴一起转动，并在弹簧3和流体

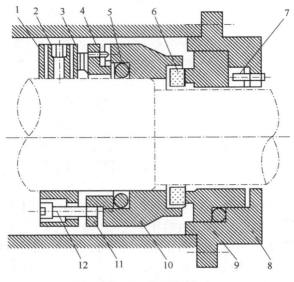

图 9-3　机械密封

1—弹簧垫；2—固定螺钉；3—弹簧；4—传动销；5—辅助密封圈；6—动环；
7—防转销；8—密封端盖；9—静环；10—补偿环座；11—推环；12—传动螺钉

压力作用下，使密封端面紧密贴合，辅助密封圈 5 是用于防止流体由轴表面和密封端盖处泄漏的元件。防转销 7 是防止静环因摩擦而发生转动之用。密封端盖 8 是与密封腔体连接并支撑静止环组件的零件。补偿环座 10 是用于嵌装补偿环的零件。推环 11 是推动补偿环组件作轴向移动的元件。弹簧 3 为该密封件的补偿缓冲机构，当密封面磨损后，在弹簧力作用下，动环随时可轴向移动而与静止环端面仍保持紧密贴合。

9.2.2　机械密封的类型

机械密封的类型见表 9-1。

表 9-1　机械密封的类型

按技术特征分类		结构形式	适用范围	特　点
摩擦副对数	单端面		应用广，适合于一般液体场合，如油品等。与其他辅助设施合用时，可用于带悬浮颗粒、高温、高压液体等场合	仅有一对摩擦副
摩擦副对数	双端面		适用于强腐蚀、高温、带悬浮颗粒及纤维介质、气体介质、易燃易爆、易挥发低黏度介质，高真空密封	有两对摩擦副
	串联多端面		适用于高压密封	两级或更多级串联安装，使每级密封承受的介质压力递减

166

按技术 特征分类		结构形式	适用范围	特　点
弹簧与介质接触与否	内装式		常用于介质无强腐蚀以及不影响弹簧机能的场合	弹簧置于密封介质内，受力情况好，端面比压随介质增大而增大，增加了密封的可靠性。一般介质泄漏方向与离心力相反，提高了密封效果
	外装式		适用于密封零件与弹簧材料不耐腐蚀，介质因易结晶而影响弹簧机能的场合。也适用于黏稠介质、安装要求以及压力较低的场合	弹簧置于密封介质之外，受力情况较差，当密封压力波动时会出现密封不稳定。一般情况介质泄漏方向与离心力方向相同，而增加泄漏。外装式因大部分零件不与介质接触且暴露设备外，故便于观察、安装级维修
介质在端面引起的卸载情况	非平衡型（不卸载）		一般介质压力不高于 0.7MPa 时采用非平衡型，但对于黏度较小、润滑性能差的介质，当压力为 0.3～0.5MPa 时也采用平衡型	介质压力在密封端面上引起卸载的称平衡型，不卸载的称非平衡型 K 为载荷系数，用动环的轴向受力面积与端面贴合面积之比表示：K 载荷作用面积/接触面积（K≥1）
	平衡型（卸载）		用于中、高压条件，一般在 0.5MPa 以上，成本高于非平衡型	载荷系数 0<K<1
缓冲补偿原件的形式	弹簧　单弹簧		适用于载荷较轻、轴颈较小、有腐蚀性介质的场合	单弹簧与多弹簧比较，有以下特点： 1. 比压不均匀，轴颈大时突出；2. 转速大时离心力使弹簧变形；3. 压缩量变化时，弹簧力变化小；4. 丝径大，腐蚀对弹簧力影响小；5. 介质有杂质或结晶时，对弹簧性能影响小；6. 弹簧力不易调节

按技术特征分类		结构形式	适用范围	特　点
缓冲补偿原件的形式	弹簧 · 多弹簧		适用于载荷较重、周径较大、使用条件不太严格的场合	多弹簧与单弹簧相比较，有以下特点：1. 比压均匀，不受轴颈影响；2. 弹簧变形受转速影响小；3. 压缩量变化时，弹簧力变化大；4. 丝径小，腐蚀对弹簧力影响大；5. 介质有杂质或结晶时，对弹簧性能影响大，严重时性能丧失；6. 通过增减弹簧数易于调节弹簧力
	波纹管		耐温−200~650℃	动环的追随性较好
介质泄漏方向	内流式		用于一般场合，尤其适用于带固体悬浮颗粒介质的场合	泄漏方向与离心力方向相反，故泄漏量较外流式小
	外流式		多用于外装式	泄漏方向与离心力方向相同，故泄漏量较内流式大

9.2.3　机械密封的材料

机械密封由若干零件所组成，各零件的材料是根据其所起的作用、结构特征和使用条件来进行选择或研制与开发。机械密封材料包括摩擦副材料、辅助密封材料、加载弹性元件材料和其他结构件材料。正确合理地选择各种材料，特别是端面摩擦副材料，对保证机械密封工作的稳定性、延长其使用寿命、降低成本等有着重要意义。

1. 摩擦副材料

1）常用的摩擦副材料

主要有碳-石墨、硬质合金、工程陶瓷和填充聚四氟乙烯等。

（1）碳-石墨　碳-石墨是机械密封中用量最大、应用范围最广的摩擦副组对材料。它具有许多优良的性能，如良好的自润滑性和低的摩擦系数，优良的耐腐蚀性能，导热性好、线膨胀系数低、组对性能好，且易于加工、成本低。

碳-石墨是用焦炭粉和石墨粉（或炭黑）作基料，用沥青作黏结剂，经模压成型在高温下烧结而成。根据所用原料及烧结时间、烧结温度的不同，可以制成具有各种不同物理力学性能的碳-石墨。

碳-石墨在焙烧过程中，由于黏结剂中挥发物质产生挥发，黏结剂发生聚合、分解和炭化，从而出现10%~30%的气孔。烧结石墨直接用作密封环会出现渗透性泄漏，且强度较低。因此，有必要进行浸渍处理以获得不透性石墨制品，并提高其强度。浸渍剂的性质决定了浸渍石墨的化学稳定性、热稳定性、机械强度和可应用温度范围。目前常用的浸渍剂有合成树脂和金属两大类。当使用温度小于或等于170℃时，可选用浸合成树脂的石墨。常用的浸渍树脂有酚醛树脂、环氧树脂和呋喃树脂。酚醛树脂耐酸性好，环氧树脂耐碱性好，呋喃树脂耐酸性和耐碱性都较好，因此浸呋喃树脂石墨环应用最为普遍。当使用温度大于170℃时，应选用浸金属的石墨环，但应考虑所浸金属的熔点、耐介质腐蚀特性等。浸锑石墨是高温介质环境常选用的一种浸金属石墨。

（2）硬质合金　硬质合金是一类依靠粉末冶金方法制造获得的金属碳化物。它依靠某些合金元素，如钴、镍、钢等，作为黏结相，将碳化钨、碳化钛等硬质相在高温下烧结黏合而成。硬质合金具有硬度高（87~94HRA）、强度大（其抗弯强度一般都在1400MPa以上）、导热系数高而线膨胀系数小等优点，且具有一定的耐蚀能力，广泛应用于重负荷条件或用在含有颗粒、固体及结晶介质的场合。

机械密封摩擦副常用的硬质合金有钴基碳化钨（WC-Co）硬质合金、镍基碳化钨硬质合金（WC-Ni）、镍铬基（WC-Ni-Cr）碳化钨硬质合金、钢结碳化钛硬质合金。

（3）工程陶瓷　工程陶瓷是工程上应用的一大类陶瓷材料，其特点是具有极好的化学稳定性，硬度高，耐磨损，但抗冲击韧性低，脆性大。目前用于机械密封摩擦副的主要是氧化铝陶瓷（Al_2O_3）、碳化硅陶瓷（SiC）和氮化硅陶瓷（Si_3N_4）。

（4）填充聚四氟乙烯　聚四氟乙烯（PTFE）是化学稳定性最好的有机聚合物，几乎能耐所有强酸、强碱和强氧化剂的腐蚀。目前已发现熔融碱金属（或它的氨溶液）、元素氟和三氟化氯在高温下能与聚四氟乙烯作用。

（5）其他摩擦副材料　用作机械密封摩擦副的材料还有铸铁、碳钢、铬钢、铬镍钢、铬镍钼钢、工具钢、轴承钢、青铜等。

我国炼油行业最早的机械密封摩擦副材料就是铸铁对石墨。铸铁具有良好的减摩、耐磨特性，且价格低、加工制造容易。普通铸铁耐蚀性差，只适用于油类和中性介质。加入合金元素形成的合金铸铁，提高了耐蚀性，可用于许多工况，使用效果较好。

常用的45号、50号钢材料，经淬火后有较高的硬度和良好的耐磨性，适用于中性化学介质。铬钢如3Cr13、4Cr13、9Cr18等，经淬火后有较高的硬度，耐腐蚀性比碳钢好，适用于弱腐蚀性介质。铬镍钢如1Cr18Ni、1Cr18Ni9Ti，铬镍钼钢如Cr18Ni12M02Ti等，它们具有良好的耐腐蚀性能，适宜于强腐蚀性介质，但其硬度低、耐磨性不高。某些高速工具钢、轴承钢，如W18Cr4V、GCr9也能用作密封环材料。青铜如ZQSn6-6-3、ZQSn10-1等，其弹性模量大，具有良好的导热性、耐磨性、加工性，适宜于制作用于水、海水、油类介质的密封环。

2）摩擦副材料配对规律

以上对单一端面材料进行了介绍，但机械密封的端面材料是配对使用的，必须考虑其配对性能。在应用过程中，可靠性比经济性更为重要，在可能的情况下，应优先考虑选择高等级的配对材料。端面摩擦副材料组对方式多种多样，下面为几种常用的组对规律。

对于轻载工况($v \leqslant 10m/s$，$p \leqslant 1MPa$)，优先选择密封环材料为浸树脂石墨，而另一配对密封环材料则可根据不同的介质环境进行选择。例如，油类介质可选用球墨铸铁，水、海水可选用青铜，中等酸类介质可选用高硅铸铁或含钼高硅铸铁等。轻载工况也可选择等级更高的材料，如碳化钨、碳化硅等。

对于高速、高压、高温等重载工况，石墨环一般选择浸锑石墨，与之配对材料通常选择导热性能很好的反应烧结或无压烧结碳化硅，当可能遭受腐蚀时，选择化学稳定性更好的热压烧结碳化硅。

对于同时存在磨粒磨损和腐蚀性的工况，端面材料必须同时选择硬材料以抵抗磨损。常用的材料组合为碳化硅对碳化钨，碳化钨对碳化钨，或碳化硅对碳化硅。碳化钨材料一般选择钴基碳化钨，但有腐蚀危险时，选择更耐腐蚀的镍基碳化钨。对于强腐蚀而无固体颗粒的工况，可选择填充玻璃纤维聚四氟乙烯对超纯氧化铝陶瓷(99% Al_2O_3)。

2. 辅助密封材料

机械密封的辅助密封包括旋转环辅助密封和非旋转环辅助密封，也包括端盖与密封腔体间的密封、轴套与轴的密封。从端面形状看，有O形圈、方形圈(垫)、平垫、V形垫、楔形垫、包覆垫、包覆O形圈等。

根据辅助密封的作用，要求材料具有良好的弹性、低的摩擦系数，能耐介质的腐蚀、耐溶解和溶胀、耐老化，在压缩后及长期的工作中有较小的永久变形，在高温下使用具有不黏着性，在低温下不硬脆而失去弹性，具有一定的强度和抗压性。辅助密封常用的材料有合成橡胶、聚四氟乙烯、柔性石墨、金属材料等。

1) 合成橡胶

橡胶是一种弹性很好的高分子材料，具有良好的弹性和一定的强度，具有较好的气密性、不透水性及耐磨、耐温、耐压、耐腐蚀，是一种被广泛采用的辅助密封材料。不同种类的橡胶有不同的耐腐蚀性能、耐溶剂性能和耐温性能，在选用时要加以注意。机械密封辅助密封常用的合成橡胶有丁腈橡胶(NBR)、氟橡胶(FPM)、乙丙橡胶(EPM)、硅橡胶。

(1) 丁腈橡胶(NBR)　是最常用的辅助密封圈材料，它以优异的耐油、耐老化著称，也具有良好的耐磨性能。丁腈橡胶的性能与丙烯腈的含量有关，丙烯腈含量高，耐油性能好，强度、硬度、耐磨性、耐水性增加，但耐蚀性、弹性和低温性变差。辅助密封圈一般采用中、高丙烯腈含量(丙烯腈含量为26%~40%，即丁腈-26、丁腈-40)的丁腈橡胶，尤其以丁腈-40橡胶应用最为广泛，但低温工况辅助密封圈材料应选用丁腈-26橡胶。

丁腈橡胶对矿物油、动植物油、脂肪烃有优良的耐蚀性，但值得注意的是，它不耐磷酸酯系液压油，不耐强酸、芳烃、酯、酮、醚、卤代烃等介质的腐蚀。

(2) 氟橡胶(FPM)　通常所说的氟橡胶是指含氟烯烃共聚物，是产量最大的一种氟橡胶，有两种类型，即23型氟橡胶和26型氟橡胶。23型氟橡胶是偏氟乙烯与三氟氯乙烯的共聚物，有优异的耐强酸性能，特别耐发烟硝酸，但加工困难。26型氟橡胶是目前最通用的氟橡胶品种，为适应各种用途，其生产牌号繁多，但基本品种有氟橡胶-26和氟橡胶-246。氟橡胶-26是偏氟乙烯和六(全)氟丙烯的共聚物，其耐热性、耐溶剂性优于23型氟橡胶，除个别情况外，已基本上取代了23型氟橡胶。氟橡胶-246是偏氟乙烯、六(全)氟丙烯、四氟乙烯三元共聚物，其耐热、耐溶剂性优于氟橡胶-26。目前，机械密封辅助密封圈采用的氟橡胶主要是氟橡胶-26。

氟橡胶具有特别好的耐热性、耐腐蚀性，良好的耐过热水、过热蒸汽性，在250℃下可

170

长期使用，广泛用于耐腐蚀、耐高温的场合。但是氟橡胶不耐氨水、强碱、有机酸、浓醋酸、丙酮、醚、醋酸乙酯等。

（3）乙丙橡胶（EPM 或 EPDM） 具有优异的耐老化性能、耐热性能，能在 150℃ 下长期使用而物理力学性能变化缓慢。它耐磨损性、耐腐蚀性较好，但对碳氢化合物油类稳定性差，因而不可用于矿物油中。如果借助于润滑脂、润滑油来安装机械密封，也应考虑这一因素的影响。但它特别耐硅油、磷酸酯液压油等合成润滑剂，耐酮、醇溶液、中等强度的酸碱，同时也耐高压水蒸气。

（4）硅橡胶 具有很宽的温度使用范围（-100~350℃）和很高的热稳定性，一般可在200~300℃ 下长期使用。硅橡胶无毒、无味，对人体无不良影响，但耐溶剂性差，且易在酸碱作用下发生离子性裂解，在高压水蒸气中会产生分解，机械强度低、不耐磨。主要用于各种高、低温和高速旋转等场合下的动植物油、矿物油、氧、弱酸、弱碱等介质，不适用于苯、甲苯、丙酮等溶剂性介质，也不适用于高压水蒸气。

2）聚四氟乙烯（PTFE）

聚四氟乙烯几乎能耐所有强酸、强碱和强氧化剂的腐蚀；因具有很低的摩擦系数，是一种极好的减摩、自润滑材料，但其导热性能很差，仅为 0.244W/m·K。添加青铜粉、二硫化钼、石墨等，可改善其导热性和自润滑。

聚四氟乙烯有很高的耐热性和耐寒性，使用温度范围为 -180~250℃。耐水性、耐老化性、不燃性、韧性及加工性能都很好。常制成 V 形圈，用作旋转环和非旋转环的辅助密封。

另外，可用聚四氟乙烯包覆其他材料，如聚四氟乙烯包覆不锈钢、聚四氟乙烯包覆橡胶，形成复合材料辅助密封，由于它们结合了两种或两种以上材料的优点，具有更加良好的密封效果。

3）柔性石墨

柔性石墨既有普通石墨的优良热稳定性、化学稳定性和高导热性，同时又具有独特的可压缩性和回弹性。它能耐高、低温，在输送介质温度不低于 200℃ 时，辅助密封材料应优先

采用柔性石墨。但柔性石墨的强度较低，应注意加强和保护。

模压成矩形圈、楔形圈、垫片的柔性石墨常用作机械密封非旋转环辅助密封圈、旋转环辅助密封圈、金属波纹管密封的波纹管组件与轴套连接的静密封垫。

4）金属材料

在高压下，尤其是高压和高温同时存在时，前述几种材料并不能胜任，这时只有选用金属材料来制作辅助密封元件。根据不同的工作条件有不同的金属材料供选用，金属空心O 形圈的材料有 0Cr18Ni9、0Cr18Ni12M02Ti、1Cr18Ni9Ti 等，对于端面为三角形的楔形垫，则常采用铬钢，如 0Cr13；对于平垫则多采用紫铜或铝垫。

3. 弹性元件材料

机械密封的弹性加载元件有压缩螺旋弹簧、波形弹簧、金属波纹管等。要求材料耐腐蚀、耐疲劳、耐高低温，强度极限高、弹性极限高，长期工作仍有足够弹力维持密封端面的紧密贴合。压缩螺旋弹簧大多由不锈钢，如 4Cr13、1Cr18Ni9Ti、0Cr17Ni12Mo2、0Cr18Ni12M02Ti 等制造，或由特殊合金，如 Ni66Cu31Fe（Monel 400）、Ni76Cr16Fe8（Inconel 600）等制造。机械密封用波形弹簧，常用薄钢带制造，其常用材料有 1Cr18Ni9（302）、0Cr18Ni12M02Ti（316）、0Cr17Ni7Al（17-7PH）、因科镍尔 X-750（Inconel X-750）、蒙乃尔

K-500(Monel K-500)等。金属波纹管分焊接波纹管和压力成型波纹管两种，一般耐腐蚀材料为沉淀硬化不锈钢 AM 350(16.5%Cr，4.3%Ni，2.75% Mo，0.1%C)，中级耐腐蚀程度用 Inconel X-750，高级耐腐蚀用 Hasterlloy C-276(57%Ni，15%Cr，16%Mo，1%Fe，0.02%C)。

4. 其他结构件材料

机械密封的其他结构件，如弹簧座、推环、旋转环座、非旋转环座、紧定螺钉、传动销等，虽非关键部件，但其设计选材也不能忽视，除应满足机械强度要求外，还要求耐腐蚀。

一般情况下用 2Cr13，在腐蚀性介质中，需要分别选用 1Cr18Ni9Ti、0Cr18Ni12M02Ti、蒙乃尔合金等耐蚀材料。

9.2.4 机械密封的辅助设施

为机械密封本身创建一个较理想的工作环境而设置的具有冲洗、改善润滑、调温、调压、除杂、稀释泄漏介质等功能的保护设施，称为机械密封的辅助设施。机械密封的辅助设施由压力罐、增压管、换热器、过滤器、旋液分离器、孔板等基本器件构成。广义的机械密封辅助设施还包括密封腔、端盖、轴套、密封腔底节流衬套、端盖辅助密封件、泵送环、管件、阀件、仪表等。

1. 辅助设施的作用

(1) 机械密封在工作中产生的摩擦热，使密封端面温度升高，如不采取相应的设施，会产生许多不良的后果：

① 温度升高使密封端面间液膜汽化，磨损加剧，使密封失效；

② 温度升高使动静环产生热变形，泄漏增大、磨损加剧；

③ 温度升高也加剧了介质对机械密封的腐蚀；

④ 温度升高使辅助密封圈老化、变质而失效；

⑤ 温度升高，浸渍合成树脂的石墨因树脂碳化而性能下降，浸金属的石墨环因金属熔化而泄漏。

采用辅助设施，可带走密封端面之间摩擦所产生的热量，保持密封端面间良好的润滑状态，使机械密封各部件良好地工作。

(2) 在易汽化介质中，保证密封腔中的压力，使之不汽化。

(3) 对于有固体颗粒的介质、易结晶的介质和强腐蚀性的介质，采用辅助设施，还能保护密封不受损害。

(4) 在低温泵的密封中，可起到保温和供热的作用等。

正确、合理地选用辅助设施，不仅对密封的稳定性而且对延长使用寿命都有重要意义；对安全生产以及减少漏损、减少维修工作量和降低生产成本也有一定的作用，必须给予足够的重视。

2. 辅助设施的工作方式

辅助设施主要的工作方式有冲洗和急冷。

所谓冲洗是将密封流体(即通常所说的密封油)注入到密封腔内，完成润滑、冷却、净化等功能，将不利的环境改变为密封能接受的工作环境。

所谓急冷是在压盖的大气端通以冷却液体(一般为水)，主要冷却静环的内圈，兼有稀释和冲洗泄漏介质的功能。常用的冷却介质为水，冷却水不能回收，冷却后放掉，如图9-4

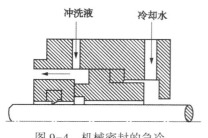

图 9-4　机械密封的急冷

所示；以溶剂为冷却剂的适用于易造成密封端面污染的介质；以蒸汽为冷却液的适用于高温介质、易结晶或易挥发介质。

9.2.5　机械密封的维护、检修与安装

1. 维护

（1）注意因进入端面的物料造成的发热现象及运转中有无异常响声等。对于连续运行的泵，除要防止开车时发生干摩擦外，运行中更需密切注意避免干摩擦。不要使泵抽空，如必要可设置自控装置以防止泵抽空。如是间歇运行的泵，应该观察停泵后因物料干燥形成的结晶，或降温造成的结晶，泵启动时应采取加温或冲洗措施，以免结晶物划伤端面而影响密封效果。

（2）要注意辅助冲洗冷却等装置及仪表是否正常稳定，避免突然停水而冷却不良造成密封失效。此外，冷却管、冲洗管堵塞也会引发故障。

（3）机器本身的振动（如联轴器不对中）、发热等将影响密封，应经常予以观察。因轴承损坏，也会破坏密封性能，故应注意轴承是否发热，运行中声音是否异常，以便及时修理。

2. 零件的修理

（1）动、静环检修。机组每次检修，都应取下机械密封动、静环认真检查，密封端面为硬质材料，则不允许有划痕，其平面度公差可通过重新研磨加工来达到。对软质材料（易磨损件），检修要求如下：

① 重新研磨使其平面度公差合格；

② 软质材料容易在使用安装中造成崩边、划伤，一般不允许有内外相通的划道；

③ 密封端面高度一般要求不小于 2mm，否则应予以更换。

（2）密封圈使用一定时间后，一般会溶胀或老化，故检修时最好更换新的密封圈。

（3）弹簧检修时，将弹簧清洗干净，测其弹力，如弹力变化小于 20%，则可继续使用。

（4）轴套由于机器自身的振动，导致辅助密封圈有时磨损轴套，形成沟槽，故检修时应仔细检查轴套，可采用适当的工艺修复。

3. 安装

下面以离心泵机械密封的安装为例进行说明。

1）装配前准备工作

（1）检查型号是否相符，有无缺少零件；

（2）检查零件配合尺寸，动、静环端面粗糙度；

（3）检查大弹簧是否平行或小弹簧长短刚性是否一致；

（4）检查各零件是否清洁，动、静环有无损坏；

（5）为了避免辅助密封圈（如橡胶 O 形圈）的损伤，应在有辅助密封圈滑过的所有轴或轴套台肩部位加工出 2×30° 倒角，所有尖角倒圆并修整光滑，如图 9-5 所示。在键槽或沉孔倒角处倒掉棱角。

（6）检查安装机械密封部位的轴或轴套，表面不得有

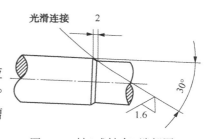

图 9-5　轴（或轴套）端部图

锈斑、裂纹等缺陷，粗糙度为 $R_a1.6$。密封压盖与静环密封圈接触部位的粗糙度为 $R_a13.2$。

（7）检查密封函腔与轴的同轴度。在密封箱端面上放置一个磁性百分表架，夹上一个分表，表头的触点与轴或轴套表面接触，如图 9-6 所示，旋转轴一周，百分表读数的最大与最小值之差，即为密封函与轴的同轴度偏差值。该值实际上是轴的径向跳动。

（8）检查密封函端面与轴的垂直度。在密封函端面附近的轴上放置一个磁性百分表架，夹上一个百分表，表头的触点与密封函端面接触，如图 9-7 所示，盘车一周，百分表读数的最大与最小值之差即为密封函端面与轴的垂直度偏差值。

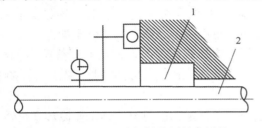 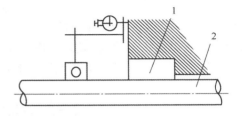

图 9-6　密封函腔与轴的同轴度测量　　　　图 9-7　密封函截面与轴的垂直度测量

1—密封腔；2—泵轴　　　　　　　　　　1—密封腔；2—泵轴

（9）擦净各部件，对所有安装滑移部位用适量润滑剂加以润滑，选用的润滑剂要与辅助密封材料及被密封介质相容，如水、肥皂水、硅润滑脂、乙二醇或甘油等。

2）装配

（1）静环、静环密封圈及压盖的组装：将静环密封圈从静环尾部套入，静环密封圈是橡胶 O 形圈的，可将密封圈表面涂润滑剂后，套到静环上，如果是采用聚四氟乙烯的，要注意 V 形刃口方向，刃口朝向压力高的方向，如图 5-8 所示。静环密封圈套入静环后，再将静环放平用手压入压盖，在装配时要注意静环后部的槽口要对正压盖上的防转销。防转销的高度要合适，应与静环保持 1~2mm 的轴向间隙，如图 9-8 所示。

静环装配到位后，还应检查密封端面与压盖中心线的垂直度。其检查方法如图 9-9 所示，用深度尺测量密封面与压盖端面的高度 A，沿圆周方向对称测量 4 点，其差值应小于 0.1mm。

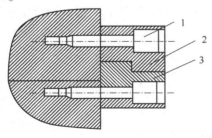 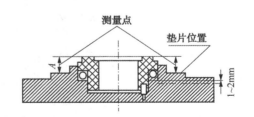

图 9-8　聚四氟乙烯密封圈刃口方向　　　　图 9-9　静环端面垂直度测量

（2）动环、动环密封圈及传动座的组装：先将动环密封圈套入动环，在传动座装入轴套后，把动环套入轴套上。在装配时，辅助密封圈为聚四氟乙烯的，其刃口朝向压力高的方向。

（3）机械密封定位：所谓定位就是确定动环组件在轴或轴套上的轴向位置。机械密封定位前，先盘车检查确认轻松、均匀无偏重现象后，把转子调整到正常运转位，转子轴向应固定，轴向串量不大于 0.3mm；对于采用平衡盘装置的多级离心泵，应将转子推向入口端，使平衡盘与平衡盘座的工作面接触。

174

在以上基础上可进行密封定位，先量出包括静环的密封压盖厚度 L_1。如图 9-10 所示，将带有静环的压盖装到泵上，待转子定位后在轴上标出密封压盖背面的位置 A 点，如图 9-11(a) 所示；测量出包括弹簧的动环组件自由高度 L_2，如图 9-11(b) 所示；以 A 点为基点量取 L_1+L_2-S 的长度，在轴上得到 B 点，如图 9-11(c) 所示，在 B 点固定传动座，机械密封定位工作即完成。上式中的 S 是机械密封的压缩量。所谓密封压缩量是指密封工作长度与其自由状态的长度差值。而密封工作长度是指密封在规定的运行寿命内能保持合适的端面比压及弹性补偿量的长度。

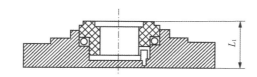

图 9-10　包括静环的密封压盖厚度

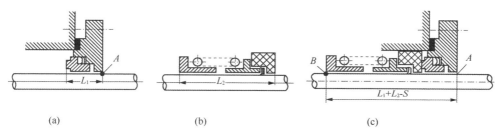

(a)　　　　　　　　　　(b)　　　　　　　　　　(c)

图 9-11　机械密封定位

（4）安装带有静环的压盖：在紧固压盖螺栓时，要均匀拧紧各螺母，防止压盖端面偏斜。紧固螺母后，要检查压盖与轴之间间隙是否均匀。

（5）盘车检查压盖、静环与轴（轴套）是否有摩擦，盘车应轻松，均匀无偏重现象。

（6）根据泵或密封工作图，连接密封辅助系统管线，如冲洗、冷却水管等。

（7）将泵的入口阀门打开，引入介质试静压，检查密封情况。缓慢盘车，一方面检查密封有无泄漏，同时也排除密封腔中的气体，若无泄漏或轻微泄漏可投入运转或作为备用泵。

3）常用离心泵机械密封安装应注意的问题

（1）悬臂离心泵密封的安装：悬臂离心泵的特点是轴已在轴承箱中安装好，而泵盖、叶轮和密封箱都没有安装。在拆卸时要把压缩量和传动座的位置确定并在轴上做出标记。在安装时，先把带静环的压盖套入轴上，然后装上带有动环组件的轴套，再装上泵盖，固定密封压盖（注意：轴封垫和压盖垫要安装到位）。将泵盖与悬架固定后，安装键、叶轮并旋紧叶轮锁紧螺帽，最后均匀上紧压盖螺栓。

（2）双支承离心泵密封的安装：在安装时，先将带有动环组件的轴套、带有静环的压盖套到轴上，两端轴承按要求安装就位，使转子处于工作位置，这时可安装两端的机械密封，在拧紧压盖螺栓前要校核两端密封的压缩量是否合适。

（3）对于采用平衡盘的多级离心泵，在安装密封时，必须将转子推向入口端，使平衡盘工作面接触，才能校核密封压缩量是否合适。

（4）对于带平衡盘的多级高温泵，确定密封压缩量时，入口端的密封压缩量不可过大，要考虑升温期间转子和泵体的温差及转子向入口端的热伸长量。

（5）机械密封安装在轴上后，用手推动动环应有弹性及顺利之感，然后在密封面间加些机油，将端盖均匀压紧，不得装偏。静环防转销不能过长，如有顶住静环现象，会导致密封失效，这也是常见的故障之一。机械密封安装完后，应予盘车，观察有无碰触之处，如感到有摩擦现象，必须检查轴有否碰到静环，密封件有否碰到密封腔，如有应采取措施予以消除。

9.2.6 机械密封的失效与故障分析

1. 磨损失效

摩擦副若用材耐磨性差、摩擦因数大、端面比压（包括弹簧比压）过大、密封面进入固体颗粒等均会使密封面磨损过快而引起密封失效。采用平衡型机械密封以减少端面比压及在安装中适当减少弹簧压力，有利于克服因磨损引起的失效。此外，选用良好的摩擦副材料可以减轻磨损。按耐磨次序材料排列为：碳化硅—碳石墨、硬质合金—碳石墨、陶瓷（氧化铝）—碳石墨、喷涂陶瓷—碳石墨、氮化硅陶瓷—碳石墨、高速钢—碳石墨、堆焊硬质合金——碳石墨。

2. 热损伤失效

机械密封件因过热而导致的失效，即为热损伤失效，最常见的热损伤失效有端面热变形、热裂、泡疤、炭化，弹性元件的失弹，橡胶件的老化、龟裂、溶胀等。

1）端面热变形

密封端面的热变形有局部热变形和整体热变形。密封端面上有时会发现许多细小的热斑点和孤立的变色区，这说明密封件在高压和热影响下，发生了局部变形扭曲。有时会发现密封端面上有对称不连续的亮带，这主要是由于不规则地冷却，引起了端面局部热变形。有时会发现密封端面在内侧磨损很严重，半径越大接触痕迹越浅，直至不可分辨。密封环的内侧棱边可能会出现掉屑和蹦边现象。轴旋转时密封持续泄漏，而轴静止时不泄漏，这是因为密封在工作时，外侧冷却充分，而内侧摩擦发热严重，从而内侧热变形大于外侧热变形，形成了热变形引起的内侧接触型（正锥角）端面。

2）热裂

硬质合金、工程陶瓷、碳石墨等脆性材料密封环，有时端面上会出现径向裂纹，从而使密封面泄漏量迅速增加，对偶件急剧磨损，这大多是由于密封面处于干摩擦、冷却突然中断等原因引起端面摩擦热迅速积累形成的一种热损伤失效。

3）泡疤、炭化

在高温环境下的机械密封，常会发现石墨环表面出现凹坑、疤块。这是因为当浸渍树脂石墨环超过其许用温度时，树脂会炭化分解形成硬粒和析出挥发物，当有黏结剂时，又会发泡软化，形成疤痕，从而极大地增加摩擦力，形成疤痕，表面损伤而出现高泄漏。

4）失弹

高温环境可能使弹性元件弹性降低，从而使密封端面的闭合力不足而导致密封端面泄漏严重。金属波纹管的高温失弹即是该类机械密封的一种典型的失效形式。避免出现该类失效的有效方法是选择合理的波纹管材料及进行恰当的热处理。

5）老化、龟裂、溶胀

高温是橡胶密封件老化、龟裂和永久变形的一个重要原因。橡胶老化，表现为橡胶变硬，强度和弹性降低，严重时还会出现开裂，致使密封性能丧失。过热还会使橡胶组分分解，甚至炭化。在高温流体中，橡胶圈有继续硫化的危险，最终使其失去弹性而泄漏。如是

176

有机介质则溶胀失弹，导致密封失效。

凡因热损引起密封失效，其解决方法关键在于尽量降低摩擦热，改善散热，使密封面处不发生温度巨变。

3. 腐蚀失效

机械密封因腐蚀引起的失效为数不少，而构成腐蚀的原因错综复杂，常见的腐蚀类型有以下几种：

（1）表面腐蚀　由于腐蚀介质的侵蚀作用机械密封件会发生表面腐蚀，严重时也可发生腐蚀穿透，弹簧件更为明显，采用不锈钢材料可减轻表面腐蚀。

（2）点腐蚀　弹簧套常出现大面积点蚀或区域性点蚀，有的导致穿孔，此类局部腐蚀对密封使用尚不会造成很严重的后果，不过大修时也应予以更换。

（3）晶间腐蚀　碳化钨环不锈钢环座以铜焊连接，使用中不锈钢座易发生晶间腐蚀，不锈钢应进行固溶处理。

（4）应力腐蚀破裂　金属焊接波纹管、弹簧等在应力与介质腐蚀的共同作用下，往往会发生断裂，为了避免弹簧的突然断裂而使密封失效，一般采用加大弹簧丝径加以解决。

（5）缝隙腐蚀　动环的内孔与轴套表面之间、螺钉与螺孔之间，O形环与轴套之间，由于间隙内外介质浓度之差而导致缝隙腐蚀，此外陶瓷镶环与金属环座间也会发生缝隙腐蚀。一般在轴套表面喷涂陶瓷，镶环表面涂以黏结剂以减轻缝隙腐蚀。

（6）电偶腐蚀　异种金属在介质中往往会引起电偶腐蚀，它使镶环松动，影响密封。一般亦采取在镶接处涂黏结剂的办法予以克服。

4. 安装、运转等引起的故障分析

1）加水或静压试验时发生泄漏

由于安装不良，机械密封静压试验时会发生泄漏。安装不良有以下几方面：

（1）动、静环接触表面不平，安装时碰伤、损坏。

（2）动、静环密封圈尺寸有误、损坏或未被压紧。

（3）动、静环表面有异物。

（4）动、静环V形密封圈方向装反，或安装时反边。

（5）紧定螺钉未拧紧，弹簧座后退。

（6）轴套处泄漏，密封圈未装或压紧力不够。

（7）如用手转动轴泄漏有方向性，则有如下原因：弹簧力不均匀，单弹簧不垂直，多弹簧长短不一或个数少；密封腔端面与轴垂直度不够。

（8）静环压紧不均匀。

2）由安装、运转等引起的周期性泄漏

运转中如泵叶轮轴向窜动量超过标准、转轴发生周期性振动、工艺操作不稳定及密封腔内压力经常变化均会导致密封周期性泄漏。

3）经常性泄漏

泵密封发生经常性泄漏的原因如下：

（1）动环、静环接触端面变形会引起经常性泄漏。如端面比压过大，摩擦热引起动、静环的热变形；密封零件结构不合理，强度不够而产生变形；由于材料及加工原因产生的残余变形；安装时零件受力不均等，均是密封端面发生变形的主要原因。

（2）镶装或黏接的动、静环接缝处泄漏造成泵的经常性泄漏。如镶装工艺不合理引起残余变形、用材不当、过盈量不合要求、黏结剂变质等均会引起接缝泄漏。

(3) 摩擦副损伤或变形而不能跑合引起泄漏。

(4) 摩擦副表面有颗粒杂质。

(5) 弹簧比压过小。

(6) 密封圈选材不正确，溶胀失弹。

(7) V 形密封圈装反。

(8) 动、静环密封面对轴线不垂直度误差过大。

(9) 密封圈压紧后，传动销、防转销顶住零件。

(10) 大弹簧旋向不对。

(11) 转轴振动。

(12) 动、静环与轴套间形成水垢，不能补偿磨损位移。

(13) 安装密封圈处轴套部位有沟槽或凹坑腐蚀。

(14) 端面比压过大，动静环表面龟裂。

(15) 动环浮动性差。

(16) 辅助装置有问题。

4) 突发性泄漏

由于以下原因，泵密封会出现突然的泄漏：

(1) 泵强烈振动、抽空破坏了摩擦副。

(2) 弹簧断裂。

(3) 防转销脱落或传动销折断而失去作用。

(4) 辅助装置出现故障，使动、静环冷热骤变导致密封面变形或产生裂纹。

(5) 由于温度变化，摩擦副周围介质发生冷凝、结晶影响密封。

(6) 停泵一段时间再开动时发生泄漏，这是由于摩擦副附近介质的凝固、结晶，摩擦副上有水垢，弹簧锈蚀、堵塞而丧失弹性等引起的。

其他形式的密封如迷宫密封、蜂窝密封、干气密封、浮环密封因主要应用在离心式压缩机组上，故在离心式压缩机的安装与检修一章中已进行了专门讨论，在这里不再介绍。

第10章 状态监测与故障诊断

10.1 状态监测与故障诊断技术的基本概念

随着科学技术和生产的不断发展，机器日益向大型化、高速化、轻量化及自动化方向发展，机器的参数指标越来越高，各部分关系越来越紧密，及时准确地处理生产过程中的故障问题，能够有效地提高生产效率，避免由于机械故障导致的经济损失和各类危险，因此，状态监测与故障诊断技术应运而生，其目的是避免故障的发生，最大限度地提高机械的使用效率。

状态监测与故障诊断技术是一门了解和掌握设备运行过程中的状态，进而确定其整体或者局部是否正常，以便早期发现故障、查明原因，并掌握故障发展趋势的技术。状态监测是指在设备运行中，用监测仪器对其特定的状态信息，如振动、转速、噪音和温度等进行检测、记录和处理，掌握设备的技术状态，是对设备进行故障诊断的基础工作。故障诊断是指设备在运行中或者在基本不解体设备的情况下，对设备故障的性质、原因、部位等进行识别诊断，并提供维修措施。

10.2 状态监测与故障诊断技术的发展趋势与应用

由于计算机技术、现代测量技术和信号处理技术的迅猛发展，生产效率得到了提高，节约了大量的能源，取得了巨大的社会效益和经济效益。但是，这些发展也相应地带来一些新的问题：

（1）设备与系统各工作单元间的关系日趋复杂，影响设备安全和工作性能的因素越来越多；

（2）设备与系统的结构复杂度越来越高，规模越来越大，致使设备的造价越来越高；

（3）设备日益向系统极限效率与速度方向发展，安全隐患增多；

（4）设备与生产系统在国民经济的发展和社会物质财富生产中的影响越来越大。

科技的发展一方面满足了提高生产效率、降低生产成本、节约能源等现代化工业发展的客观要求，另一方面对大型机械的设计、制造、安装、使用、维修和安全可靠运行提出了更高的要求。对于连续生产系统的关键设备——大型旋转机械，如石化、冶金等企业的高速离心压缩机组设备、电力企业的汽轮发电机组设备等，其运行的可靠性和安全性将直接影响生产的顺利进行，设备故障可能导致生产效率降低、企业停产、设备毁坏甚至发生危及生命财产安全的恶性事故，造成灾难性的后果。科学技术的进步推动着机械设备和生产系统日益向大型化、连续化、高速化、高效化、精密化和自动化的方向发展。机械故障诊断技术在工业生产中起着越来越重要的作用，生产实践已经证明了状态监测与故障诊断技术对企业有着十分重要的作用。

设备状态监测技术与设备故障诊断技术既有区别又有密切联系，监测是诊断的基础和前提，诊断是监测的最终结果。在生产实际中，有时又将二者统称为设备故障诊断，可分为简易诊断和精密诊断两个层次。简易诊断即设备的"健康检查"，具体实施时，往往监测设备的某一个特征量，根据量值的范围判断设备是正常还是异常。简易诊断的作用是监测和保护，目的是对设备的状态作出迅速而有效的概括和评价；而精密诊断是在简易诊断基础上更深层次的诊断。

机械故障诊断技术已在旋转机械、往复机械、各种流程工业、机械加工过程和各种基础零部件的故障诊断方面获得了应用，应用最广、最为成熟的是旋转机械的故障诊断，而往复机械的故障诊断目前还多集中于发动机气缸(套)的振动监测诊断。

我国的机械故障诊断技术在理论和实践应用上都紧追国外的发展，取得了诸多成果。在早期，国内故障诊断的研究与生产实际联系不是很紧密，设备研究人员缺乏现场故障诊断的经验。研究的应用与实际使用情况距离较大，一般是各个研究部门将研究成果送递到企业进行应用，这些应用在实际使用过程中会出现诸多问题，在现场又没有人能够解决问题，因此，技术的发展受到了局限。从 20 世纪 80 年代初期开始并应用设备诊断技术，该技术在中国各个行业得到了快速应用和发展，受到了各部门、各企业的重视。随着设备诊断技术的不断应用和发展，我国原有的设备维修体制已开始从早期的事后维修和长期的按计划维修体制，过渡到现代的、具有预知性的状态维修阶段。

在企业推广设备状态监测和故障诊断技术，可以保障设备安全运行，防止突发事故的发生；保证设备工作精度，提高产品质量；实施预防维修、按状态维修，节约维修费用；避免因设备事故造成的环境损坏等危险；保障了企业经济利益的最大化。

10.3　机械故障诊断的分类和监测方法

10.3.1　机械故障的定义

所谓机械故障，就是指机械系统(零件、组件、部件或整台设备乃至一系列的设备组合)已偏离其设备状态而丧失部分或全部功能的现象。如某些零件或部件损坏，致使工作能力丧失；发动机功率降低；传动系统失去平衡和噪声增大；工作机构的工作能力下降；燃料和润滑油的消耗增加等，当其超出了规定的指标时，均属于机械故障。机械的故障表现在它的结构上，主要是它的零件损坏和零件之间相互关系的破坏，如零件的断裂、变形、配合件的间隙增大或过盈丧失、固定和紧固装置的松动和失效等。

10.3.2　机械故障的分类

对机械故障进行分类的目的是为了更好地针对不同的故障形式采取相应的对策。以下是各种故障分类方法。

1. 按故障发生速度分类

（1）渐发型故障　其特征是故障发生的概率大小与使用时间有关。使用的时间越长，故障发生的概率也越大。这类故障与零件的材料、磨损、腐蚀、疲劳、温度等过程有密切关系。多数机械故障都属于这种类型。故障一旦发生，标志着设备有效寿命终结或设备必须进行大修。通常采用不同检测手段可以预测这类故障。

（2）突发型故障　其特征是故障发生具有偶然性，与设备使用时间长短无关，因而这类故障是难以预测的。

（3）复合型故障　其特征是故障发生的时间随机不定，与设备使用的时间长短无关；而设备零件损伤过程的速度是时间的函数。这种故障具有上述两种故障的特征。

2. 按故障的危害程度分类

这种分类的方法很多，有的将故障造成的经济损失、停工时间作为评价标准；有的依据危害性质分为灾难性、使用性和经济性故障。多数企业是采用按故障频繁程度等级、影响程度等级、排除紧急程度三个方面进行综合评定。

此外，除了上述分类之外，还可以按照故障出现时的情况，将故障分为已发生的实际故障和未发生的潜在故障，也可以按照故障发生的原因和性质，将故障分为人为故障和自然故障等。研究故障类型的目的，是要通过分析各种故障当时的情况、原因和性质以及对设备使用功能、性能参数和零部件失效形式等影响，分析出现的原因，在以后的设计、改进中避免相同的错误，减少或者是杜绝故障的发生，以达到保护人员安全，增加机械稳定性和效率以及安全性的目的，因此，不管按照什么方式分类机械故障，最终的目的还是为了方便机械维修，使机械设备具备完好的工作状态，有效地提高工作设备的生产指标和生产效率。

10.3.3　机械故障诊断的分类

1. 按目的分类

（1）性能诊断　对于新安装的或刚维修好的系统（设备机器及其部件），需要诊断其性能是否正常，并根据检查和诊断的结果对它进行调整。

（2）运行诊断　对正常投用的设备或系统进行运行状态的监视，以便对故障的发生和发展进行早期诊断。

2. 按方式分类

（1）间隔监测　指根据重要程度和故障率不同，分别采取不同时间周期对设备进行监测。

（2）在线监测　就是连续对运行中的机械系统进行监测。此时测试传感器及二次仪表等安装在设备现场，随机械系统一起工作。

3. 按提取信息的方式不同分类

（1）直接诊断　直接确定设备关键零部件的状态，如主轴承间隙、齿轮齿面磨损等。

（2）间接诊断　诊断对象和诊断信息来源不直接对应的一种诊断方式，即二次、三次等非一次信息的诊断。

4. 按诊断时所要求的机械运行工况条件分类

（1）常规工况诊断　在机械正常运行状态下进行的一种诊断方式。

（2）特殊工况诊断　对某些机械，需要为其创造特殊的工作条件才能对其进行诊断，如动力机组的升降速过程诊断。

5. 按诊断程度分类

（1）简易诊断　一般由现场作业人员凭着听、摸、看、闻或借助便携式简单诊断仪器对设备进行人工监测，判断设备是否出现故障。

（2）精密诊断　由精密诊断专家借助先进的传感器、精密诊断仪器和各种先进分析手段实施的诊断。通过检测、分析，确定故障类型、程度、部位和产生故障的原因，了解故障的发展趋势。

10.3.4 机械故障的监测方法

对一台机器或一个系统进行诊断时，第一步工作就是要探测出它的故障信息，也叫做故障探测，就是要收集到反映机器或系统故障的信息，即采集机器或系统的故障信号，简称采集，例如振动、噪声、压力、温度、功率、油样等。这些反映机械设备状态的信号都有各自的特点，用于不同的机械设备。一般情况下，一个故障可能表现出若干特征信息，即故障特征信息可能包含在几种状态信号之中。因此，对于一个复杂的机械系统（设备）往往需要同时测取几种状态信号进行综合诊断，以提高诊断的可靠性。对于机械设备，常用的监测方法有以下几种：

（1）直接观察法 根据人的经验对机器的状态作出直接判断（识别）的方法称为直接观察法。这种方法可以获得可靠的第一手资料，但观察的对象主要是静止的、能直接观察、感知到的零部件。为了扩大人眼的观察能力可以应用一些现代化的仪器，例如带照明的光纤探头、光学内孔检查仪、铸件内表面检查仪、红外线温仪、热敏涂料、电磁涂料以及探查表面微细裂纹的着色渗透剂等。

（2）整机性能或系统性能的测定 测定设备的输入与输出的关系，以判断设备的运行状态是否正常，例如机床加工精度的变化、粉碎机颗粒的变化、泵效率的变化、发电机组耗油量与输出功率变化的关系。也可以是两输出变量之间的关系变化，例如泵的流量与压力关系的变化等。

（3）磨屑（磨损残渣）的测定 机器中有相对运动的零件接触表面上由于磨损产生的残渣（简称磨屑）直接反映了这些零件的磨损状态，表征出机器是否在正常运行，并可以预报故障的发生，因此磨屑的分布情况也是诊断的一种重要信息。比如对润滑油进行油样分析，可以确定设备中什么零件在磨损。

（4）噪音和振动信号的监测 任何一部运作的机器，都伴随着噪声和振动信号。这些信号的变化，常常隐含着初期故障的存在。因而，噪声和振动信号是故障特征信息的良好载体，是最重要的诊断信息，应用非常广泛。

（5）其他监测方法 常用的故障探测方法还有温度测量和监视技术、红外热成像诊断技术、超声波监测技术、声发射技术等。

10.3.5 机械振动监测与诊断技术

机械振动是工程中普遍存在的现象，机械设备的零部件、整机都有不同程度的振动。机械设备的振动往往会影响其工作精度，加剧机器的磨损，加速疲劳破坏；而随着磨损的增加和疲劳损伤的产生，机械设备的振动将更加剧烈，如此恶性循环，直至设备发生故障、破坏。由此可见，振动加剧往往是伴随着机器部件工作状态不正常、乃至失效而发生的一种物理现象。据统计，有60%以上的机械故障都是通过振动反映出来的。因此，不用停机和解体，通过对机械振动信号的测量和分析，就可对其劣化程度和故障性质有所了解。另外，振动的理论和方法比较成熟，且简单易行。所以在机械设备的状态监测和故障诊断技术中，振动检测技术是一种普遍被采用的基本方法。

所谓振动诊断，就是对正在运行的机械设备进行振动测量，对得到的各种数据进行分析处理，然后将结果与事先制订的某种标准进行比较，进而判断系统内部结构的破坏、裂纹、开焊、磨损、松脱及老化等各种影响系统正常运行的故障，采取相应的对策来消除故障、保证系统安全运行。振动诊断还包含对其环境的预测，即已知系统的输出及系统的参数（质量、刚度、阻尼等）来确定系统的输入，以判断系统环境的特性，如寻找振源等问题的研究。

由于振动诊断具有诊断结果准确可靠、便于实时诊断等诸多优点而受到人们的普遍关注，在机械故障诊断的整个技术体系中居主导地位，目前已广泛地应用于各种机械设备（包括往复机械和旋转机械）的简易诊断和精密诊断。

1. 机械振动基本概念

机器设备是由许多零部件和各种各样的安装基础所组成，这些都可以认为是一个弹性系统。某些条件或因素可能引起这些物体在其平衡位置附近作微小的往复运动，这种每隔一定时间的往复性机械运动，称为机械振动。研究振动问题时，一般将研究对象（如一部机器、一种结构）称为系统；把外界对系统的作用或机器自身运动产生的力，称为激励或输入；把机器或结构在激励作用下产生的动态行为，称为响应或输出。振动分析（理论或实验分析）就是研究这三者间的相互关系。

从振动力学的观点来看，振动有以下四类：

（1）自由振动 即系统只受初始激励产生的主振动，这是一种理想的振动，它忽略了系统阻尼的影响。系统一次获得必须的能量输入，振动的特点由系统的固有特性决定。

（2）受迫振动 即在持续不断的周期力激励下系统的振动，当设备存在不平衡、不对中、不同心、摩擦、过大间隙等故障时，常造成这种振动。

（3）自激振动 指系统在受到初始激励后，将持续作用的能源转换成周期作用的能源，从而维持或发展系统的振动。例如钟摆、电铃锤振动、乐器、呼吸、心跳以及油膜涡动、喘振、机翼颤振、密封产生的气动力引起的振动等。

（4）参变振动 指由于系统的物理参数（刚度为主）发生变化引起的振动。例如主刚度不相等的弹性轴转动时，转子挠度将周期性变化。还有齿轮齿接触刚度的变化、滚动轴承滚珠与滚道的接触刚度变化引起的振动等。

使用振幅、频率、相位三个物理量可以唯一地描述振动，因此，它们被称为振动的三要素。其中振幅可以使用位移振幅、速度振幅和加速度振幅 3 个物理量表示。它们之间由简单的微积分运算相互联系起来。

（1）振幅 振幅是指振动的最大幅值，表示振动的强烈程度。运行正常的设备，其振动幅值通常稳定在一个允许的范围内，如果振幅发生了变化，便意味着设备的状态有了改变。因此对振幅的监测可以用来判断设备的运行状态。振幅可以分为位移振幅、速度振幅、加速度振幅。在旋转机械状态监测实际应用中，位移振幅通常用双振幅，即峰-峰值（P-P 值）来表示；速度振幅通常用单振幅即振动烈度（V_{rms}）来表示；加速度振幅通常用最大单峰值来表示。

（2）频率 振动物体在其平衡位置往复一次所需要的时间为振动的周期 T，单位为秒（s）。周期的倒数为每秒振动的次数，定义为振动的频率 f，单位为 1/s，称为赫兹（Hz）。当频率以弧度/秒（rad/s）表示时，称为圆频率 ω。振动频率可分为基频（周期的倒数）和倍频（各次谐波频率），它是描述机器状态的另一个特征参量，也是测量和分析的主要参数。不同的结构、不同的零部件、不同的故障源，则产生不同频率，因此对振动频率的监测和分析在评定设备状态过程中是必不可少的。

（3）相位　相位是表示物体振动着的部分对其他振动着的部分或固定部分的相对位置关系的物理量。相位与频率一样都是用来表征振动特征值的。不同振动源产生的振动相位不同，对于两个振源，相位相同可能引起合拍共振，产生严重后果。反之，相位相反可能引起振动抵消，起到减振作用。旋转机械测量振动相位一般用电涡流传感器，通过对键相标记（即在被测轴上设置一个凹槽或凸键）测量得到，又称键相位传感器。键相位传感器也可用来测量转速。

2. 机械振动诊断仪器

机械振动测量仪器与系统由测振传感器、测量放大器和记录与处理装置组成。

1）测振传感器

在进行振动的测量和分析时，通常使用的传感器是把机械能转换成电能，使传感器产生与机械振动成函数关系的电信号，然后通过放大进行记录和显示。振动传感器的种类很多，常用的有三种：感受振动位移的位移传感器、感受振动速度的速度传感器、感受加速度的加速度传感器。

振动位移、速度和加速度三者之间有着微分、积分关系，只要获得其中之一，便可换算求得另外两个参数。在选择测量参数时，通常应选择能得到最平坦的频率参数，这样可以使测量仪器的可用动态范围最宽。

（1）加速度传感器　目前应用最广的是压电加速度计，由于它的频率范围与动态范围都比速度和位移传感器宽得多，因此在一般设备监测中总是优先选用。它体积小，重量轻，稳定性高，可以安装在任何方位，不需电源供电，自身产生信号，无移动元件，不易造成磨损，而且能容易地转换成速度或位移信号。

压电加速度计的核心是压电晶体材料，通常是人工极化的铁电陶瓷。当受到应力作用时，无论是拉伸、压缩还是剪切，在它两个极板上都会出现与所加应力成正比的电荷。当加速度计受到振动时，内部质量块的惯性力就作用在压电晶体上，输出的电荷量与振动加速度成正比。压电加速度计的主要结构有正置压缩型、倒置压缩型、环形剪切型、三角形剪切型，如图 10-1 所示。

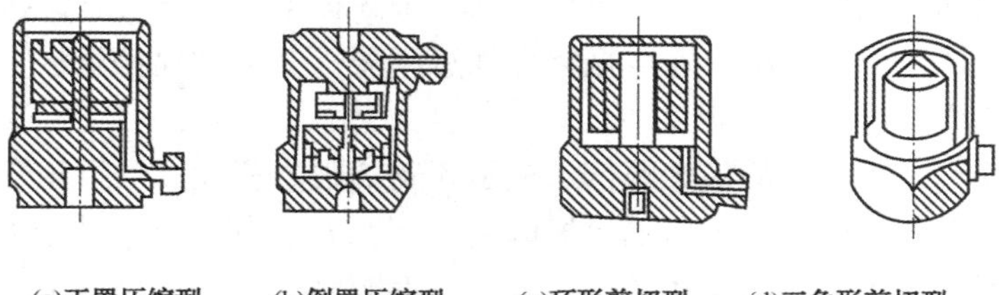

(a)正置压缩型　　(b)倒置压缩型　　(c)环形剪切型　　(d)三角形剪切型

图 10-1　压电加速计

（2）速度传感器　目前常用的是惯性式磁电速度传感器，其工作原理是电磁感应，如图 10-2 所示。固定在弹簧上的可动线圈随机器振动作惯性振动时，可动线圈切割磁力线产生感应电动势，从而输出与速度成正比的电压。磁电速度传感器灵敏度高，适用于测量振动量微小的高精度机械。

（3）位移传感器　位移传感器用于测量轴的转速、相位角、振动频率及转轴的运动方向，它有助于鉴别不同的机械故障和对故障进行分类，并在旋转机械动平衡上起着重要作用。目前应用最广的是涡流位移传感器，如图 10-3 所示。这是一种非接触式距离测量系统，它不断测量传感器顶端与被测对象表面之间的距离变化，并转换成一个与之成正比的电信号。

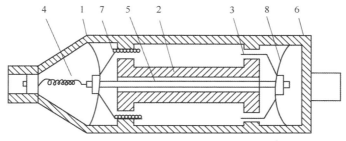

图 10-2　磁电速度传感器

1—弹簧片；2—永久磁铁；3—阻尼器；4—引线；5—芯杆；6—外壳；7—线圈；8—弹簧片

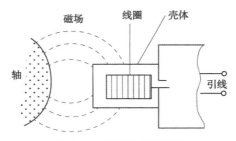

图 10-3　涡流位移传感器

2）放大器与记录器

在一个完整的振动测量设备中，除了传感器，放大器和记录器也是重要组成部分。测振传感器输出信号一般都很微弱，只有经放大后才能推动记录设备。从电气参数的角度来看，传感器是一种机电参数转换元件，常称为一次仪表，测振放大器则称为二次仪表，而记录设备称为三次仪表。

（1）测振放大器　测振放大器不仅对信号有放大作用，有的还具有对信号进行积分、微分和滤波等功能。测振放大器的输入特性与传感器的输出特性相匹配，而输出特性又要满足记录设备的特性。该类放大器按电路放大形式分为两种主要类型。一种是直接放大形式，并具有积分、微分等运算网络和滤波功能。这类放大器配合压电式和电动式传感器使用。另一类是载波放大形式，它把信号经过载波调制后再放大，并经过检波解调恢复原波形后输出。这类放大器主要是配合应变式传感器以及一些电感和电容式传感器使用。

（2）记录器　记录器是可用于记录振动信号的仪器，有光线示波器、电子示波器、笔式记录仪、磁带机以及数据采集器等。光线示波器和笔式记录仪都将记录结果硬复制在信息纸上，只能对它进行简单的分析处理，远不能满足机械故障诊断需要大数据量的要求，因此，目前在机械故障诊断领域获得广泛应用的主要是磁带机和数据采集器，它们各有其特点和应用场合。其中，模拟式磁带机是模拟式记录仪器的典型代表，而数据采集器则代表着数字式仪表的发展方向。随着计算机技术的飞速发展，基于 A/D 转换原理的数据采集器功能日益强大，性价比越来越高，且能集记录与分析于一体，从而简化了分析测试过程，故在很多应用领域已取代磁带机。

3）信号分析与处理设备

机械系统的输出信号经传感器拾取、信号调整最后记录下来以后，还必须经过各种分析与处理才能得到所需的结论，这就是信号的分析处理设备。目前的信号分析和处理设备分为两大类，即通用型和专用型。所谓通用型信号分析与处理设备，是指由通用计算机硬件和基于其上的信号分析与处理软件组成的系统；所谓专用型信号分析与处理设备，则是指除通用型之外的其他各种信号分析与处理设备。一般而言，通用型信号分析与处理的各种功能都主要是靠软件实现的，而专用型信号分析与处理设备有部分功能是靠硬件实现的，如 FFT（快速傅里叶变换）功能。

从信号处理的输出结果来看，除极少数信号分析与处理设备只有数据形式的输出外，绝大多数系统都具有图形（二维/三维、单色/彩色）输出功能，使得信号处理的结果更加直观明了。

3. 机械振动检测标准

1) ISO 2372 振动标准

国际标准 ISO 2372 规定了转速为 10~200r/s 的机器在 10~1000Hz 的频率范围内机械振动烈度的范围，根据振动烈度量级将机器运行质量划分为四个等级。

A 级：机械设备正常运转时的振级，此时称机器的运行状态"良好"；

B 级：已超过正常运转时的振级，但对机器的工作尚无显著的影响，此种运行状态是"容许"的；

C 级：机器的振动已达到相当剧烈的程度，致使机器只能勉强维持工作，此时机器的运行状态称为"可容忍"的；

D 级：机器的振级已大到使机器不能运转、工作，此种机器的振级是"不允许"的。

表 10-1 给出了 ISO 2372 推荐的各类机器的振动标准。

表 10-1　ISO 2372 推荐的各类机器的振动标准

振动烈度分级范围 振动烈度/(mm/s)	各类机器的级别			
	I 类	II 类	III 类	IV 类
0.18~0.28	A			
0.28~0.45	A	A		
0.45~0.71	A	A	A	
0.71~1.12	B	A	A	A
1.12~1.8	B	A	A	A
1.8~2.8	C	B	B	A
2.8~4.5	C	B	B	B
4.5~7.1	D	C	C	B
7.1~11.2	D	C	C	C
11.2~18	D	C	C	C
18.0~28	D	D	D	D
28.0~45	D	D	D	D
45~71	D	D	D	D

注：（1）A 级-优秀，B 级-良好，C 级-及格，D 级-不允许；

（2）I 类—小型设备；II 类—没有专用基础的中等尺寸的机器（如 15~75kW 的发电机）及刚性固定在专用基础上的发动机和机器（300kW 以下）；III 类—安装在测振方向上相对较硬的、刚性的和重的基础上的具有旋转质量的大型原动机和其他大型机器；IV—透平机。

2）ISO 3945 振动标准

ISO 3945 标准规定了大型旋转机械包括电动机、发电机、汽轮机、燃气轮机、涡轮压缩机、涡轮泵和风机的机械振动——现场振动烈度的测量和评定。

表 10-2 给出了功率大于 300kW、转速为 600~12000r/min 的大型旋转机械的评定等级。

表 10-2　ISO 3945 评定等级表

振动烈度/（mm/s）	支承类型	
	刚性支承	挠性支承
0.46~0.71	优秀	优秀
0.71~1.12	优秀	优秀
1.12~1.8	优秀	优秀
1.8~2.8	良好	优秀
2.8~4.6	良好	良好
4.6~7.1	及格	良好
7.1~11.2	及格	及格
11.2~18.0	不允许	及格
18.0~28.0	不允许	不允许
28.0~71.0	不允许	不允许

注：刚性支承—机器-支承系统的固有频率低于它的工作频率；挠性支承—机器-支承系统的固有频率高于它的工作频率。

3）IEC 振动标准

国际电工委员会(IEC)推荐了汽轮发电机组的振动标准。这是一种比较早的评定方法，其使用比较方便，见表 10-3。

表 10-3　IEC 振动标准

转速/（r/min）	1000	1500	1800	3000	3600	6000	12000
在轴承上测量值/μm	75	50	42	25	21	12	6
在靠近轴承的轴上测量值/μm	150	100	84	50	42	25	12

10.4　机组常见振动故障的机理与诊断

10.4.1　振动信号的分类及分析方法

化工机器在运行中因各种故障容易出现振动，如转子（转轴）的动不平衡、转子的不对中、轴承的油膜振荡、转轴的初始弯曲、热弯曲、摩擦热弯曲、半速涡动、共振、部件松动、转子结构缺陷、裂纹等。这些故障引起不同的振动信号变化。我们通过监测仪器对信号进行采集、处理和分析，可以对设备故障进行诊断。

对振动信息的处理可以采用以下几种方法：

（1）时域信号　时域信号的样本长度（以 s 为单位）决定于所要寻找的信息类型，通常与

机器的工作周期 $T(s)$ 有关，转子平衡需要得到的相位信息就是用基本周期来表示的。

（2）趋势分析　对于机器的振动信号或过程参数（温度、压力等）信号连续地或周期性地记录其变化趋势（见图 10-4），分析其工作状态。

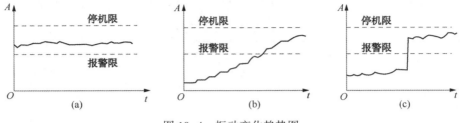

图 10-4　振动变化趋势图

（3）频谱分析　这是目前设备振动分析与诊断的最基本工具。

（4）相位分析　相位量化了两个信号之间的时间差，它们可以是两个振动信号，或一个振动信号和一个激振信号，或者取自一个转子转速的基本参考信号和一个振动信号。

（5）轨迹分析　这种分析能提供轴承的预负荷，能提供转子的涡动频率以及进动方向，还能显示出轴颈在轴承中的位移。

（6）变转速及变频率分析　可以从变转速或变频率测试中得到自振频率、临界转速、阻尼以及与诊断有关的转子弯曲、裂纹等信息。

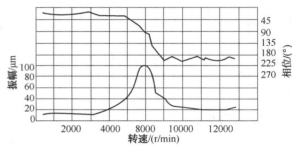

（7）波德图　波德图（见图 10-5）是描述振幅（通常是相对位移）和相位随转速变化的图形。利用波德图中的峰值-转速图可以从其峰值获得机组的临界转速值。

图 10-5　波德图

（8）极坐标图（见图 10-6）　它也称奈魁斯特图，极坐标图是不同转速下振幅相对于相位的图形。

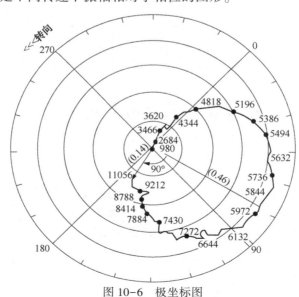

图 10-6　极坐标图

（9）瀑布图（见图10-7）　又称三维谱图，它是机器在不同转速下的频谱图，用三维坐标绘制而成，该图提供了机组振动随转子转速变化的谱图。该图对分析机组在升降速过程中的振动特性及诊断故障十分有用，因为机组尤其是新装机组或大修后的机组，在启动过程中经常会出现故障。

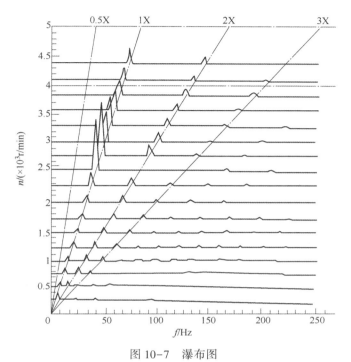

图 10-7　瀑布图

（10）峰值保持图（见图10-8）　峰值保持也称峰值平均，它是将不同时刻获得的频谱图上最大峰值保持下来，进行比较。例如，一台机组在升速过程中，在不同转速下的频谱图上必定会出现最大频谱峰值，这个峰值一般为同步振动幅值，但也可能表示了机组中某个部件的自振频率，而一般的线性平均方法往往将后一种峰值平均掉。

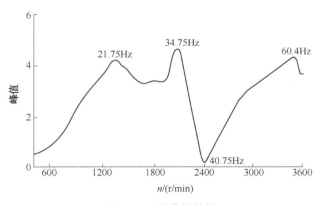

图 10-8　峰值保持图

10.4.2　机组常见振动故障的机理与诊断

机器的故障有多种多样，有些故障的性质虽然有较明显区别，但它们的表现形式却极易混淆。因此对机器诊断时，首先要根据各种故障发生的机理，寻找其独特的症状及其敏感参数。不仅要把所测得的振动信号从幅域、时域和频域进行频谱分析、波形分析、相位分析、转子轴心轨迹及其涡动方向的分析，还要对振动的方向和位置及对机器的工作参数（如转速、载荷、压力、介质流量、润滑油温度及环境温度等）的敏感特征进行识别。

1. 不平衡的故障机理与诊断

转子不平衡是由于转子部件质量偏心或转子部件出现缺损造成的故障，它是旋转机械最常见的故障。据统计，旋转机械约有一半以上的故障与转子不平衡有关。因此，对不平衡故障的研究与诊断也最有实际意义。

1）不平衡的种类

造成转子不平衡的具体原因很多，按发生不平衡的过程可分为原始不平衡、渐发性不平衡和突发性不平衡等几种情况。

原始不平衡是由于转子制造误差、装配误差以及材质不均匀等原因造成的，如出厂时动平衡没有达到平衡精度要求，在投用之初，便会产生较大的振动。

渐发性不平衡是由于转子上不均匀结垢，介质中粉尘的不均匀沉积，介质中颗粒对叶片及叶轮的不均匀磨损以及工作介质对转子的磨蚀等因素造成的。其表现为振值随运行时间的延长而逐渐增大。

突发性不平衡是由于转子上零部件脱落或叶轮流道有异物附着、卡塞造成，机组振值突然显著增大后稳定在一定水平上。

不平衡按其机理又可分为静失衡、力偶失衡、准静失衡、动失衡四类。

2）不平衡故障机理

设转子的质量为 M，偏心质量为 m，偏心距为 e，转子的质心到两轴承连心线的垂直距离不为零，具有挠度为 a，如图 10-9 所示。

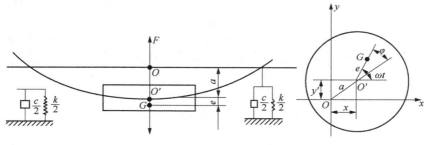

图 10-9　转子力学模型

由于有偏心质量 m 和偏心距 e 的存在，当转子转动时将产生离心力、离心力矩或两者兼而有之。离心力的大小与偏心质量 m、偏心距 e 及旋转角速度 ω 有关，即 $F = me\omega_2$。众所周知，交变的力（方向、大小均周期性变化）会引起振动，这就是不平衡引起振动的原因。

3）不平衡故障的特征

实际工程中，由于轴的各个方向上刚度有差别，特别是由于支承刚度各向不同，因而转子对平衡质量的响应在 x、y 方向不仅振幅不同，而且相位差也不是90°，因此转子的轴心轨迹不是圆而是椭圆，如图 10-10 所示。

由上述分析可知，转子不平衡故障的主要振动特征如下：

（1）振动的时域波形近似为正弦波（见图 10-10）。

（2）频谱图中，谐波能量集中于基频，并且会出现较小的高次谐波，使整个频谱呈所谓的"枞树形"，如图 10-11 所示。

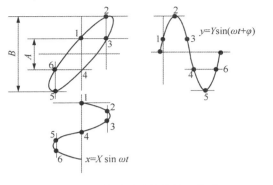 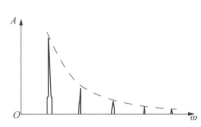

图 10-10 转子不平衡的轴心轨迹　　　　图 10-11 转子不平衡故障谱图

（3）当 $\omega < \omega_n$ 时，即在临界转速以下，振幅随着转速的增加而增大；当 $\omega > \omega_n$ 后，即在临界转速以上，转速增加时振幅趋于一个较小的稳定值；当 ω 接近于 ω_n 时，即转速接近临界转速时，发生共振，振幅具有最大峰值。振动幅值对转速的变化很敏感，如图 10-12 所示。

（4）当工作转速一定时，相位稳定。

（5）转子的轴心轨迹为椭圆。

（6）从轴心轨迹观察其进动特征为同步正进动。

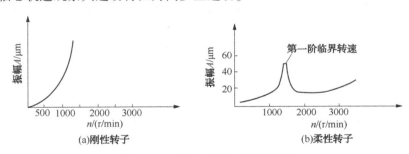

图 10-12 转子不平衡的主要特征

4）不平衡故障原因分析及治理措施

上述三类转子不平衡的故障原因分析及相应治理措施见表 10-4。

表 10-4 转子不平衡故障原因分析与治理措施

序号	原因分类	主 要 原 因		
		初始不平衡	渐变不平衡	突发不平衡
1	设计原因	结构不合理	①结构不合理，易结垢 ②材质不合理，易腐蚀	①结构不合理，应力集中 ②系统设计不合理，造成异物进入流道
2	制造原因	①制造误差大 ②材质不均匀 ③动平衡精度低	①材质用错 ②光洁度不够，易结垢 ③表面处理不好，易腐蚀	①热处理不良，有应力 ②入口滤网制造缺陷

序号	原因分类	主 要 原 因		
		初始不平衡	渐变不平衡	突发不平衡
3	安装维修	①转子上零部件安装错误 ②零件漏装	转子未除垢	转子有较大预负荷
4	操作运行	—	①介质带液，造成腐蚀 ②介质脏，造成结垢	①超速、超负荷运行 ②入口阻力大，导致部件损坏，进入流道 ③介质带液，导致腐蚀断裂
5	状态劣化	转子上配合零件松动	①转子回转体结垢 ②转子腐蚀	①疲劳，腐蚀 ②超期服役
6	治理措施	①按技术要求对转子进行动平衡 ②按要求对位安装转子上的零部件 ③消除转子上松动的部件	①转子除垢，进行修复 ②定期检修 ③保证介质清洁，不带液，防止结垢和腐蚀	①停机检修，更换损坏的转子 ②停机清理流道异物 ③消除应力，防止转子损坏

2. 不对中故障的机理和诊断

1）不对中的机理

机组各转子之间通过联轴节连接，以传递运动和扭矩。转子之间由于安装误差以及转子制造、承载后的变形和环境温度变化的影响等会造成对中不良。转子对中不良的轴承，由于联轴节的受力作用，改变了转子轴颈与轴承的实际工作位置，不仅改变了轴承的工作状态，也降低了转子轴系的固有频率，所以转子不对中是导致转子发生异常振动和轴承早期损坏的重要原因。

联轴节的类型很多，在化工企业中常用的联轴节有固定式刚性联轴节和挠性联轴节，如齿轮联轴器和膜片式联轴器，由于它们的结构特点不同，其振动机理也有区别。

（1）挠性联轴节　当转子轴线有径向位移时，齿轮联轴节的内、外两齿套通过滑动，膜片式联轴节的膜片通过变形来补偿转子轴线的位移偏差，当转子旋转时，联轴节的中间接筒的质心便以轴线的径向位移量为直径作圆周运动，其频率为转子旋转频率的两倍。当机组的转子轴线发生偏角位移时，其传动不仅是转子每回转一周变动两次，而且其变动的强度随偏角的增大而增大，因而从动转子由于传动比的变化所产生的角加速度激励转子而产生振动，其径向振动频率亦是转子旋转频率的两倍。在实际生产中机组各转子之间的连接对中情况，往往既有径向位移又有偏角位移，因而转子发生径向振动的机理是两者的综合结果。

另外，由于联轴节所产生的附加轴向力以及转子偏角位移的作用，从动转子每回转一周，其在轴向往复运动一次，因而转子轴向振动的频率与回转频率相同。

（2）刚性联轴节　用刚性联轴节连接不对中的转子时，转子由于强制连接而产生弯曲变形，联轴节结合面在转子每回转一周时相对移动两周，所以其振动频率为工作转速的两倍，而轴向振动频率和工作转速同步，其振动特征与挠性联轴节的振动规律相同。

2）不对中故障的诊断

转子不对中故障的振动有以下特征：

（1）振动的时域波形为一个一倍频的余弦波和一个二倍频的余弦波叠加，如图10-13所示。

（2）径向振动频谱由工频、二倍频及其调制谐波组成，二倍频谐波振幅较大，为特征频率。轴向振动频谱由工频及其谐波组成，工频具有峰值。

（3）轴心轨迹为内8字形（双环椭圆）同步正进动，如图10-14所示。

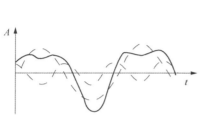

图10-13 时域波形图   图10-14 不对中的轴心轨迹

（4）相位特征：转速一定时，相位稳定不变。

（5）敏感系数：对载荷变化敏感，振动随载荷增加而增大，对环境温度变化敏感。

（6）靠近联轴节的轴承处振动较大。

不对中频谱特征和裂纹的频谱特征类似，均以两倍频为主。二者的区分主要是相位的稳定性，不对中的相位比较稳定，而裂纹故障时的相位对裂纹变化敏感。

3. 油膜涡动和油膜振荡故障的机理和诊断

1）油膜涡动和油膜振荡故障的机理

（1）油膜涡动 当滑动轴承受到动载荷时，轴颈会随着载荷的变化而移动位置。移动产生惯性力，此时，惯性力也成为载荷，且为动载荷，它取决于轴颈本身的移动。轴颈轴承在外载荷作用下，轴颈中心相对于轴承中心偏移一定的位置而运转。当施加扰动力，轴颈中心将偏离原平衡位置。若这样的扰动最终能回到原来的位置或在一个新的平衡点保持不变，即此轴承是稳定的；反之，是不稳定的。后者的状态为轴颈中心绕着平衡位置运动，称为"涡动"。涡动可能持续下去，也可能很快地导致轴颈和轴承套的接触。

（2）油膜振荡 高速旋转机械的转子常用流体动压滑动轴承支承。如果设计不当，轴承油膜常会使转子产生强烈的振动，这种振动与共振不同，它不是强迫振动，而是由轴承油膜引起的旋转轴自激振动，所以称为油膜振荡。"油膜振荡"现象可产生与转轴达到临界转速时同等的振幅或更加激烈。油膜振荡不仅会导致高速旋转机械的故障，有时也是造成轴承或整台机组破坏的原因，应尽可能地避免油膜振荡的产生。

2）油膜涡动和油膜振荡故障的诊断

（1）振动特征

① 时域波形中有明显的低频波动规律，如图10-15所示。

② 频谱有组合频率特征，在油膜涡动中由工频与半频（或0.42~0.48倍）组成，如图10-16所示；在油膜振荡中由工频和转子的一阶临界频率组成，次谐波极为丰富，如图10-17所示。

图 10-15　油膜涡动与油膜振荡的时域波形

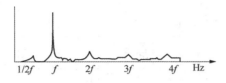

图 10-16　油膜涡动频谱图

图 10-17　油膜振荡频谱图

③ 振动方向为径向。

④ 油膜涡动的轴心轨迹为双环椭圆，油膜振荡的轴心轨迹为扩散的不规则轨迹。

⑤ 相位变动大，极不规则。

⑥ 油膜涡动随转速变化明显，油膜振荡在振动突然增大后，即使转速再升高，振动值也不变化。另外对轴承结构及几何参数变化敏感，对润滑油的温度、压力变化敏感。

（2）故障诊断

油膜振荡与旋转失速易于混淆，频谱同样有组合特征，由工频和半频组成。旋转失速的振动频率随流量改变而变化，油膜振荡的振动频率不随流量变化。另外，与转子局部碰摩、浮环卡死、气体激振的半频区分：碰摩是非线性振动，不一定发生在一临界位置上；气体激振前无半速涡动症状；浮环卡死和油膜振荡属相同机理，仅靠振动信号特征难以区分，可通过了解其他结构参数进行分析。

4. 其地常见振动故障

除了以上三种振动故障，还有一些故障情况，如机器松动故障、动静件摩擦故障、转子配合过盈不足故障、转轴横向裂纹故障等，应对不同的振动故障选择对应的解决方法，正确地解决各类故障问题。

10.5　大机组故障诊断实例

10.5.1　离心式压缩机叶轮结垢造成的不平衡振动分析

某石化厂从国外引进一台离心式单级循环气压缩机，经安装及单机试运后于 1996 年 5 月投入使用，运行了两年，出现一些问题：如运行一段时间后轴承箱两端的振动值会不断增大，最后不得不停车检修。1998 年 4 月 13 日生产车间切换生产牌号后，轴振动呈显著上升趋势。在三天之内 Bently3300 状态监测系统指示压缩机轴振动值由原来的 $45\mu m$ 左右上升到 $85\mu m$ 左右，对设备造成严重威胁。

机组结构与工作参数：工作介质为循环气；吸入能力为 44100m^3/h；吸入温度为 87.2℃；吸入压力为 2.497MPa；排出压力为 2.651MPa；轴功率为 2515kW；电机功率为 3000kW；电机转速为 3000r/min。

如图 10-18 所示，在电机前后轴承、轴承箱两端分别布置两个互相垂直的振动传感器，测量每个测点的水平方向和垂直方向的轴振动，测得的振动数值见表 10-5；在轴承箱内的止推轴承处选两点安装两个轴位移探头，测量轴位移情况振动信号经过电荷放大器放大、数据采集器采样，滤波后送到计算机进行最后分析。

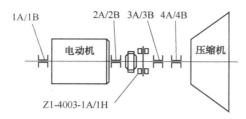

图 10-18　压缩机测试布置

1 —电机后轴承；2 —电机前轴承；3 —轴承箱靠电机端；4 —轴承箱靠叶轮端

表 10-5　压缩机振动幅值　　　　　　　　　　　　　μm

测点 时间	电机后轴承		电机前轴承		轴承箱靠电机端		轴承箱靠叶轮端		轴向振动	
	H	V	H	V	H	V	H	V	H	V
1998. 1. 19	29. 84	25. 98	13. 11	14. 54	47. 12	43. 99	27. 86	42. 65	35. 38	32. 31
1998. 2. 4	30. 11	24. 40	10. 96	14. 80	57. 20	52. 71	28. 14	35. 61	30. 06	20. 17
1998. 3. 2	30. 81	27. 01	13. 65	16. 52	54. 27	62. 63	22. 53	33. 94	33. 36	23. 76
1998. 3. 2	31. 02	28. 17	13. 61	16. 31	36. 09	44. 47	14. 48	27. 97	35. 94	25. 74
1998. 4. 15	29. 82	24. 66	12. 06	16. 06	58. 73	54. 48	44. 30	33. 48	41. 84	39. 94
1998. 4. 17	30. 27	24. 25	12. 09	14. 65	79. 98	84. 04	49. 46	32. 29	41. 36	51. 16

经比较几次对机组进行的较为全面的振动测试，通过分析发现以下现象：

（1）整个机组壳体振动不大，基础较牢固。

（2）电机前后轴承振动较小，且较稳定，随机组运行时间的增加振动上升幅度小。

（3）利用频谱图分析可发现，各点振动频谱的最大峰-峰值均发生在转速频率（工频）处。

（4）由时域波形及轴心轨迹图可知，波形为正弦波，轴心轨迹为椭圆。

振动原因分析：

（1）在工艺上，由于从反应器中出来的循环气中含 2% 的粉料无法去除干净，随循环气进入压缩机内，在一定温度下会在压缩机体内沉积，附着在叶轮上，导致转子产生不平衡。当叶轮外缘增加 1g 失衡重量，整个转子所受的附加力将达数千牛顿。失衡越大则轴振动越大。

（2）在结构上，循环气压缩机是一种悬臂梁式离心机，当叶轮端因入口口环处粉料结焦使间隙减小时，整个转子就会往电机端窜动，造成轴向振动加大。

（3）由于转子旋转时产生的离心力作用在轴承上，该作用力的方向也以转动角速度 ω 旋转，所以在频谱图上工频（$f=\omega/2\pi$）成分的大小往往就反映不平衡旋转力的大小。对一台原先旋转平稳，而随时间的增加振幅逐渐增大的机组，经频谱分析如基频过大，就可能有较大的不平衡。由频谱图可知，在本次检修前压缩机轴承箱靠电机端水平方向的振动主要发生在工频 50Hz 处，幅值达到 79μm。

通过前面的振动测试和频谱分析可以看出，与以往历次发生故障时相同，振动加大的峰-峰值始终发生在转速频率（工频）处。因此可以说，引起振动的原因是由于压缩机内部粉料黏着，使压缩机转子平衡被破坏所致。

检修结果：

机组于 1998 年 4 月 17 日停车检修，拆卸后发现压缩机叶轮上有粉料附着，蜗壳上结块严重，口环结焦，轴承箱靠电机端轴承上瓦磨损约 0.03mm 左右。经清理结块更换轴承并调整间隙后，重新开车，测得轴承箱两端振动值明显下降。轴承箱靠电机端水平方向振动幅值由检修前的 79μm 下降到 29μm，垂直方向振动幅值由检修前的 82μm 下降到 24μm。

10.5.2　给水泵不对中故障振动分析

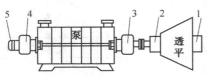

图 10-19　泵体振点测试图

某给水泵为多级卧式离心泵，设计介质温度和压力分别为 155℃/22MPa，处理量为 336.6m³/h，泵吸入压力为 0.307MPa，泵排出压力为 14.36MPa，叶轮级数为 5 级，驱动功率为 2200kW，泵转速为 4800r/min，驱动动力为蒸汽透平驱动，透平机和泵的轴承均为滑动轴承。透平及锅炉给水泵的振动测点如图 10-19 所示，最大振动值为泵体联轴节侧 2，轴承座水平径向达到 11.16mm/s，KSB 要求此泵各轴承座测点处最大允许振动值为 10.16 mm/s。

1999 年元月该机组的蒸汽透平机进行了大修，大修后开车试运发现机组泵侧轴承座振动比检修前有显著增大（见表 10-6）。

表 10-6　给水泵振动数据表　　　　　　　　　　　　　　mm/s

	2 点 水平方向	2 点 垂直方向	2 点 轴向方向	3 点 水平方向	3 点 垂直方向	3 点 轴向方向	4 点 水平方向	4 点 垂直方向	4 点 轴向方向
检修前（1998.12.30）	2.4	1.11	1.34	4.42	4.57	3.00	2.41	2.01	1.85
检修后（1999.2.1）	2.27	1.67	2.77	11.16	9.77	2.78	6.57	3.40	2.22
固定管线后（1999.5.1）	2.49	1.79	3.38	6.65	7.01	2.93	3.51	2.63	2.41
固定管线后（2000.2.17）	3.30	1.43	—	5.89	5.72	3.40	2.85	1.81	2.95

泵体联轴节侧水平测点振动值超过最大允许振动值，振动过大将无法保证机组安稳运行。

振动原因分析：

泵转速为 4800r/min，则工频为 80Hz，从频谱图可以得出，泵体联轴节侧水平径向频谱成分为 1 倍和 2 倍的工频处振动幅值最大，1 倍工频处幅值大于 2 倍工频处幅值。出现这种故障频率特征的故障可能是：①转子不平衡；②透平与泵之间存在不对中。

当转子不平衡时，振动频率和转速频率是一致的，不平衡产生的离心力与转速的平方成正比，轴承座的振动随转速增高而加大，但不一定与转速的平方成正比。因泵本身没有进行大修，检修前泵侧轴承座振动不大，而且泵介质为高纯度的锅炉水，所以泵转子不平衡故障应排除。

当转子不对中时，一般情况下，径向产生 1 倍旋转频率的振动。当不对中情况严重时，才产生径向 2 倍旋转频率的振动。根据泵联轴节侧轴承处振动频谱可以得出透平与泵之间存在严重不对中。从现场分析来看，透平是刚大修完投入使用的，检修前泵本身运转状态良好，且根据同类型的两台泵解体检查转子及其他转动部件均未见磨损，且叶轮也很清洁，没有结垢现象，所以没有对该泵解体检修。泵与透平工况温度不一致，透平壳体温度为

380℃，泵壳体温度为 13℃，垂直方向对中要求冷态透平比泵低 0.13mm，偏差为 ±0.05mm，即热态找正为 ±0.05mm，现场水平对中值和垂直对中值均在允许范围。那么，是什么力的作用造成机组对中不良呢？根据这一问题，找到检修人员了解当时检修回装情况，得知管线法兰与透平入口法兰连接过程中使用了一定的外力，这样使得管线与透平之间存在较大应力，并把此应力通过透平传到机组的联轴节，机组在运行过程中只有通过变形来消除部分应力，这样一来机组的对中值就不能保证在允许范围内了。

处理措施：

为了克服因变形引起对中不良，监测人员建议对透平入口管线进行调整并加以固定，从而避免因管线与入口法兰存在应力引起的变形。根据这一建议，检修人员在 1999 年 4 月 24 日又重新对透平的入口管线进行固定，固定方法是在原来的入口管线固定点处进一步加固固定支架，并且把固定点与入口管线焊接在一起，调整透平入口法兰与管线法兰之间的对中，限制管线变形，从而避免透平机垂直方向和水平方向的变形，机组重新调整对中。重新开车后机组振动值下降较大且在允许范围内。经过近八个多月的运转，机组一直平稳运行。

10.5.3 轴瓦油膜振荡故障的诊断实例

某气体压缩机运行期间，状态一直不稳定，大部分时间振值较小，但蒸汽透平时常有短时强振发生，有时透平前后两端测点在一周内发生了 20 余次振动报警现象，时间长者达 0.5h，短者仅 1min 左右。图 10-20、图 10-21、图 10-22 分别为强振时的时域波形图、频谱图及轴心轨迹图。

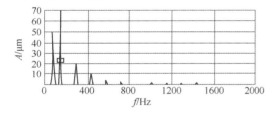

图 10-20　时域波形图

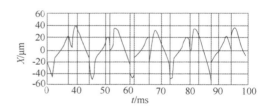

图 10-21　频谱图

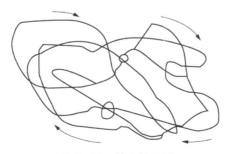

图 10-22　轴心轨迹图

经现场测试、频谱分析，发现透平振动具有如下特点：

（1）强振时时域波形畸变，有明显的低频波动规律。

（2）频谱图中半频成分突出，其幅度大大超过工频幅值，占到通频能量的 75% 左右，其余次谐波成分也非常丰富。

（3）轴心轨迹变动大，极不规则。

（4）随着强振发生，机组声响明显异常，有时油温也明显升高。

故障诊断：根据现场了解到，压缩机第一临界转速为 3362r/min，透平的第一临界转速为 8243r/min，根据上述振动特征，判断故障原因为油膜振荡。

检修结果：停车检修，将轴瓦形式由原来的圆筒瓦改造为椭圆瓦，开车后机组运行正常。

第11章 施工组织管理

施工管理是设备安装工程中重要而关键的工作之一，包括施工方案或施工组织设计的编制，施工现场的规划与准备，设备、材料与动力供应，施工组织与人员调度以及施工各个阶段的技术与安全管理工作等。施工管理水平的高低直接关系到工程的安全、进度、质量和效益，只有做好施工管理工作，才能保证安全优质地完成工程项目。

11.1　编制施工方案

施工单位接受建设单位的施工任务后，在进行具体施工前应根据工程的内容和要求，编写出切实可行的施工技术方案，经集体讨论和修改后，由工程施工主要负责人签字后具体执行。

安装与检修施工方案是依据施工组织设计关于设备安装与检修施工方法而编制的具体的施工工艺，它将设备安装与检修的材料、机具、人员、工艺进行详细的部署，保证质量要求和安全文明施工要求，具有可行性、针对性，符合施工及验收规范。

施工方案一般有以下基本内容：项目编号、项目名称、编制单位、编制人、审核人、批准人、批准日期、有效期限、安装与检修施工内容和方法、施工人员和设备、施工技术标准和要求、工期和进度、质量过程控制、风险识别及消减措施等。施工前按要求填写方案审批意见单（见表11-1），办理方案审批手续。

1. 项目概述

编写本次施工的目的、基本要求、技术要点和施工组织要点。

2. 编制依据

列出编制本方案所依据的相关标准、规范等技术文件清单。

3. 安装与检修的内容和要求

列出本次安装与检修的项目、技术要求和质量标准。

4. 安装与检修有关注意事项

对安装与检修技术方案中提出的施工前的准备工作、安全施工及文明施工的要求等进行列示。

5. 施工程序与技术要求

根据安装与检修项目进行作业步骤的进一步分解，全面考虑安装与检修的工艺性、安全性以及其他有关因素，根据安装与检修规程的要求，确定各工序之间的工艺关系，形成施工作业程序。按照施工作业技术的合理性、经济性和可行性的要求，结合施工程序统筹考虑，确定每道工序的施工方法、技术要求与质量控制标准。

表 11-1　方案审批意见单

工程建设单位审批
审批意见：
公章： 代表： 　　年　　月　　日

监理公司或（总承包单位）审批
审批意见：
公章： 代表： 　　年　　月　　日

施工单位审查会签
审批意见：
公章： 批准： 审核： 编制： 　　年　　月　　日

6. 施工用工计划

根据安装与检修任务量测算结果，确定施工所需的作业工种和人数。

7. 施工进度计划

根据确定施工工序、各工序的作业时间和施工程序，安排施工的进度计划，采用统筹法编制检修施工计划进度图表。

8. 质量目标与保证措施

根据安装与检修项目提出项目质量目标，制定相应的保证措施。

9. 重大风险控制措施

根据安装与检修作业危害分析结果，对中高风险度的作业步骤进一步制定详细的风险识别和消减措施，需要建立事故应急预案的要列出应急预案文件名称和编号。

10. 其他说明

（1）对其他需要特殊说明的事项进行填充，如设备主要技术参数表与简图。

（2）列出安装与检修项目涉及的设备主机和辅助系统的技术参数以及绘制相应的设备和系统简图，如安装与检修作业危害分析表。

（3）记录、描述和分析安装与检修作业风险，并逐条制定风险消减措施或计划。

（4）确定施工所需辅助材料，列出明细，如施工所需物资清单。

（5）确定施工机械和施工所需特殊工具、器具，列出明细，如检修用工器具和所需特殊工器具清单。

（6）明确质量控制点和停检点，确定每道工序的质量检验内容、控制方式、控制标准，并设置记录栏目，如安装与检修质量控制表。

11.2　编制安装与检修网络计划图

网络计划技术又称计划协调技术或统筹法，是现代化管理系统工程的重要组成部分，是组织施工和进行计划管理的科学方法。

重大机组的安装与检修过程错综复杂，时间紧而工作量大，工序繁多。如何最合理地进行组织和管理，既快又好又省地完成任务，就不是单凭经验或简单的分析就可以解决的。在这种场合下只有运用网络技术统筹安排，合理规划，选择最佳计划方案，运用网络图组织和控制计划的实施，才可以取得最佳经济效益。

1. 网络图绘制

网络图由工序、节点、路线三部分组成。工序是指一项有具体内容，需要人力、物力参加，经过一定时间后才能完成的活动。工序用箭线表示，其上方标注工序的名称和代号，下方标注工序所需的时间。箭线包括实箭线和虚箭线两种。实箭线就是带箭头的实线，即"→"，表示实际存在的工序活动。虚箭线就是带箭头的虚线，即"→"，代表实际上根本不存在的工序活动。节点表示工序开始或结束的瞬时，常用带序号的圆圈表示。规定两节点间只允许画一条"→"。如果同时要进行两道工序应画成图 11-1 所示形式。节点按其在网络图中的位置可分为最初开始节点、最终结束节点和中间节点。

路线是从最初节点开始，沿着箭头方向连续不断地到达终点的通路。一张网络图可以有多条路线，如图 11-2 所示。

其路线：L_1：①→②→④；L_2：①→②→③→④；L_3：①→③→④。

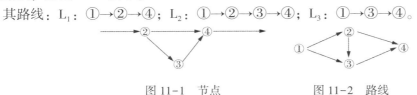

图 11-1　节点　　　　　　图 11-2　路线

关键路线是指路线最长的那条路线，用"⟶"表示。其上的工序称关键工序，它们是重点管理对象。

2. 绘图应遵循的原则

绘制网络图时应遵循如下原则：

（1）网络图是有方向的，不能"回头"，即不能从某节点出发又回到该节点上。

（2）网络图不能有"死胡同"，除终点外，不能出现任何一个没有后续工序的工序。

（3）箭线的首尾都必须有节点，不能从一条箭线的中间引出另一条箭线来，且箭线尾节点的编号必须小于箭线首节点的编号。

（4）几条箭线可进入一个节点，由一个节点也可同时发出几条箭线，但在任意相邻的两个节点之间只能有一条箭线而不能出现两条或两条以上的箭线。

（5）为了图的清晰，尽量不用交叉线。

（6）虚工序主要用于平行作业和交叉作业中。

3. 绘图步骤

绘图分为三步：任务的分解和分析、画图、编号。

任务的分解和分析就是将一个工程分解成若干工序，分析各工序间的工艺性和组织性的相互联系和制约关系，估算出各工序时间，列出工序一览表。绘图是根据工序一览表，从第一道工序开始，从左至右，依次绘出。编号从始点开始，由小到大，不能重复，至终点。

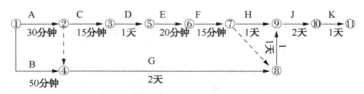

图 11-3　检修网络图

在绘制网络图过程中，找出关键路线和调整优化网络图是两个重要环节。一般最初作出的网络图都不尽完善，必须加以调整修正，力图实现更优化（见图 11-3）。

11.3　编制 HSE 施工风险评价报告书

HSE 是健康（Health）、安全（Safety）和环境（Environment）管理体系的简称，是一种事前进行风险分析，确定其自身活动可能发生的危害及后果，从而采取有效的防范手段和控制措施防止事故发生，以减少可能引起的人员伤害、财产损失和环境污染的有效管理方法。是目前石油石化行业安全管理普遍采用的方法。

HSE 施工风险评价报告书是重大机组检修中 HSE 管理体系的重要组成部分，是安全管理的指导性文件。它将设备安装与检修过程中的风险进行科学评估，正确识别并制定相应的消减措施，是实现安全检修、绿色检修的重要保证。HSE 施工风险评价报告书一般有以下基本格式和内容。

1. 项目概况

主要编写项目名称、建设单位、施工单位、施工时间，施工项目（主要项目）等。

2. 人员、组织机构和与安全措施

制定人员构成，明确岗位职责，确定安全细则。对 HSE 管理及技术人员和特种作业人员进行能力评估（见表 11-2 和表 11-3）。

表 11-2　HSE 管理及技术人员能力评估表

序号	姓名	年龄	性别	岗位	学历	持 证	专业考试	安全考试	身体检查
1									
2									
3									
4									

表 11-3　特种作业人员能力评估表

序号	姓名	年龄	性别	岗位	学历	持证	证号	安全考试	身体检查
1									
2									
3									

3. 主要检修设备、HSE 设施及用品

合理评估主要检修设备、HSE 设施及用品,制定管理和使用方案(见表 11-4)。

表 11-4　设施设备完成性及可靠性调查评价表

序号	名称	规格型号	数量	单位	出厂日期	检修日期	损坏情况	能力评估
1								
2								
3								
4								
5								

4. 风险分析框图及施工作业程序风险识别和控制措施

根据施工项目实际情况,对施工作业程序进行风险识别,制定相应的控制措施(见表11-5)。

表 11-5　检修风险识别及控制措施

设备位号			设备名称		介质	
序号	作业步骤	风险内容	产生的原因	可能的后果	预防及控制措施	作业人确认

5. 文明施工与环境保护

根据施工现场要求,制定相应的文明施工与环境保护方案。

6. 应急组织

编制应急组织机构,明确职责,制定应急响应预案。

1) 火灾爆炸事故应急预案

当施工现场发现着火后,应迅速疏散人群,立即报警,同时与应急组织组长或监护人、监督员取得联系,了解着火物质和火势,组织现场人员分工进行灭火。根据着火物质正确选用灭火器。如果是电器着火应先关闭电源;油料着火应选用干粉灭火器;其他一般物质着火可以用消防水进行灭火。安排人力物力对没被损坏的物品进行疏散，减少损失，防止火势蔓延；如果火势较大，灭火器无法扑灭时，应适当撤离，等消防队到达现场后，配合消防人员扑救火灾。

2）触电事故应急预案

迅速关闭电源开关，使受伤害者脱离电源，如找不到电源开关，无绝缘、锐利的工具切断电线，可用干燥的木棒、竹竿等挑开触电者身上的电线或将触电者打离电源。如上述方法都不便使用，在万不得已的情况下，可以用干燥的草绳、布带等套在伤员的身上，将触电者从电源处拉开，或者用干燥的厚衣服去间接接触伤员干燥的衣着部分，将其拉离电源。在抢救伤员的同时，还要注意伤员在离开电源时的安全，不要发生摔伤，尤其是在高处触电时，要做好安全防护工作。救护人员切勿用手直接与触电者身体接触，以免发生触电。受伤害者在脱离电源后，立即使之平卧，迅速清除口腔和呼吸道内的异物，解松衣扣，以保持呼吸道畅通，如呼吸、心跳停止，应迅速进行人工呼吸和胸外心脏挤压进行急救。局部电击时，应对伤员进行早期清创处理，创面宜暴露，不宜包扎。由电击而发生内部组织坏死时，必须注射破伤风抗菌素。

3）高温中暑的应急处理

应迅速将中暑人员移至阴凉的地方。解开衣服，让其平卧，头部不要垫高。用凉水或50％酒精擦其全身，直至皮肤发红、血管扩张以促进散热。降温过程中必须加强护理，密切观察体温、血压和心脏情况。当温度降到38℃左右时，应立即停止降温。及时补充水分和无机盐。能饮水患者应鼓励其喝足凉水或其他饮料；不能饮水者应静脉补液，其中生理盐水约占一半。及时处理呼吸、循环衰竭。医疗条件不完善时，应及时送往就近医院，进行抢救。

4）物体打击/机械伤害/高处坠物事故应急预案

当发现有人因物体打击、机械、高处坠物受到伤害时，作业人员或监护人员马上通知应急组织组长，现场进行简单的救治，同时拨打120呼叫救护车。如呼吸、心跳停止，应迅速进行人工呼吸和胸外心脏挤压进行急救。在救护车到后应积极协助医护人员将伤者送上救护车急救。事后组织事故调查小组，调查分析事故原因，提出整改措施。

5）中毒窒息事故的应急预案

救护者必须带好防毒面具，做好自身的安全防护。发生急性中毒时，应使患者立即脱离急救现场，停止继续接触毒物。将患者移至空气新鲜处，保持呼吸畅通。迅速解开患者衣领、纽扣、腰带，注意保暖。如皮肤被污染，应立即脱去其污染衣物，用温水洗净皮肤。可迅速给予氧气吸入，纠正机体缺氧，加速毒物排出，或进行必要的人工呼吸（人工呼吸者必须掌握操作过程和注意事项）。经口中毒时应迅速进行引吐、洗胃。可用1/5000高锰酸钾溶液、1%～2%的碳酸氢钠液，清除进入人体内的毒物作用，迅速使用解毒物质，防止毒物吸收，促进毒物排泄。

6）灼烫伤事故的应急预案

当发现有人灼烫伤时，作业人员或监护人员要马上通知应急组织组长，将伤者烫伤部位外衣物脱下，根据情况用水冲洗烫伤处。检查伤员全身状况和有无合并损伤，如伤者呼吸系统正常，保持呼吸畅通，注意保暖。如伤者出现呼吸和心跳停止，救护者要马上对伤者进行救护，同时拨打120呼叫救护车及119请求外部援助。

7）发生流行病或传染病的应急处理

当有人员确诊发生流行病或传染病时，应立即报告当地疾病控制中心。通知所有人员就地休息，不得到其他场所，等候疾病控制中心的检疫。按照检疫部门的指示进行隔离，控制活动。

11.4　作业许可证管理

1. 开具许可证

检修现场负责人或作业组组长到生产车间设备工程师处办理作业许可证，确定工作内容、作业人员、作业期限、双方作业监护人，领取检修质量验收单。

2. 风险识别与削减

生产车间设备工程师应填写施工风险分析表，分析作业程序中的风险；办理作业许可证的双方对检修现场存在的风险因素进行识别和评价，提出安全防护措施；作业开始前检修负责人或作业组组长应完成作业前风险提示，根据作业种类、环境、步骤确定风险种类和削减措施并向全部作业人员进行交底，要求作业人员心中有数、措施得当、护具齐全有效，达到安全要求；作业开始前在作业现场由生产车间安全、生产、设备人员检查安全措施落实，会签作业许可证。

3. 作业许可证延期

检修作业时间超出作业许可证规定期限时，检修现场负责人应到生产车间设备工程师处办理作业延期手续，重新对检修项目进行风险识别和评估。

4. 作业许可证关闭

检修作业完成后，检修现场负责人应整理作业许可证，填写作业质量验收单，并将许可证和验收单交付生产车间设备工程师存档。

5. 办理特种作业手续

现场检修需要动火、用电、起重、高处等特种作业配合时，检修现场负责人应到生产车间设备工程师处按相关要求办理特种作业许可证，特种作业许可证的管理应遵照生产厂相关规定进行。

参 考 文 献

1 张麦秋，傅伟编．化工机械安装与修理．北京：化学工业出版社，2015
2 宋克俭编．工业设备安装技术．北京：化学工业出版社，2015
3 吕瑞典编．化工设备密封技术．北京：石油工业出版社，2006
4 魏新利，尹华杰编．过程装备维修管理工程．北京：化学工业出版社，2005
5 原学礼编．化工机械维修管钳工艺．北京：化学工业出版社，2006
6 李善春，等编．石油化工机器维护和检修技术．北京：石油工业出版社，2000
7 王福利编．压缩机组．北京：中国石化出版社，2012
8 李和春编．化工维修钳工．北京：化学工业出版社，2009
9 张麦秋，朱爱霞编．化工机械制造安装修理技术．北京：化学工业出版社，2007
10 尹洪福编．过程装备管理．北京：化学工业出版社，2008
11 栾方军编．机电安装工程．沈阳：沈阳出版社，2015
12 姜培正编．过程流体机械．北京：化学工业出版社，2007
13 中国石油辽阳机电仪研修中心编．石油化工重大机组专业化检修读本．北京：石油工业出版社，2015
14 管来霞编．化工设备与机械．北京：化学工业出版社，2010
15 董大勤，等编．化工设备机械基础．北京：化学工业出版社，2014
16 卓震编．化工容器及设备．北京：中国石化出版社，2013
17 秦叔经，叶文邦，等编．换热器．北京：化学工业出版社，2005
18 丁伯民，黄正林，等编．化工容器．北京：化学工业出版社，2003
19 路秀林，王者相，等编．塔设备．北京：化学工业出版社，2004
20 王志文，蔡仁良编．化工容器设计．北京：化学工业出版社，2005
21 唐旭东．现代化工设备大修过程中的质量控制[J]．科技信息，2009(33)
22 渠汝涛．往复活塞式压缩机关键部件故障原因分析[J]．工业技术，2014(24)
23 王刚强，等．石油化工企业静设备完整性管理技术研究[J]．现代化工，2014(6)
24 孟宪森，等．石化设备故障的科学诊断与维修管理[J]．设备管理与维修，2011(3)
25 胡安定．设备维修与管理的新趋势[J]．石油化工设备技术，1998(1)
26 常建娥．设备维修管理模式的研究[J]．机械研究与应用，2005(12)
27 陈仲波．如何提高石油化工企业设备运行可靠性[J]．化学工程与设备，2011(3)
28 张勇．浅谈化工用离心泵的维护及检修[J]．广东化工，2011(9)
29 于巨声．浅谈化工设备维护与检修要点[J]．化工管理，2014(8)
30 刘中海．浅谈化工设备的维修与管理[J]．氯碱工业，2005(1)
31 任刚．浅谈化工设备的维护与检修[J]．化学工程与装备，2009(4)
32 付丽莉．汽轮机故障诊断技术的发展分析和研究[J]．科技创新与应用，2015(8)
33 曹亚菲，等．面向流程企业的设备维修管理系统[J]．计算机应用，2002(11)
34 赵岩．离心式压缩机常见故障分析及诊断方法[J]．石油化工设备技术，2012(2)
35 张浩民．离心式压缩机常见故障分析[J]．甘肃科技，2011(6)
36 谢俊锋．活塞式压缩机常见故障及处理方法[J]．氮肥技术，2010(5)
37 黄勇瑞．化工设备安装施工技术[J]．科技与创新，2014(10)
38 栾新亮．石油化工设备的安装探讨[J]．科技风，2015(8)
39 李希会．论石油化工设备的安装管理[J]．化学工程与装备，2016(1)
40 王爱民．石油化工机械设备安装施工常见问题及措施[J]．化工管理，2016(2)
41 刘震，杜鹏．化工设备的安装施工技术分析[J]．化工管理，2015(12)
42 温明．化工机械设备的安装技术研究[J]．化工管理，2014(7)
43 杨凯晶．探究石油化工设备安装工程控制技术[J]．企业技术开发，2015(7)